U0962507

全国烹饪工坊系列规划教材

烹饪化学基础与食品卫生安全

主　编　郭　迎　王志佳

中国商业出版社

图书在版编目(CIP)数据

烹饪化学基础与食品卫生安全 / 郭迎，王志佳主编. 北京 ：中国商业出版社，2024. 12. -- ISBN 978-7-5208-3227-4

Ⅰ. TS972.1；R155

中国国家版本馆 CIP 数据核字第 2024BV7008 号

责任编辑:李　飞

(策划编辑:蔡　凯)

中国商业出版社出版发行

(www.zgsycb.com　100053　北京广安门内报国寺 1 号)

总编室:010－63180647　编辑室:010－83114579

发行部:010－83120835/8286

新华书店经销

北京荣泰印刷有限公司印刷

*

787 毫米×1092 毫米　16 开　12.5 印张　260 千字

2024 年 12 月第 1 版　2024 年 12 月第 1 次印刷

定价:58.00 **元**

*　*　*　*

(如有印装质量问题可更换)

前言

开启味蕾探索与安全守护之门。

在人类文明的璀璨星河中，烹饪艺术犹如一颗璀璨的明珠，照亮了人类历史的每一个角落。它不仅是人类生存技能的展现，更是文化传承与生活哲学的体现。每一道菜肴的精心烹制，都是人们对食材的深刻理解和对自然法则的巧妙运用。然而，在这份对美味的追求背后，烹饪化学与食品安全的问题却不容忽视。这就如同烹饪艺术的左膀右臂，共同支撑起我们对味蕾享受与健康安全的双重保障。

本书旨在为读者搭建一座连接烹饪艺术与科学知识的桥梁，引领大家深入探索烹饪过程中的化学奥秘，同时我们还要强化食品安全意识，确保大家吃到的每一餐、每一口都能成为滋养身心的源泉。

一、烹饪化学：美味背后的科学密码

烹饪，一年四季，一日三餐，看似简简单单，实则蕴含着丰富的文化内涵与化学知识。从食材的选择、预处理到烹饪方法的运用，每一个环节都伴随着复杂的化学反应。这些反应不仅改变了食材的外观、质地和风味，还深刻影响着其营养价值和健康属性。因此，了解烹饪化学，就是掌握了一把开启美味之门的钥匙。

(一)食材的化学成分与烹饪变化

食材是烹饪的基石，其化学成分直接决定了烹饪过程中的反应类型和最终产品的特性。蛋白质、脂肪、碳水化合物、维生素和矿物质等是食材中主要的营养成分，它们在加热、水解、氧化等烹饪条件下会发生一系列变化。例如，蛋白质在高温下会发生变性，使得食材的质地由软变硬，同时释放出特有的香气；脂肪在高温下会部分水解和氧化，产生馥郁的风味物质；碳水化合物则可能经历水解、美拉德反应等过程，形成独特的色泽和口感。

(二)烹饪方法与化学反应的关联

不同的烹饪方法，如炒、煮、蒸、烤等，会引发不同的化学反应，从而影响食物的口感和营养价值。烹制过程中，食材表面的水分迅速蒸发，使得食材快速受热，有利于保持食材的鲜嫩和原汁原味；煮制过程中，食材中的可溶性成分会溶解在水中，形成汤汁，但同时也可能造成部分营养素的流失；蒸制则是一种较为温和的烹饪方式，能够较好地保留食材的营养成分和原汁原味；而烤制则是通过高温使食材表面形成一层酥脆的外壳，内部则保持柔嫩多汁，同时产生独特的香气和色泽。

二、食品安全：守护健康的坚固防线

我们在享受烹饪带来的美味与乐趣的同时，也不能忽视食品安全这一重要议题。食品安全直接关系到人们的身体健康和生命安全，是食品行业的生命线。随着社会经济的发展和人们生活水平的提高，食品安全问题日益受到社会各界的广泛关注。

（一）食品安全的定义与重要性

食品安全是指食品无毒、无害，符合应当有的营养要求，对人体健康不造成任何急性、亚急性或者慢性危害。它不仅是食品生产、加工、流通和消费等各个环节的共同责任，也是国家法律法规和监管体系的重要组成部分。保障食品安全，就是保障人民群众的身体健康和生命安全，维护社会稳定和经济发展。

（二）烹饪过程中的食品安全隐患

烹饪过程中，由于食材来源、加工方式、储存条件等多种因素的影响，可能会产生一系列食品安全隐患。例如，食材中可能存在的农药残留、重金属污染、微生物污染等有害物质；加工过程中可能引入的添加剂、色素、防腐剂等化学物质；储存和运输过程中可能发生的交叉污染、变质等问题。这些隐患都可能对食品的安全性造成威胁，进而影响到人们的健康。

三、教材特点：守正创新的理实结合

鉴于“烹饪化学与食品安全”的重要地位，本教材在编写过程中注重理论与实践相结合，力求做到内容全面、条理清晰、易于理解。具体特点与目的如下。

（一）内容全面，涵盖广泛

本教材从烹饪化学的基本原理入手，系统介绍了食材的各种有机、无机的化学成分，烹饪过程中的化学反应类型及其对出品色、香、味、形的影响；同时，结合食品安全的实际情况，深入剖析了烹饪过程中可能存在的食品安全隐患及其防控措施。内容涵盖了食品安全概述，食品污染，食品添加剂的使用安全，食品包装材料、容器的使用安全，转基因食品及辐照食品的安全性等，尤其丰富了与实际紧密结合的内容“烹饪食材的安全和卫生”，还增加了当下容易混淆的几种非常重要的“安全食品”概念，旨在为读者提供一套完整的烹饪化学与食品安全知识体系。

（二）注重实践，强化应用

为了增强教材的实用性和可操作性，本教材在介绍理论知识的同时，还融入了大量的实际案例和实验操作。通过案例分析，让读者了解烹饪化学与食品安全在实际操作中的应用；通过实验操作，可以让读者亲自动手体验烹饪过程中的化学变化和安全控制方法。这种理论与实践相结合的方式，有助于加深读者对知识的理解和记忆，提高其实践能力和应用能力。

（三）关注前沿，引领创新

随着科学技术的不断进步和人们对食品安全问题的日益关注，烹饪化学与对食品安全的研究也在不断深入和发展。本教材在编写过程中，充分关注该领域的前沿动态和新研究成果，力求将最新的科学理念和技术方法引入教材之中。故在每章节的特定知识点中增加了相应的知识链接和延展，鼓励读者在掌握基础知识的基础上，勇于探索和创新，不断推动烹饪化学与食品安全领域的发展进步。

综上，《烹饪化学基础与食品卫生安全》是一本集科学性、实用性、前沿性于一体的教材。我们相信，通过本教材的学习和实践，广大读者在享受烹饪带来的美味与乐趣的同时，也能更好地守护自己和家人的健康与安全。

目 录

第一章　水及无机盐

【教学目的】

通过本章的学习，了解烹饪原料中的水及无机盐的种类，掌握水的结构、水的存在状态、无机盐的分类及作用，在烹饪原料的加工中采用科学合理的方法。

【学习重点】

水在烹饪中的作用、合理烹调提高无机盐吸收率。

第一节　水

一、水的概述

(一)水的结构与缔合

1.水的结构

水分子是由氢原子和氧原子组成的，其化学式为 H_2O。在水分子的结构中，两个 O—H 键之间的夹角为 104.5°，呈 V 字形。水分子中的氧原子电负性远远大于氢原子的电负性，氧原子对 O—H 键的共用电子对的吸引力较强，使 O—H 键的电子对偏向氧原子一边，因而 O—H 键是一个具有较强极性的极性共价键。由于水分子呈 V 字形，导致分子内的正负电荷中心不重合，所以水分子是一个极性分子。

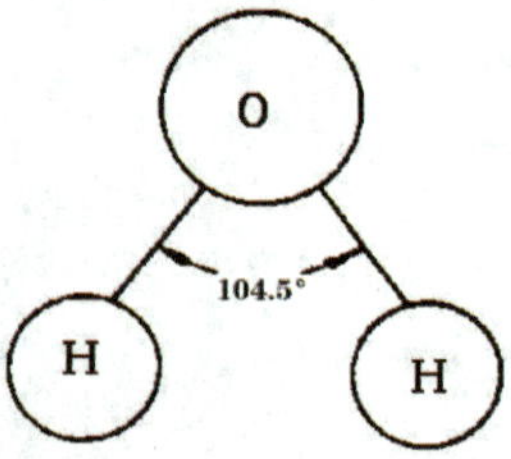

图 1－1 水分子结构

2.水的缔合

水分子具有较强的缔合性，这种强烈的缔合作用主要是由于 O－H 键的强极性，共用电子对强烈地偏向氧原子一边，氢原子几乎成为裸露的质子，这是半径很小且带正电的质子，与另一个水分子中带相对负电的氧原子间产生静电引力，这种作用力称为氢键。氢键使水分子彼此缔合起来，导致液态水中含有更复杂的缔合水分子，这种由简单分子结合成为复杂的分子基团的现象称为分子的缔合。水分子的缔合和温度有关，高温水主要以单分子形式存在，温度低时缔合程度加大，0℃时全部水分子缔合在一起，成为一个巨大的分子——冰。冰晶的分子结构并不紧密，冰晶中有较大的空隙，所以冰的密度比水小，为 0.9g/ cm^3。

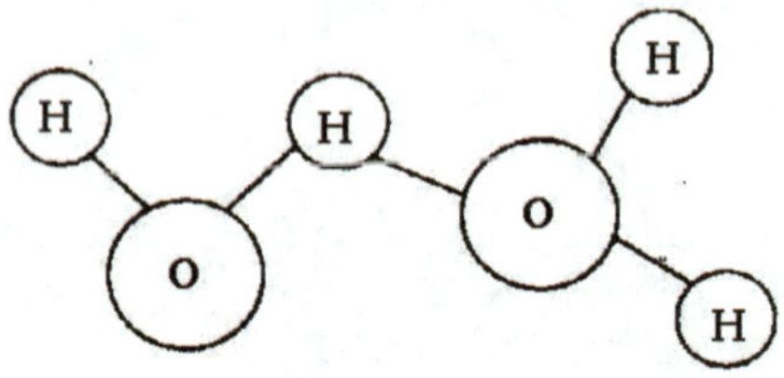

图 1－2 水分子的缔合

(二)水的性质

由于烹饪原料中水和冰结构上的特殊性，使其具有许多特殊的物理性质：水在高温下沸腾；具有异常高的表面张力、热容和相转变热；具有较低的密度；在结晶时显示异常的膨胀特性；具有低的黏度。水的这些热化学性质对烹饪原料加工中的冷冻和干燥过程都有重要的影响。

二、烹饪原料中水的状态

烹饪食材中有些原料，如新鲜瓜类及叶菜类，被切开后，细胞破裂，液泡中水就会流出来。而另外一些原料，如淀粉或干货，尽管含水量在 10％以上，但人们的手无法体验出其湿润的感觉，含水量 70％以上的鲜肉再挤压也出不了水。这是因为原料中水不是自由的而是受到一些物质束缚的，有一定作用力将水牵引着，使它不能自由流出。由此可见水在原料中的存在形式是不一样的。烹饪原料中的水大部分是与其他物质以结合的形式存在的，难以自由移动，这部分水叫作结合水，还有一部分水相对来说是以自由的形式存在的，叫自由水。烹饪原料中的这两种水是没有绝对的界限的，只是人们习惯这样划分。

(一)自由水

自由水是指容易结冰，也能溶解其他物质，相对比较容易失去的水。在生物体的细胞内被生物膜滞留的水；细胞外的细胞间隙中及组织结构中由毛细管所系留的毛细管水；动物体内及细胞内可以自由流动的水等都是自由水。在新鲜的动植物原料中，这部分水的含量占总含水量的很大比例。如在100g的肌肉中总含水量为70～75g，自由水占60～65g。自由水的物理性质与纯水相同，可作为溶剂，在0℃左右结冰，易挥发散失使蔬菜、水果萎蔫，也可被微生物利用造成食品腐败。

(二)结合水

结合水是烹饪原料中的非水成分与水通过氢键结合的水。结合水的特点是不能溶解其他物质，不能自由地流动，不会随意失去，也不易结冰。烹饪原料成分中的糖类、蛋白质都含有大量的亲水基团，如羟基、羧基等，这些官能团的氧原子和氢原子很容易和水分子中的氢原子或氧原子形成氢键。使这些水分子受到束缚，这种束缚主要来源于原料中的极性基团，原料中极性基团的数量多，则原料中所含结合水就多，反之亦然。100g蛋白质平均可束缚水50g，100g淀粉可持水30～40g，有些多糖持水量高达自身质量的几倍。

三、烹饪中水的作用

(一) 水作为溶剂

水是极性的物质，作为溶剂可以溶解许多物质，这些物质的分子往往具有一定的极性，溶解后可成为水溶液。这些物质包括营养物质和风味物质，还有一些有害物质等，统称为水溶性物质。它们有的在烹饪原料的细胞内或结构组织中间；有的在储藏加工过程中产生。例如畜肉中含有低肽、氨基酸、低分子含氮有机物、单糖、双糖、低级有机酸、维生素、无机盐等水溶性物质，烹制肉时，其细胞破裂，结构松散，水溶性成分溶出，与加热过程中产生的水溶性风味物质和调味品中的水溶性物质混合在一起，构成特殊的肉香味。水在这里主要作溶剂，起着综合风味的作用。

(二)作为反应物或反应介质参加反应

烹饪过程中的许多物理反应和化学反应离不开水，必须在水溶液或在水的参与下进行反应，才能烹饪出各种美味佳肴。

水解反应、羰氨反应只有在水存在的条件下才能反应。此时水作为反应物参加反应，使烹饪原料去除腥味增加香味，形成不同的风味。在发酵面团中的酵母等微生物，需要适宜的水和温度才能使分泌的酶很好地发挥作用，将面团中的糖类很快氧化，产生大量的二氧化碳，从而使面团变得膨胀。

(三)水作为烹饪原料的浸胀剂

`干货原料的胀发常用的有水发和碱发，都需要以水为浸胀剂。食物中高分子化合物，如蛋白质、果胶琼脂、淀粉等吸水膨胀，使处于干凝胶状态的高分子化合物体积增大，以凝胶或溶胶的状态存在，使干货原料基本恢复到原来的体积或大于原来的体积，如水发海参、木耳、鱿鱼等。

(四)水能去除烹饪原料中的一些有害物质

有些苦味物质和有害物质在水中能够溶解除去或被水解破坏。利用这个原理，烹调时常用水浸泡、焯水等方法去除异味和有害物质。如桃仁中的单宁物质是造成苦涩味的主要原因，必须用热水浸泡并除皮，除去大部分的单宁物质，就尝不到苦味了，并且色白，用这样的原料做出的菜肴色味俱佳。再如，鲜黄花菜中含有对人体有害的秋水仙碱，它可溶于水，将鲜黄花菜浸泡 2 小时以上或用热水烫后挤去水分，漂洗干净，即可除去有害的秋水仙碱。

(五)水作为介质参加反应

水是液体，具有较大的流动性，传热比烹饪原料快得多。水作为烹饪过程的传热介质，水的传热是以对流形式进行传导的。水在加热时，由于上下的水温不同，形成了对流，通过水分子的运动、扩散、渗透以及对烹饪原料传递热量，使烹饪原料上、下、内、外的温度趋于一致。在烹饪中水为传热介质的烹调方法分为水烹和汽烹。

水烹是指菜肴的主要成熟过程是以水为传热介质的烹调方法，包括烧、熘、炖、煮、扒、涮等。将烹饪原料放在水中，用慢火炖，使水始终保持一定温度，通过水的传热，加上水的翻滚小，烹饪原料组织不会被破坏，可达到酥烂而不走形的效果，如清炖甲鱼、西湖醋鱼、水煮肉片就是利用水烹法制作的。

汽烹是利用水蒸气传热蒸制时，水保持沸腾状态，蒸汽为饱和蒸汽，使烹饪原料上下均匀地处于 100℃左右的温度下加热达到成熟，如清蒸鸡、山东蒸丸等就是利用汽烹的方法制作的。

四、烹饪中的水分变化与控制

(一) 烹饪过程中的水变化

1.自由水挥发阶段

当烹饪原料或加工过的生坯投入油中加热时，由于原料的投入致使油温下降，原料表面的温度在 100℃以下，这时表面的水分开始向空中蒸发，制品内部的水分向表面渗透，原料表面的高分子化合物完成吸水膨润阶段。继续加热，油温升高，由于原料中的水分较多，原料表面的油温保持在 100℃左右，这时可见油面泛着含有水分的大气泡。原料表面的水分继续挥发，内部的水分仍向外渗透，外面的油温向里扩散、渗透。当原料表面水分基本消失后，原料表面的高分子化合物的结构变化阶段基本完成，如淀粉的糊化、蛋白质的变性凝固等。这时原料基本定型。

2.脱水分解阶段

原料表面的自由水基本消失后，再继续加热，油温升高，这时原料表面的温度在100℃以上，原料表面的高分子化合物的结合水也开始消失，进入脱水分解阶段。分解产物有的挥发、有的相互间发生各种反应，这时处于初级和高级阶段。生成很多风味物质和中间产物，使食品发出香气。随着脱水过程的进行，原料表面形成干燥的外壳。与此同时，脱水过程逐渐向原料内部延伸。

3.脱水缩合、聚合

在原料表面形成干燥的硬壳后，继续升高油温，当原料表面的温度升高到170℃以上时，脱水反应继续进行，聚合、缩合发生深度的羰氨反应及焦糖化反应，使食品表面形成悦目的黄色和硬壳。同时，由于油的导热与渗透，前面两个阶段的反应向原料内部深入，并产生一定的风味。

(二)烹饪中的水分控制

1.合理进行低温烹饪

有些烹饪原料在基本符合卫生条件的情况下，应考虑采用低温进行烹饪，因为包括蛋白质在内的许多物质，当温度高时，其持水能力就会下降。如白斩鸡的制作采用了“浸”的烹饪方法，目的就是在90℃左右的低温下慢慢地成熟。温度过高，鸡肉蛋白质随着温度的上升变性会更大，持水能力变弱。

2.上浆挂糊

将淀粉加入水或加入鸡蛋等其他原料搅拌成糊状，可用于原料的上浆、挂糊。制作时，原料表面上浆或挂糊后，在高温油下形成一种保护膜，保护原料内部营养成分及水分使菜肴鲜嫩脆香。

3.原料吃水

新鲜的肉类、果蔬在常温水中浸泡时通常都会吸水，原因是原料内部的渗透压较水大。如雕刻用的萝卜使用前要用水泡。肉丸子是烹饪上原料吃水的典型例子，首先，剁碎的肉增加了肉吸附水的表面积；其次，搅拌使蛋白质的亲水基团暴露，吸水更多；最后，加入少量的盐，增加了蛋白质的表面电荷及肉蓉的渗透压，吸水进一步增加。肉丸子经过以上处理后，吸收了大量的水分，入水氽熟后，质感特别滑嫩有弹性。

4.旺火速成

烹饪加热时，原料的水分散失速度与其温度的高低、加热时间有关。初始加热时，原料表面水分蒸发，然后内部的水分向外扩散，扩散过程需要时间。旺火虽然提高了温度，也加快了水分的挥发，但大大缩短了加热时间。因此，含水量较多的一些原料，大多采用旺火，在极短时间内让蛋白质成熟，而水分还来不及扩散挥发，因而菜肴鲜嫩可口。

知识链接

生活中饮水的种类及选择

1.硬水和软水

水中含有钙镁离子的总浓度,可用“硬度”来描述。每升水中含有相当于10mg氧化钙为1度。硬度低于8度的称为软水,而硬度高于8度的称为硬水。长期饮用软水的人,必须注意从其他食物中获得矿物质补充,以防摄入不足。水的硬度过高(大于25度)也会引起机体矿物质代谢紊乱,影响健康。

2.矿泉水

矿泉水一般是按泉水的矿化度高低(水质的化学成分)来鉴别,矿化度高的泉水叫矿泉水,自然界中取自地下深部的循环水。矿泉水含有多种人体必需的微量元素,可刺激胃肠蠕动和消化液分泌,增进食欲。但消化机能障碍、胃炎、轻度胃溃疡及十二指肠溃疡人群可能不宜饮用过量矿泉水。

3.活性水

在开口容器中把水加热到90℃~95℃,水中气体就会逸出,如果此时加盖封住容器,然后让水冷却到室温,这时水中气体含量会减少为普通水的一半,这种水叫脱气水,又称为活性水。活性水极易穿过细胞膜进入细胞,其渗透能力是普通水的几倍,具有超常的生物活性。

4.磁化水

同铁可以被磁化一样,水中所含的一些微量金属成分也可以被磁化,有很强的剩磁性,因此天然水具有非常强的磁记忆能力。而这种经过磁化处理的水称为磁化水。经磁化处理的水其渗透溶解能力强,具有美容、使血黏度下降、软化血管和降低血压的功能。高龄骨质疏松者及胃肠功能紊乱者不宜喝磁化水。

5.太空水

在去除悬浮物和细菌的基础上,再去除有机物和矿物质,且不含添加物的水称为纯净水,也称太空水。太空水在去除危害人体的病菌、有机物的同时也除去了人体所必需的矿物质和微量元素,人体缺少这些元素就会造成营养失衡,影响健康。

而经研究表明,温开水(凉白开)能提高脏器中乳酸脱氢酶的活性,有利于较快地降低累积于肌肉中的“疲劳素”乳酸,从而消除疲劳,因此温开水(凉白开)是最有利于健康的饮品。

第二节　无机盐

一、无机盐的概述

烹饪原料中的无机盐是指除碳、氢、氧、氮四种元素之外的其他所有元素的总称。这些元素除了少量参与有机物的组成外，大多数均以无机盐即电解质的形式存在。它们在原料中是不可燃烧的部分，所以常称为矿物质、灰分等。人体内无机盐的总重量虽然仅占人体重量的4%，需要的量也不像蛋白质、脂类、碳水化合物那样多，但它们也是人体不可缺少的物质。

在植物性烹饪原料和动物性烹饪原料中均含有无机盐，但所含数量不同。植物性烹饪原料中的含量：粮食约为1.8%，蔬菜约为1.2%，叶菜含量较高，其干物质中可达10%～15%。动物性烹饪原料中的含量：肉类约为1.5%，鱼类约为3.0%，乳类约为0.8%。一般无机盐的含量均在5%以下。

无机盐在人体内不能合成，必须从食物中获得，人体所需的无机盐主要来自动植物的组织、饮用水和食盐中。

二、无机盐的分类

目前的化学分析技术水平已查明，在人和其他生物体内的无机盐元素有50多种。

（一）按生理作用分类

1.必需无机盐元素

所谓必需无机盐元素，是指这种无机盐元素在机体内的健康组织中存在，并且含量浓度比较恒定，为机体正常生理功能不可缺少的，如缺少会发生组织结构或生理异常，补给这种元素后可恢复正常或可防止这种异常的发生，但应注意即便是必需的无机盐元素，摄入过量也会产生毒性。常见的必需无机盐元素有20余种。

2.非必需无机盐元素

普遍存在于组织中，有时摄入量也很大，但对人的生物效应和作用目前还不清楚。主要非必需无机盐元素情况见表1-1。

表1-1 烹饪原料中的非必需无机盐元素

元素	Rb	Br	Al	B	Ti
在人体中的含量(mg/kg体重)	4.6	2.9	0.9	0.7	0.1
摄入量(mg/d)	1～2	7.5	5～35	1.3	0.9

3.有毒害的无机盐元素

能显著毒害机体的元素主要有铅、镉、汞、砷等。

(二)按无机盐元素在人体的含量分类

从人体内的含量来看，必需无机盐元素又可分为常量元素和微量元素。

1.常量元素

一般将含量占人体重量0.01%以上的元素称为常量元素。如钙、镁、钾、钠、磷、氯、硫等。

2.微量元素

含量占人体重量0.01%以下的元素，以微克计算，这类元素称为微量元素。其中有14种目前已被确认为必需微量元素，即铁、碘、铜、锌、钴、锰、钼、硒、铬、镍、锡、硅、氟和钒。

人体的新陈代谢，每天都有一定的无机盐通过各种途径被排出体外，而无机盐在体内不能合成，因而必须通过摄取食物来补充。

三、无机盐的性质

(一)无机盐的酸碱性

无机盐在水溶液中完全电离，以离子形式存在。有些无机盐离子是呈碱性的金属离子，如钙、钠、钾、镁等金属离子。这些元素主要存在于水果和蔬菜中，所以蔬菜、水果常称为成碱食品。柠檬、柑橘虽然很酸，实际上却呈碱性。而有些无机盐在溶液中呈酸性，如氯、硫、磷等。食物的酸性是由无机盐决定的而不是由食物中所含有机酸决定的，因为有机酸虽然赋予食物以酸味，但是通常会氧化形成二氧化碳、水和能量，所以有机酸并不影响食物的酸碱平衡。呈酸性的无机盐主要存在于含蛋白质的食物中，如肉、鱼、禽及谷类制品。

健康人血液的pH为7.36～7.44，当pH小于7.3或pH大于7.5时均为酸中毒或碱中毒现象。人体是产酸体，代谢时产生硫酸、磷酸，使体内的碱成分消耗，因此要经常补充丰富的成碱食物，以保持体内的酸碱平衡，减轻肾、肺等中性调节系统的负担。食用一定量的果蔬类食物是符合人体生理要求的，而大鱼大肉的膳食是不可取的，它们中的蛋白质、磷脂等能使体内酸度升高，加上人体代谢酸液增加，促使人体内成碱成分不足，而出现酸中毒现象。例如节日期间食荤菜过多，常出现口渴、心慌、尿黄、火气上升、厌食等轻微酸中毒现象。短时间内的饮食酸碱不平衡，人体可通过中性调节系统进行调节，过几天酸中毒现象就会消失。但长时间过多地摄入荤肴会危及健康。

表 1－2　常见食物的酸碱性

食物	酸碱度	食物	酸碱度
海带	＋14.6	干鱿鱼	－48.0
胡萝卜	＋12.0	虾	－1.8
菠菜	＋8.3	鲤鱼	－6.4
马铃薯	＋5.2	猪肉	－5.6
西瓜	＋9.4	牛肉	－5.0
香蕉	＋8.4	鸡肉	－7.6
茶叶	＋8.9	鸡蛋黄	－18.86
牛奶	＋0.3	稻米	－11.7
豆腐	＋0.2	面粉	－6.5

注：＋号表示碱性，数值越大，碱性越强；－号表示酸性，数值越大，酸性越强。

(二)无机盐的水溶性

大多数的无机盐或多或少地具有水溶性，尤其是钾、钠、镁、钙、铁、锌、铜、锰、磷等。在食物的加工过程中凡是与水有关的烹饪工艺都会造成无机盐的溶出和流失。

由于无机盐的水溶性，人体所摄入的无机盐，易从尿、汗中大量排出，尤其是炎热的夏天，必须从膳食中经常获得一定量的无机盐，以补充人体需要。

(三)无机盐不能提供热量

无机盐在生物体内也不能产生热量。食物燃烧后剩下的灰分就是无机盐。

四、合理烹调促进无机盐的吸收

根据无机盐的性质，在实际烹调加工过程中，应采取合理的方法以保护原料中的无机盐不被破坏，并有利于增进人体对无机盐的吸收。

(一)合理加工和烹调

1.清洗时间不宜过长，原料应先洗后切，不要切后再洗，避免无机盐的流失。

2.植物性原料含有大量草酸和植酸，烹饪上常用焯水的措施去除原料中的草酸和植酸(约 60%)，提高钙、铁、锌等吸收率。

3.烹调时会有很多无机盐流失，所以要尽量缩短烹制时间，不要长时间加热。

(二)合理搭配

配膳时应注意成碱食品和成酸食品的合理搭配，以维持人体内的酸碱平衡。例如在设计筵席时要注意荤素搭配，这样既可保证营养，又可保持酸碱平衡。

(三)避免不利的化学反应

烹饪时应避免食物中所含的各种成分之间不利的化学反应，以免影响无机盐的吸收，特别应注意各种物质间的沉淀反应。例如菠菜烧豆腐，由于菠菜中的草酸会与豆腐中的钙生成草酸钙沉淀，阻碍了人体对钙的吸收，故制作时应先将菠菜焯一下水以除去菠菜中的草酸，这样钙就可以得到很好的吸收了。

(四)利用有利的化学反应

烹饪时可以利用各种有利的化学反应，生成可溶性盐以促进人体对无机盐的吸收。例如乳酸能与钙生成可溶性盐，可促进钙的吸收。

植物性原料中的铁可以与肉中的半胱氨酸反应，有利于铁的吸收，所以将肉与含铁的植物性原料搭配，可促进铁的吸收。

肉中的无机盐，如钙、铁、锌等在酸性条件下较易溶出，在烹调时使用醋可明显提高钙、铁、锌的吸收率。

制作面食时要尽量使用鲜酵母发酵面团。由于发酵时产热可提高植酸酶的活性，使面粉中的植酸盐释放出游离的钙和磷，增加钙、磷的利用率。植酸的减少也可消除其对铁、锌、铜等元素吸收的影响。

思考题

1.水在烹饪原料中的存在形式有哪些？

2.简述水的结构及水的缔合。

3.举例说明水在烹饪中的作用是什么。

4.烹饪原料中的无机盐是怎样分类的？

5.哪些无机盐是人体所必需的，它们发挥的作用是什么？

6.在实际操作中怎样合理烹调能减少无机盐的损失，以提高其吸收利用率？

知识链接

大自然中形色各异的盐

小时候，有一则格林童话《盐之公主》，给我留下非常深刻的印象。故事梗概就是讲述了老国王为了选定继承人把三个女儿叫来一一询问对自己的爱。与大女儿、二女儿相比，小女儿因为说爱父亲像爱珍贵的盐一样而被驱逐出境，之后又遭遇了很多的磨难，历尽千辛最终遇到白马王子，故事的结尾是孤苦的老国王终于明白小女儿的良苦用心，父女团聚的大团圆结局。所以作为最简单调味的盐，才是天下滋味的根本。故盐者，天下滋味之所宗也。

1.法国盐之花——海盐

盐之花是高级法式料理的必备调味品，也被称为盐中的极品。盐之花产于法国布列塔尼南岸，有着上千年历史的盖朗德盐田区，这是当地独有的气候、水域等自然条件下而形成的天然海盐。据说50g盐之花的市场售价近千元，品质之好是配得上如此昂贵的价格的。相比普通海盐，盐之花含有更多的微量元素，馥郁的紫罗兰香气，添加一点不仅会使菜肴味道柔和清爽，还能充分凸显食材的特点。

2.喜马拉雅玫瑰盐——岩盐

喜马拉雅玫瑰盐就像玫瑰水晶一样，磨成粉末后味道更显清冽、纯净，口味上更加柔和。喜马拉雅玫瑰盐不仅拥有高颜值，其还富含碘、钾、钙、镁、铁等多种矿物质元素，除了搭配食材佐餐外，有的时候还可以用来制作有盐边的鸡尾酒，使酒的口感更有层次也更加美观。此外，喜马拉雅玫瑰盐还可以用来制成专门的盐砖，加热后作为烹饪工具来进行使用，具体如下：将食材放置在盐砖上，用明火或是烤箱烹饪，能充分发挥盐砖的红外辐射功能，裹住满满的肉汁不流失，从而凸显肉质的鲜嫩和美味。

3.夏威夷红火山盐——海盐

夏威夷红火山盐是夏威夷的天然海水和火山泥土形成的结晶，泥土中的矿物质还为它带来了鲜红的颜色和丰富的矿物质。晶体颗粒较大，质地清脆，口感温和，与各式烤肉搭配食用极佳。值得一提的是夏威夷黑盐也是声名远播，其含有植物碳，这种盐具有净化人体消化系统的作用。黑盐可以与鱼生料理等完美搭配，也可作装饰之用。而另一种绿色的夏威夷盐，是与竹叶混合后，能够赋予菜肴辛香味道。

4.波斯蓝盐——岩盐

波斯蓝盐是世界上最稀有的一种岩盐，它产自中东伊朗、巴基斯坦等地的古老盐矿，由于古盐矿的产量正逐年减少，因此它也是一种稀缺资源，正在慢慢消失。波斯蓝盐拥有像蓝宝石一样晶莹剔透的蓝，入口较为强烈，但很快就变得温顺柔和，再后来还会有淡淡的紫罗兰香气余韵绕齿。波斯蓝盐与甜品搭配相得益彰，尤其与白巧克力碰撞时会激发出缕缕如薰衣草般的清凉感。

5.粉嫩桃花盐——井盐

桃花盐其实是一种井盐，主要生产于我国甘肃、云南和西藏一带。每年的三月至五月是晒盐的最佳时机，而此时也正是桃花朵朵开的季节，故在此时间段产出的盐被称为桃花盐。桃花盐含有丰富的矿物质，煎制后还会呈现出淡淡的粉红色，桃花嫣然，灼灼芳华。

6.马尔登盐——海盐

源自英伦绅士，外形呈轻薄的脆片，很难溶解但却是很多名厨的最爱，可以与软嫩口感的食材进行巧思搭配，能得到意想不到的神奇效果。

第二章　有机化合物

【教学目的】

通过本章学习，了解有机化合物的概念、特征及分类，掌握各种有机化合物的结构和性质，并能在烹饪工作中加以运用。

【学习重点】

烃及烃的衍生物的概念与它们的结构和性质。

第一节　有机化合物的概述

含碳的化合物叫作有机化合物，简称有机物(一氧化碳、二氧化碳、碳酸盐、氰化物除外)。组成有机化合物的主要元素有C、H、O、N、S、卤素等。

烹饪原料主要是指动植物原料。动植物原料中含有脂肪、蛋白质、维生素、色素等，都是有机物，所以只有掌握了有机物的结构、性质变化，才能了解各类烹饪原料的特点及加工中的变化，从而烹制出色、香、味、营养俱佳的美味佳肴。

一、有机物的特征

有机化合物是以碳原子为骨架的化合物，碳原子含有四个价电子，既不易失去电子，也不易得到电子。因此，碳与碳之间及碳与其他原子之间主要以共价键结合，共价键是有机化合物中最普遍的化学键。

由于碳与碳之间既可以链状连接，也可以环状连接；另外碳与碳之间可以单键相连，也可以双键相连，这就导致了有机物结构复杂、种类繁多。有机物与无机物的比较见表2－1。

表 2－1　有机物与无机物的比较

有机化合物	无机化合物
1.结构复杂、种类繁多(多达数百万种)	1.一般结构简单、种类较少
2.大多数是共价化合物，形成分子晶体，熔点、沸点低，大多数不导电	2.无机物中的键型较复杂，不少无机物含离子键，是离子化合物，是离子晶体，熔点、沸点高、熔融或水溶液时能导电
3.一般难溶于水、易溶于有机溶剂	3.一般易溶于水、难溶于有机溶剂
4.多数对热稳定性差。受热易分解，易着火燃烧	4.大多数不易燃烧
5.反应速度一般较慢，常伴有副反应	5.反应速度较快、副反应少

二、有机物的分类

有机化合物总的来说分为烃及烃的衍生物。

(一)烃

1.定义：由碳和氢两种元素组成的有机物叫作碳氢化合物，简称为烃。

2.分类：按碳架烃可以分为开链烃、环烃和芳香烃。

(1)开链烃：分子中碳原子以链状连接，这类烃又称为脂肪烃。包括烷烃、烯烃和炔烃。

(2)环烃：分子中碳原子以封闭环状结构连接(芳香烃除外)。

(3)芳香烃：分子中含有苯环的烃，称为芳香族化合物。包括苯及苯的同系物、多环芳烃等。

(二)烃的衍生物

烃分子中的氢原子被其他原子或原子团所代替，从而生成新的有机化合物。这些有机化合物，从结构上说，都可以看作由烃衍变而来的，所以叫作烃的衍生物。

烃的衍生物性质主要是由官能团来决定的。决定化合物化学特性的原子或原子团叫作官能团。不同烃及烃的衍生物的官能团不同。不同官能团决定着不同种类的烃及烃的衍生物。

烃的衍生物种类很多，我们主要学习醇、酚、醛、酮、羧酸、胺类及杂环化合物。

第二节 烃

一、烷烃

(一)烷烃的概述

1.定义:分子中的碳原子都以单键相连成链状，碳原子的其他价键都与氢原子相结合的开链烃叫作烷烃。如甲烷、乙烷

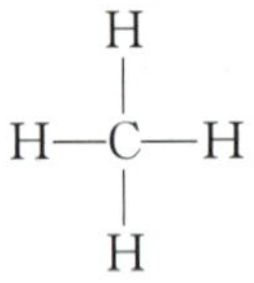

甲烷

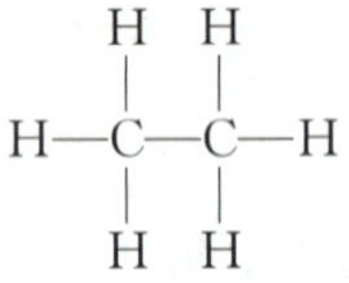

乙烷

从烷烃的结构式中可以看到，在烷烃分子中碳原子间以 C—C 单键相连成链状，剩余的价键完全被氢原子所饱和，故烷烃又称为饱和链烃。

2.命名:烷烃分子常根据分子里所含的碳原子数来命名。碳原子数在十个以内的用天干来命名，即在甲、乙、丙、丁、戊、己、庚、辛、壬、癸后面加烷字来表示。例如:C_5H_{12}叫戊烷。十个碳原子以上的烷烃，用中国数字“十一、十二……”来表示。例如:$C_{15}H_{32}$叫十五烷。

3.同系物:结构相似，在分子组成上相差一个或若干个 CH_2原子团的物质互称为同系物。如甲烷、乙烷、丙烷等都是烷烃的同系物。用 n 来表示碳原子数，氢原子数就是 2n+2，烷烃分子式都可用 C_nH_{2n+2}这个通式来表示。

4.烃基:烃分子失去氢原子后所剩下的基团叫烃基。用“R—”表示。烷烃分子失去氢原子后所剩下的基团叫烷基。常用的烷基有:甲基($-CH_3$)、乙基($-CH_2CH_3$)等。

5.同分异构体:化合物具有相同的分子式，但具有不同结构的现象，叫作同分异构现象。具有同分异构现象的化合物互称为同分异构体。例如正丁烷和异丁烷分子式都是 C_4H_{10},但具有不同的结构，性质也不相同，是丁烷的两种同分异构体。戊烷有三种同分异构体，随着碳原子个数增多同分异构体的数目也就随之增多。

$CH_3—CH_2—CH_2—CH_3$

正丁烷

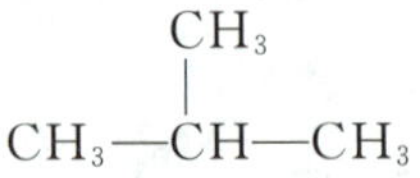

异丁烷

(二)烷烃的性质

1.物理性质

烷烃中各物质的物理性质随着分子量的增加而递变，其熔点及密度随着碳原子数的增加而升高。它们的比重都小于1，比水轻。在常温常压下，1～4个碳原子的烷烃是气体，戊烷到十六烷为液体，十七烷以上的烷烃为固体。烷烃不溶于水，易溶于醚等有机溶剂。

2.化学性质

烷烃分子中只有C—C、C—H两种化学键，都是共价单键，而单键稳定，所以烷烃化学性质稳定。在常温下，与强酸、强碱和强氧化剂等一般不发生反应。但在一定条件下，也能发生反应。

(1)氧化反应：烷烃能在空气中燃烧，生成CO_2和H_2O，并释放出大量的热。所以烷烃常用作燃料，如甲烷在空气中燃烧的方程式如下：

$CH_4 + 2O_2 \xrightarrow{点燃} CO_2\uparrow + 2H_2O$ +890千焦/摩尔

甲烷是天然气的主要成分。但应注意的是甲烷在空气中含量达5%～15%时，遇火会爆炸。因此，在使用这些原料时，一定要注意防止泄漏，以免发生意外。

(2)取代反应：分子中某个原子或原子团被其他原子或原子团所替代的反应叫作取代反应。例如：甲烷与氯气反应如下：

$CH_4 + Cl_2 \xrightarrow{漫射光} CH_3Cl + HCl$ +102千焦/摩尔

一氯甲烷

但反应并没有停止，生成的一氯甲烷仍继续与氯气反应，依次生成二氯甲烷CH_2Cl_2、三氯甲烷$CHCl_3$(又名氯仿)、四氯甲烷CCl_4(又名四氯化碳)。取代反应是烷烃的特征反应，其他烷烃和甲烷一样均可发生取代反应。

二、不饱和烃

分子中含有碳碳双键或三键的烃叫作不饱和烃。如烯烃和炔烃。

(一)烯烃

1.定义：分子中含有碳碳双键的不饱和链烃叫作烯烃。碳碳双键是烯烃的官能团。烯烃的通式为：C_nH_{2n}($n \geqslant 2$)。

2.同分异构体：烯烃不仅与烷烃一样有同分异构体，还有因双键的位置不同而形成的异构。如丁烯由于双键位置不同就有两种同分异构体。分别如下：

$CH_2=CHCH_2CH_3$　　　　$CH_3CH=CHCH_3$

1—丁烯　　　　2—丁烯

3.命名：烯烃的命名与烷烃相似，所不同的是要标出双键的位置，把“烷”字改成“烯”字。如1—丁烯、2—丁烯等。

4.烯烃的主要性质

(1)物理性质：烯烃的熔点、沸点、密度都随分子量的增加而增加。在常温下2～4个碳的烯烃为气体，5～18 个碳的烯烃为液体，高级烯烃是固体。所有烯烃的密度都小于 1，难溶于水。

(2)化学性质:烯烃的化学性质取决于双键，而双键不稳定，一个键易断开，导致烯烃的性质活泼。易发生加成、氧化、加聚反应。

①加成反应:有机物分子里不饱和的碳原子跟其他原子或原子团直接结合生成其他物质的反应，叫作加成反应。例如乙烯与溴水的反应如下：

$$CH = CH_2 + Br-Br \rightarrow \underset{\displaystyle Br}{\underset{|}{CH_2}}-\underset{\displaystyle Br}{\underset{|}{CH_2}}$$

加成反应是不饱和烃的特征反应。烯烃还能与氢气、卤素、卤化氢、水等发生加成反应。

②氧化反应:烯烃点燃后能在空气中燃烧，生成二氧化碳和水。

$$CH = CH_2 + O_2 \xrightarrow{\text{点燃}} CO_2\uparrow + H_2O$$

烯烃由于存在双键，不稳定，在空气中还可以发生不完全氧化反应。在大多数油脂中含有不饱和双键，这是油脂变质的主要原因之一。

③加聚反应:分子量小的不饱和化合物(单体)通过加成反应而聚合成分子量很大的分子化合物的反应，叫作加成聚合反应，简称加聚反应。例如:在催化剂作用下，乙烯聚合生成聚乙烯。反应方程式如下：

$$nCH_2 = CH_2 \xrightarrow[101\sim150MPa]{400℃, O_2} -[-CH-CH-]n-$$

聚乙烯

(二)炔烃

1.定义:分子中含有碳碳三键的烃叫炔烃。炔烃的通式为 C_nH_{2n-2}(n≥2)。碳碳三键是炔烃的官能团。

炔烃与烯烃一样，同分异构现象比较复杂，由于三键的位置不同也能形成同分异构体，例如:丁炔因三键位置不同存在两种不同的异构体。

$CH_3CH_2C \equiv CH_3$　　$CH_3C \equiv CCH_3$

1－丁炔　　2－丁炔

炔烃的命名与烯烃一样，将“烯”字改成“炔”字即可。如 1－丁炔、2－丁炔等。

2.炔烃的性质

炔烃的物理性质与烯烃相似。炔烃的化学性质与烯烃也相似，只是三键中含有两个不稳定双键，其加成反应分两步进行，也能发生氧化、聚合等反应。

(1)氧化反应:乙炔在空气中燃烧释放大量的热，能使火焰的温度高达 3000℃以上，常用于气焊和气割。

$$2C_2H_2 + 5O_2 \xrightarrow{\text{点燃}} 4CO_2\uparrow + 2H_2O + 2600\ \text{千焦/摩尔}$$

(2)聚合反应:乙炔在 120℃～160℃下通过催化剂，可聚合生成苯。

$$3HC \equiv CH \xrightarrow[\text{催化剂}]{120℃\sim160℃}$$ 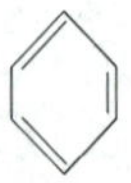

第三节　环　　烃

由碳氢两种元素组成的环状化合物叫作环烃。根据结构和性质，又可分为脂环烃和芳香烃。

一、脂环烃

1.分类和命名

(1)分类：根据分子中碳原子价键的饱和程度，可分为饱和脂环烃和不饱和脂环烃。饱和脂环烃又称环烷烃，不饱和脂环烃有环烯烃。如：

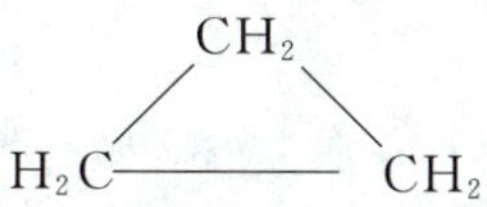

环丙烷

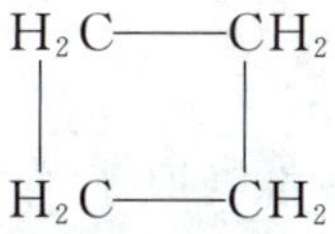

环丁烷

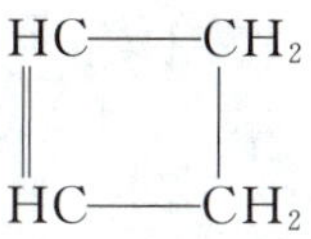

环丁烯

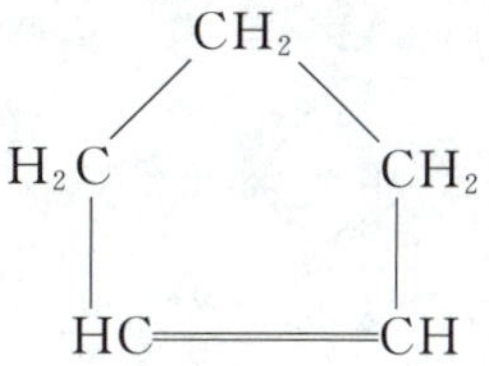

环戊烯

(2)命名：环烷烃、环烯烃的命名分别与烷烃、烯烃的命名相似，只是在某烃名称前面加“环”字即可。如环丙烷、环戊烯等。

2.性质：环烷烃、环烯烃的性质分别与烷烃、烯烃相似，在此不作介绍。

二、芳香烃

分子中含有苯环的烃叫芳香烃。根据分子中苯环的数目可分为单环芳烃和多环芳烃两大类。

(一)苯及苯的同系物

1.苯

(1)苯的组成与结构

苯的分子式为C_6H_6,苯分子具有正六边形环状结构，且整个分子在同一个平面上。苯分子的结构可表示为：

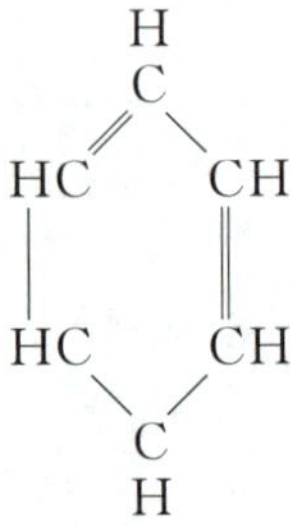

也可简写为：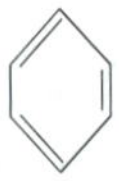

(2)物理性质:苯是有特殊气味、有挥发性的无色液体，比水轻,又难溶于水。易溶于有机溶剂，本身也可作有机溶剂。

(3)化学性质：

①取代反应:苯分子中的氢原子能被其他原子或原子团(如烃基、卤素、$-NO_2$)所取代。如：

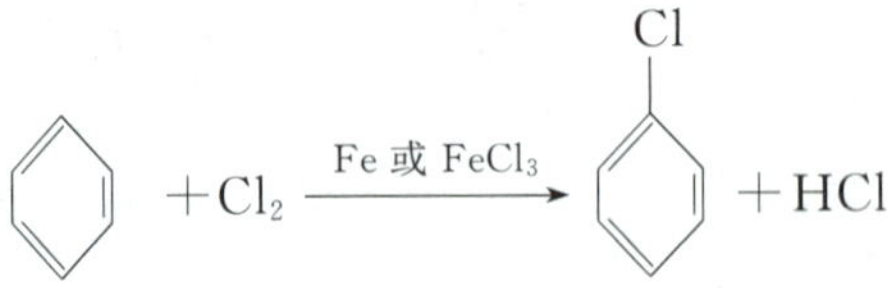

硝基苯是一种有苦杏仁味的无色油状液体，难溶于水，比水重，有剧毒。

②氧化反应:苯在空气中可燃烧生成CO_2和水。

$$2C_6H_6+15O_2 \xrightarrow{\text{点燃}} 12CO_2+6H_2O$$

2.苯的同系物

苯和苯的同系物的通式是$C_nH_{2n-6}(n\geq 6)$。如甲苯、乙苯、二甲苯等都是苯的同系物，其中二甲苯有三种同分异构体，可用“邻”“间”“对”来表示两甲基在苯环中的不同位置。它们的结构简式为：

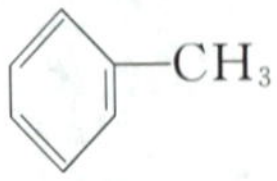

甲苯

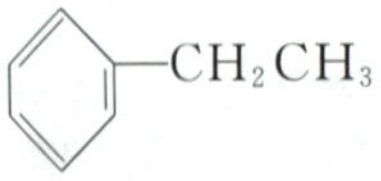

乙苯

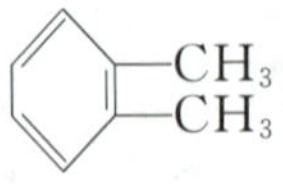

邻二甲苯

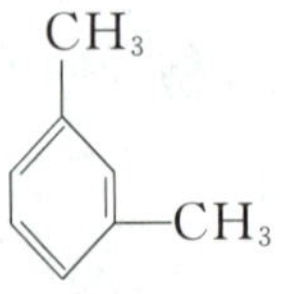

间二甲苯

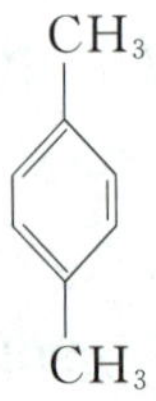

对二甲苯

(二)多环芳烃

多环芳烃的分子中含有两个或两个以上的苯环，也是由碳原子和氢原子组成的环烃。多环芳烃最常见，自然界分布较广的是稠环芳烃。

分子中含有两个或两个以上的苯环，彼此通过共用两个相邻碳原子而稠合在一起的芳香烃，叫作稠环芳烃。重要的代表物有萘、蒽、菲三种化合物。它们的结构式为：

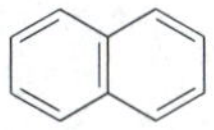
萘

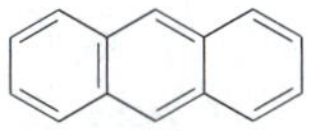
蒽

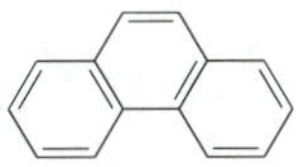
菲

萘在常温下是光亮的片状晶体，易升华，有刺激性气味，常用作杀菌剂、防蛀和驱虫剂。

蒽和菲互为同分异构体。蒽来源于煤焦油，为白色片状晶体，带有浅蓝色荧光，不溶于水，也难溶于乙醇、乙醚，加热可溶于苯。

菲为无色带有荧光的晶体，不溶于水，溶于苯的热溶液中。菲本身无实用价值，但菲的衍生物在自然界分布很广，特别是在动物体中，主要用于制药工业。

根据科学研究发现，许多多环芳烃具有致癌作用，如3，4－苯并芘等。它们主要来自燃料不完全燃烧的烟雾中，如油烟、煤烟、碳火烟等。因此烟熏制品和烤制品中含有较多的多环芳烃，注意少食用，以免影响身体健康。

第四节　醇和酚

醇是分子中含有跟链烃基结合着的羟基(—OH)化合物。羟基是醇的官能团。

一、醇的分类和命名

1.分类：分子中含有1个羟基的醇称为一元醇；分子中含有两个羟基的醇称为二元醇；含两个以上羟基的醇称为多元醇。如：

$CH_3—CH_2—OH$

乙醇

$$\begin{array}{l} CH_2—OH \\ | \\ CH_2—OH \end{array}$$

乙二醇

$$\begin{array}{l} CH_2—OH \\ | \\ CH—OH \\ | \\ CH_2—OH \end{array}$$

丙三醇(俗称甘油)

2.命名：低级醇的习惯命名是在烃的习惯名称后面加上“醇”字。如：甲醇、乙醇等。

二、醇的性质

1.物理性质：低级的醇是具有酒味的无色透明液体，C_{12}以上的直链醇为固体，存在于花或果实中的某些醇，有特殊香味，可用作某些香精的原料。例如：黄瓜醇（2，6－壬二烯醇）赋予黄瓜清香的气味。醇的沸点比相应的烃的沸点要高。低分子量的醇能与水混溶。随着碳原子数的增多，在水中的溶解度逐渐降低。十个碳以上的醇，基本上不溶于水。

2.化学性质

①酯化反应

酸与醇作用，生成酯和水的反应叫酯化反应。例如：乙酸与乙醇反应生成乙酸乙酯和水。

$$CH_3-\overset{\overset{O}{\|}}{C}OH + CH_3CH_2-OH \longrightarrow CH_3-\overset{\overset{O}{|}}{C}-OC_2H_5 + H_2O$$

乙酸乙酯

反应生成的乙酸乙酯具有水果香气。烹饪上常用的烹酒、烹醋去异增香，就是基于这一反应原理。

②脱水反应

反应条件不同，醇可发生分子内脱水和分子间脱水，前者生成烯烃，而后者生成醚类。

$$CH_3-CH_2-OH \xrightarrow[170℃]{浓H_2SO_4} CH_2=CH_2 + H_2O$$

$$CH_3CH_2-OH + HO-CH_2CH_3 \xrightarrow[140℃]{浓H_2SO_4} CH_3CH_2-O-CH_2CH_3 + H_2O$$

多元醇比一元醇更易发生分子内失水，生成醛或酮，高温油脂会产生刺鼻的气味，就是脂肪水解产生的甘油，在高温下脱水生成丙烯醛的缘故。

③氧化反应

醇在空气中燃烧，生成二氧化碳和水。

$$CH_3CH_2OH + 3O_2 \xrightarrow{燃烧} 2CO_2\uparrow + 3H_2O$$

三、几种重要的醇

1.甲醇（CH_3OH）

甲醇又名木醇（木精），无色液体，可与水以任意比例互溶。甲醇有毒，当饮用少量甲醇或长期跟它的蒸汽接触，会使眼睛失明，严重中毒时能导致死亡。白酒中甲醇含量最高不能超过0.12%，否则不能饮用。

2.乙醇（C_2H_5OH）

乙醇俗称酒精，工业上用乙烯来生产工业乙醇（甲醇含量高，不能饮用）。酿酒业用发酵法生产乙醇，其原理如下：

$$(C_6H_{10}O_5)n \rightarrow C_{12}H_{22}O_{11} \rightarrow C_6H_{12}O_6 \rightarrow C_2H_5OH + CO_2\uparrow$$

淀粉　　　　麦芽糖　葡萄糖　　乙醇

乙醇是无色有特殊香味的液体，沸点 78.3℃，易挥发，易燃烧，比重小于 1，是一种良好的有机溶剂，能与水以任意比例互溶，具有杀菌消毒的作用。

乙醇在烹饪中应用非常广泛，除作饮料酒外(注意:青少年不宜喝酒)，还可作为调味品。具有去腥、解臭、增香、杀菌、防腐的功效。乙醇作为有机溶剂，能与烹饪原料中的各种风味物质融合，并渗透到原料中去，使菜肴融合入味。

四、酚

羟基跟苯环直接相连的有机物叫作酚。其官能团是—OH。最简单的酚是苯酚，其组成为 C_6H_6O，结构式为：

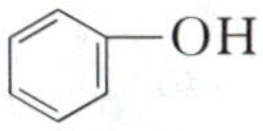

苯酚

酚的命名是以酚为母体，在酚字前面加上芳香烃的名称。

(一)酚类的性质

1.物理性质

大多数酚是无色固体，能溶于有机溶剂。随着羟基的增多，水溶性加大。酚在放置过程中与空气接触，往往会部分被氧化而带有黄色或红色。

酚具有强烈的刺激味，可作香料及杀虫防腐剂，如丁香酚、香草酚等。

有的多元酚衍生物具有颜色，可以赋予花和果实美丽的色泽，如石榴、葡萄、洋葱的颜色。鞣质是由酚类聚合而成的高分子化合物，是植物可食部分涩味的主要来源。

2.化学性质

酚类由于羟基和苯环相互影响的结果，使羟基上氢易电离，苯环上氢变得活泼。主要能发生取代反应、氧化反应等，并且有弱酸性。

(1)弱酸性

苯酚的酸性比醇强，但比碳酸弱，只能与强碱反应生成盐。

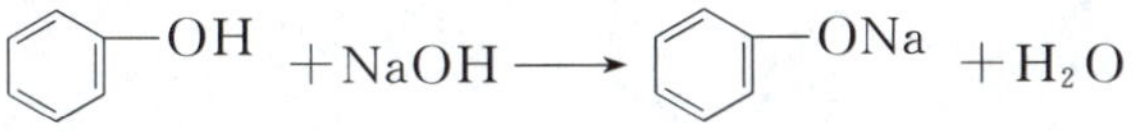

苯酚钠

(2)氧化反应

酚类易被氧化，多元酚则更容易被氧化。将酚放在空气中后就可以发生氧化反应而变色。例如马铃薯、茄子、香蕉等含有多元酚的成分，当将它们去皮后，酚类物质在空气中被氧化变色，呈深褐色，影响菜肴的颜色和质量。所以去皮的薯类、芋类要放在水中浸泡，目的是隔绝空气，以防被氧化变色。

(二)主要的酚

1.苯酚

苯酚俗称石炭酸，纯净苯酚是无色晶体，有特殊气味，在空气中易被氧化而显粉红色。

苯酚能凝固蛋白质，其浓溶液对皮肤有强烈的腐蚀性，有较强的杀菌能力，常用作消毒剂或防腐剂。

2.甲苯酚

甲苯酚有三种同分异构体，即邻位甲苯酚、间位甲苯酚、对位甲苯酚，三种甲苯酚沸点相近、不易分离。甲苯酚杀菌能力比苯酚大，可作木材的防腐剂，医院消毒用“来苏水”的主要成分就是甲苯酚。

第五节　醛和酮

一、醛、酮概述

分子中含有羰基($-\overset{\overset{\displaystyle O}{\|}}{C}-$)的化合物，称为羰基化合物。

1.醛：羰基($-\overset{\overset{\displaystyle O}{\|}}{C}-$)与氢原子相连构成醛基($-\overset{\overset{\displaystyle O}{\|}}{C}-H$)，简写为$-CHO$。由烃基跟醛基相连构成的化合物叫作醛，通式为：$R-CHO$，其官能团是醛基。

2.酮：羰基的碳原子和两个烃基相连而构成的化合物叫作酮，通式为：$R-\overset{\overset{\displaystyle O}{\|}}{C}-R$，其官能团是羰基。

3.命名：醛和酮的习惯命名和醇相似，按分子中碳原子数称为“某醛”“某酮”。如乙醛(CH_3CHO)，丙酮($CH_3\overset{\overset{\displaystyle O}{\|}}{C}CH_3$)等。

二、主要性质

1.物理性质

除甲醛是气体以外，其余醛、酮都是液体或固体。低级醛具有刺激性气味，随着碳原子数的增加，逐渐出现愉快的香味。$C_6 \sim C_{13}$的醛有果香味。如2－庚酮有梨香味，3－甲基十五烷酮有麝香味，碳原子数继续增加，香气逐渐减弱，直至消失。

低级醛、酮易溶于水，随着碳原子数的增多，溶解度逐渐下降。醛、酮一般都溶于有机溶剂。

2.化学性质

醛基上氢原子由于受羰基的影响，更为活泼，导致醛的化学性质比酮活泼。

①加成反应

羰基的碳氧双键不稳定，易发生加成反应。例如，在一定温度和催化剂的作用下，醛、酮能与氢气发生加成反应，生成醇类。

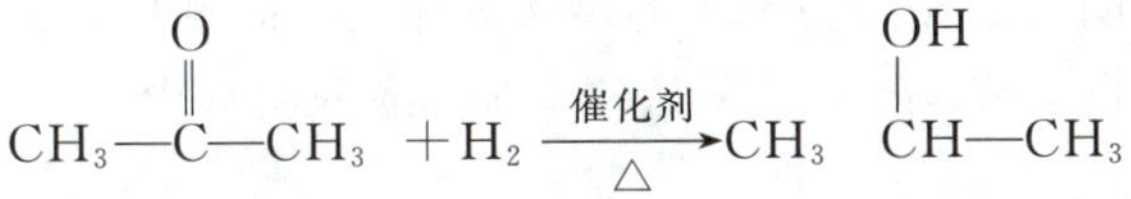

②醛的氧化反应

醛具有较强的还原性，它不仅能在酶的作用下被氧化成有机酸，还能被弱氧化剂所氧化。例如，醛能被斐林试剂(硫酸铜和酒石酸钾钠的碱性溶液)中的 Cu^{2+} 氧化成有机酸，而 Cu^{2+} 被还原成砖红色的氧化亚铜(Cu_2O)沉淀。此反应是检验醛基的一种方法，食品中常用此反应原理检验还原性糖的含量。

③缩醛反应(醇醛缩合反应)

醇与醛反应时，首先发生加成反应，然后失水缩合成分子比较大的缩醛，故名缩醛反应。

缩醛

这样由两种或多种有机化合物的分子相互结合，同时失去水分形成比较大的分子的反应叫缩合反应，产物叫作缩合物。例如，酒类在储放时，酒中的乙醇与乙醛能发生缓慢的缩醛反应，生成有香气的乙缩醛。这也是酒类储存时间长久产生浓香味的原因之一。

酮没有醛活泼，只能被高锰酸钾、硝酸等强氧化剂氧化成小分子的酸。它不能与醇发生缩合反应。

第六节　羧　　酸

一、羧酸概述

1.定义：在分子中烃基跟羧基(—COOH)直接连接的有机化合物叫作羧酸。其通式为：R—COOH，其官能团为羧基(—COOH)。

2.分类：羧酸按烃基种类分为脂肪族羧酸和芳香族羧酸；按烃基是否饱和分为饱和羧酸和不饱和羧酸；按羧基数目分为一元酸、二元酸和多元酸。

3.命名:羧酸多采用俗名，其名称往往来自该酸的天然来源，如:蚁酸最初来自蚂蚁，安息香酸最初由安息香胶制得，还有醋酸、草酸等。

二、羧酸的性质

1.物理性质

常温下甲酸、乙酸和丙酸是具有刺激性气味的液体，丁酸至壬酸是具有腐败气味的油状液体，10 个以上碳原子的直链羧酸为无臭的蜡状固体，脂肪族多元酸和芳香族羧酸为晶体。

低分子的羧酸能与水互溶，随着分子量的增加，溶解度减少，10 个以上碳的羧酸不溶于水。羧酸能溶于乙醚、乙醇等有机溶剂。

2.化学性质

羧酸的化学性质，主要取决于其官能团羧基。

(1)酸性:羧基上的羟基由于受羰基的影响，易电离出 H^+，一元羧酸具有酸的通性，分别能与活泼金属、碱、盐等反应。

(2)酯化反应:因在醇类已作详细介绍，在此不再介绍。

三、主要的羧酸

1.乙酸:乙酸俗称醋酸，食醋一般含乙酸 3%～5%，由粮食发酵制得。纯乙酸为有强烈刺激性气味的无色液体，溶点 16.6℃，当温度低于 16.6℃时，无水乙酸就凝结成冰一样的晶体。因此，无水乙酸又称为冰醋酸。醋酸是一种弱酸，也是良好的有机溶剂，并具有极强的杀菌防腐能力。乙酸在烹饪中除了作调味剂，还可与乙醇发生酯化反应起着去腥、解臭、增香作用，同时可促进蛋白质水解和钙、铁的吸收，保持蔬菜脆嫩等作用。

2.乙二酸:乙二酸俗称草酸，结构简式为:HOOC－COOH。

常温下草酸是无色晶体，熔点 189.5℃，常含两分子结晶水，加热至 100℃会失去结晶水成无水草酸。草酸易溶于水，不溶于乙醚等有机溶剂。由于草酸的两个羧基直接相连，所以酸性比较强，易于被氧化，是强还原剂。

草酸以钾盐、钠盐的形式存在于植物体内，尤其是菠菜、竹笋中含量丰富。草酸有毒，能改变血液中正常的酸碱值，破坏新陈代谢，影响钙、铁、锌等吸收，多食对人体不利。因此，烹饪时对含草酸多的蔬菜要科学烹调和食用。

3.乳酸:乳酸因最初是在酸牛奶中发现，由此而得名。工业上用葡萄糖在乳酸菌作用下制取乳酸。反应式:

$$\underset{\text{葡萄糖}}{C_6H_{12}O_6} \xrightarrow[35℃\sim45℃]{\text{乳酸菌}} \underset{\text{乳酸}}{2CH_3\overset{\overset{\displaystyle OH}{|}}{C}HCOOH} + \underset{\text{乙醇}}{C_2H_5OH} + CO_2\uparrow$$

乳酸是无色糖浆状液体，具有很强的吸湿性，易溶于水和酒精中，在食品中常用作防腐剂。酸奶就是乳糖在乳酸杆菌的作用下发酵而成的，酸泡菜也是根据这个原理制成的。

4.柠檬酸：柠檬酸的结构式为：

$$\begin{array}{c} CH_2—COOH \\ | \\ OH—C—COOH \\ | \\ CH_2—COOH \end{array}$$

它存在于柠檬、葡萄、柑橘等植物果实中。柠檬酸为无色晶体，熔点为153℃，易溶于水。柠檬酸有爽口的酸味，是食品工业中常用的调味品，广泛地应用于糖果、饮料的配制。同时它还具有防止食品变色和抑制微生物生长的作用。其镁盐是温和的泻药。

第七节　胺类及杂环化合物

一、胺类

1.定义：胺分子中的氢原子被烃基取代后形成的化合物叫作胺类。

2.命名：简单胺是以胺为母体，烃基作为取代基，称为某胺。如甲胺 CH_3-NH_2、乙胺 $CH_3-CH_2-NH_2$。

3.主要的物理性质

常温下甲胺、乙胺、二甲胺为气体，其他低级胺为液体，高级胺则为固体。低级胺的气味与胺相似，有的还有鱼腥味。烂鱼的恶臭味就是三甲胺的气味。1，4－丁二胺（腐胺）和1，5－戊二胺（尸胺）不但剧臭而且剧毒。随着分子量的增大，气味逐渐减少，高级胺近于无味。胺能溶于水，但随分子量的增加溶解度降低。

二、杂环化合物

1.定义：凡分子中具有环状结构，且构成环的原子除碳原子外还包括其他杂原子的化合物，总称杂环化合物。最常见的杂原子有氧、硫、氮三个，其中又以氮为最多。例如呋喃、吡啶等。

呋喃

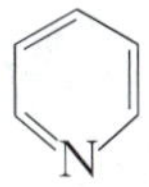

吡啶

2.常见的杂环化合物

常见的杂环化合物主要有：呋喃类、噻吩类、吡咯类、噻唑类、咪唑类。下面我们介绍与烹饪有关的两种杂环化合物，以作为对杂环化合物的一般了解。

(1)呋喃类化合物

呋喃及其衍生物统称呋喃化合物，其中主要的代表是糠醛，它由米糠、玉米芯、花生壳、高粱秆等农副产品下脚料加工制得，故得此名。

常温下糠醛为无色液体，沸点162℃，可溶于水、乙醇、乙醚。在光、热、空气中其颜色逐渐变深(黄→棕→黑褐)，并生成胶状物。在烹饪中糠醛的变色反应是广泛存在的，食糖、蜂蜜、淀粉等在加热时都能部分转化为糖醛及其衍生物，这些化合物再氧化、聚合使食品生色、生香。呋喃类化合物成为糖类食品加热后产生的焦糖香气的主要成分，烹饪中利用此原理上糖色。例如，锅饼表面刷上糖稀，烘烤后表面产生的颜色就是生色反应的结果。

(2)黄曲霉毒素

黄曲霉毒素是黄曲霉菌的代谢产物，具有很强的毒性，对肝的损害尤甚，到目前为止发现的十二种黄曲霉毒素结构相似，分子中含有一个二呋喃毒素结构和一个氧萘邻酮的致癌结构。

黄曲霉毒素对热稳定，在强碱条件下可被分解，在紫外光照射下能产生荧光，低浓度时可被紫外光破坏。溶于苯、氯仿、乙醇等有机溶剂，但不溶于乙醚、石油醚。

黄曲霉毒素对粮油食品的污染是很广泛的，尤其是玉米、花生在潮湿、较高的温度条件下极易被黄曲霉毒素污染。小麦、大米、棉籽等也易受黄曲霉毒素 B_1 的污染。所以在保存粮油食品时，一定要注意在干燥、通风、低温条件下储存。

思考题

1.什么叫有机物？简述有机物与无机物的区别。

2.什么叫烃？烃是怎样分类的？

3.什么叫同系物？什么叫同分异构体？

4.什么叫烷、烯、炔？其通式分别是什么？

5.什么叫芳香烃？苯的同系物的通式是什么？

6.为什么要少吃烟熏制品和烤制品？

7.什么叫醇？为什么甲醇不能饮用？

8.乙醇在烹饪中有哪些作用？

9.做鱼时为什么要烹酒、烹醋？

10.为什么去皮的土豆应及时用水浸泡？

11.为什么酒类储存时间长久会产生浓香味？

12.三甲胺分布在哪些食物中？烹饪中应用什么方法去除？

第三章　糖　　类

【教学目的】

通过本章学习，使学生了解几种主要单糖、低聚糖的结构，掌握它们的性质及其在烹饪中的应用；掌握淀粉的糊化原理及其在烹饪中的应用；了解淀粉的老化及防老化措施；了解纤维素及其他多糖。

【学习重点】

单糖结构、性质，淀粉的糊化原理及其在烹饪中的应用，淀粉老化原理及在烹饪中如何防止淀粉老化。

第一节　糖类的组成结构和分类

糖类也称碳水化合物，是自然界中最丰富的有机化合物之一，广泛分布于动植物体内。它是植物性食品的主要成分，一般占植物干重的50%～80%，在动物中含量为2%左右。糖类是人体所需能量的主要来源，人类膳食中能量的60%～70%来自糖类；糖可与脂类形成糖脂，构成神经组织与细胞膜；还可与蛋白质结合成糖蛋白及黏蛋白，它们都是具有重要生理功能的物质。糖类也是烹饪中的重要原料，如勾芡用的淀粉、调味料中的蔗糖、上色用的饴糖等。

一、糖类的组成和结构

（一）糖类的组成

糖类由碳、氢、氧三种元素组成，它是绿色植物光合作用的产物。绿色植物利用空气中的二氧化碳和水，由叶绿体吸收太阳能催化合成糖类，并放出氧气。太阳能在光合作用中被转化成化学能，储存在糖内。早期发现的糖类的分子组成中，氢原子与氧原子数量比为2∶1，与水的组成相同，类似碳和水的化合物，故称这一类有机化合物为碳水化合物，并以通式 $Cn(H_2O)_m$ 来代表，如葡萄糖与果糖分子式为 $C_6H_{12}O_6$，蔗糖分子式为 $C_{12}H_{22}O_{11}$。但后来发现某些非糖类的有机化合物分子也有类似的化学组成，如甲醛（CH_2O）、乙酸（$C_2H_4O_2$）等。而某些属于糖类的有机化合物如脱氧核糖（$C_5H_{10}O_4$）、鼠李糖（$C_6H_{12}O_5$），分子构成中氢与氧的数量比又不是2∶1，这说明碳水化合物这一名词是不确切的，1927年，国际化学名词重审委员会建议用"糖类"代替"碳水化合物"，但由于"碳水化合物"已沿用习惯，目前仍被采用。

（二）糖类的结构

从化学结构上看，糖类是指多羟基醛及多羟基酮以及能水解产生这类物质的某些衍生物和其缩聚物的总称。

多羟基醛或多羟基酮是指分子中含有两个或两个以上羟基的羰基化合物。它们一般可由多羟基烷醇经氧化生成。如果氧化反应发生在两端碳原子所连的羟基上，则在分子中形成一个醛基，其产物是多羟基醛，称为醛糖，如葡萄糖；如果氧化反应发生在中间碳原子所连的羟基上，则形成酮基，其产物是多羟基酮，也称酮糖，如果糖。

葡萄糖和果糖的结构式：

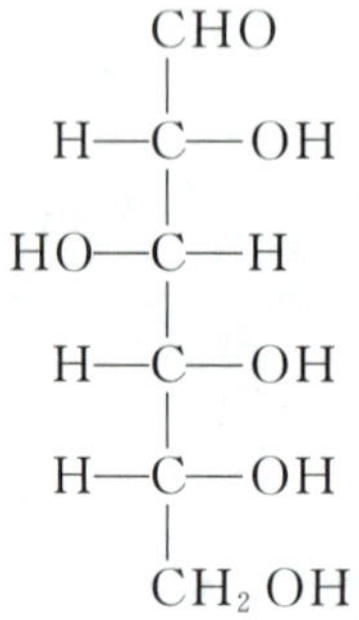

葡萄糖

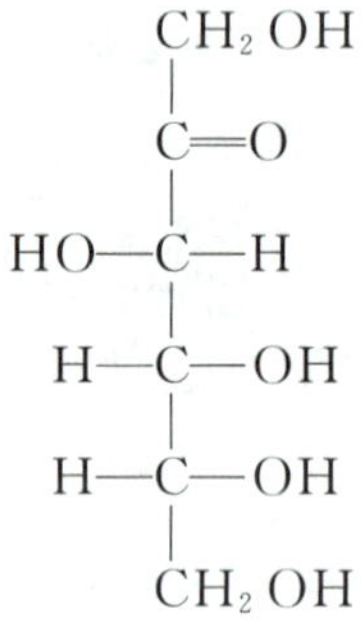

果糖

二、糖类的分类

糖类根据结构和性质，可分为单糖、低聚糖和多聚糖三类。

①单糖：单糖是指不能再被水解的多羟基醛或多羟基酮。在烹饪原料中较常见的有葡萄糖、果糖、半乳糖。

②低聚糖：也称寡糖，是由2～10个单糖分子脱水缩合而成的糖。根据聚合度的不同，进一步分为双糖（二糖）、三糖、四糖等。食品中常见的是双糖，如蔗糖、麦芽糖。

③多聚糖：是十至几万个单糖分子的脱水缩聚而成的产物，习惯上简称多糖。许多个单糖分子失水缩合而成的高分子化合物，其水解后可生成多个单糖分子，若多糖是由相同的单糖组成的称均一多糖（或同聚多糖），如淀粉、纤维素、糖元；若多糖是由不相同的单糖所聚合而成的称混合多糖（或杂聚多糖），如果胶、半纤维素等。

此外，还可以根据糖的来源分类，可将其分为植物性糖，如淀粉、纤维素；动物性糖，如糖元。

根据糖的功能分类，有作为植物支持物质的糖类，如纤维素；作为储备物质的糖类，如淀粉、糖元；作为凝胶物质的糖类，如果胶、琼胶等。

第二节　单　糖

单糖是低聚糖和多聚糖的基本构成单位，所有食物中的低聚糖和多聚糖摄入人体后，都要先被水解成单糖再被吸收和利用。

一、单糖的种类和结构

单糖是最简单的碳水化合物，所有食物中的低聚糖和多聚糖摄入人体后，都必须水解成单糖才能被机体吸收。

（一）单糖的种类

根据单糖分子中碳原子数目，可将其分为丙糖（三碳糖）、丁糖（四碳糖）、戊糖（五碳糖）、己糖（六碳糖）。其中最重要的是己糖，在自然界分布最广。还可以根据分子中羰基的位置不同，分为醛糖和酮糖。己糖中具有代表性的醛糖是葡萄糖和半乳糖；己酮糖的代表物是果糖和山梨糖。

（二）单糖的结构

单糖有开链式结构，也有环状结构，在水溶液中它们相互转化，达到动态平衡。环状结构为主要存在形式。

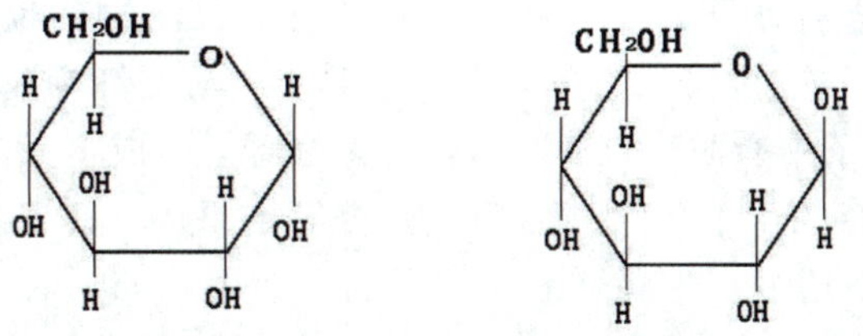

图 3-1　葡萄糖的环状结构

二、单糖的性质

(一)单糖的物理性质

1.熔点和状态：常温下的单糖都是无色晶状固体，例如葡萄糖的晶体是圆柱状，果糖是针状或透明的三角形。单糖的熔点均在150℃以下，随碳原子数和结构而变。

2.溶解性和吸湿性：单糖分子中含有多个极性基团——羟基和羰基，所以极易溶于水，不溶于有机溶剂。单糖的溶解度随着温度的升高而增大。不同种类的单糖其溶解度也有所不同。

表3-1 单糖在水中的溶解度 单位：g/100g

名称	20℃	30℃	40℃	50℃	90.8℃
果糖	374.78	441.70	538.63	665.58	——
葡萄糖	87.67	120.46	162.38	243.76	563.30

单糖在潮湿的环境中有较强的吸湿性，因此，单糖晶体易吸湿而潮解。单糖中果糖的吸湿性比较强，通常在空气中吸水变成黏稠状的液体糖浆。由于单糖吸湿而潮解了的食品在天气干燥时又重新结晶出来，形成白霜。柿饼上经常出现的“白粉”、糖果潮解发黏，就是单糖吸湿性和重新结晶的体现。

单糖因具有吸湿性，因而在食品制作和烹饪中可充当保湿剂。如用含果糖较多的蜂蜜制作蛋糕，比用其他大多数甜味剂制成的口感好，且保持湿度的时间较长。

3.甜度：单糖均具有甜味，甜味的大小通常用甜度表示。果糖在单糖中甜度最大。各种糖甜度大小的次序为：果糖＞转化糖＞蔗糖＞葡萄糖＞木糖＞麦芽糖＞半乳糖＞乳糖。甜度还受温度、晶粒大小、介质等因素影响。

(二)单糖的化学性质

单糖是多羟基醛和多羟基酮的化合物，因此具有醇、醛、酮的性质，能发生还原反应、脱水反应、酯化反应、氧化反应、发酵反应等，以下主要介绍与烹饪专业相关的几种化学性质。

1.还原反应：单糖分子中有游离羰基，可被加氢还原，生成多元醇。例如葡萄糖还原后生成山梨醇。山梨醇广泛存在于苹果、梨、葡萄、桃、杏等水果中，具有清凉的甜味，是糖尿病人理想的甜味剂，在烹饪中还可作为保鲜剂和增稠剂。如用0.05%的山梨醇水溶液浸泡过的鲜肉，像被涂上一层保护膜，最长能保鲜十天。

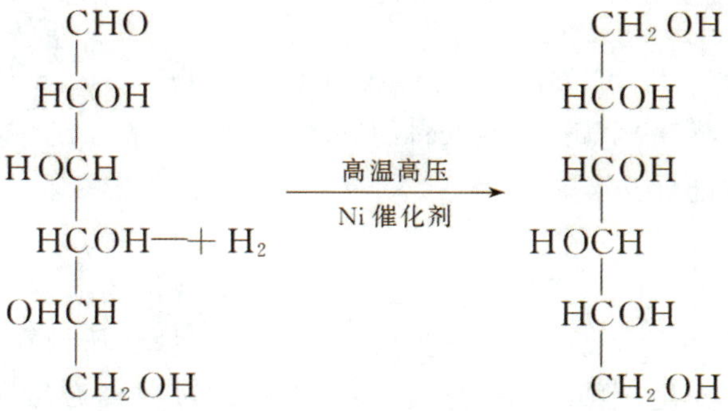

葡萄糖　　　　　　　　　　　　　山梨糖醇

2.氧化反应:单糖可在原料本身含有的酶或在微生物产生的酶作用下完全氧化，生成CO_2和水，并释放出大量能量，用来提供生物体生命活动所需的能量。反应式如下：

$$C_6H_{12}O_6+6O_2 \rightarrow 6CO_2+6H_2O+2870\ 千焦/摩尔$$

单糖在有氧的条件下，通过微生物产生的酶的作用彻底氧化成CO_2和水，并释放出大量热量的过程，称为微生物的有氧呼吸过程。此过程是在发酵面团中产生CO_2气体的主要原因，它使面团迅速起发，形成蜂窝状。

鲜活食品(如水果、蔬菜)在储存时也会产生以上反应，若在运输、储存时堆积过高，产生的CO_2和热量不能及时散发出去，将导致食品腐坏。

3.发酵作用:糖类在无氧的条件下，通过微生物的作用，分解成不彻底的氧化产物，同时放出较少能量的过程，叫作发酵。

单糖可被酵母菌、细菌、霉菌产生的酶发酵，生成乙醇、乳酸两种产物，分别称为酒精发酵和乳酸发酵。

(1)酒精发酵

单糖在酵母菌的作用下进行无氧发酵，产生乙醇和CO_2的过程叫作酒精发酵。主要反应方程式表示如下：

$$C_6H_{12}O_6 \rightarrow 2CO_2\uparrow+2C_2H_5OH$$

葡萄糖　　　　　　　乙醇

在制作发酵面团时，微生物的有氧呼吸和无氧发酵同时存在。

面团发酵时，以酵母作用于葡萄糖进行有氧呼吸为主，产生大量CO_2和水，随CO_2的浓度增大，使面团体积膨胀，面团起发;同时面团内部氧气较少，存在着酒精发酵，产生的CO_2使面团内部也发起。用“面肥”发酵杂菌较多，能将醇继续氧化成有机酸，多种有机酸与醇发生酯化反应生成酯，形成发酵食品的特殊风味。如果发酵过度，产酸就会过多，使面团带有酸味，同时由于CO_2产生过多而外逸，面团会产生塌陷现象。

面团的发酵速度除了受酵母的用量、发酵时的温度影响，还与面粉中单糖的含量有关。

(2)乳酸发酵

单糖在乳酸杆菌的作用下进行发酵生成乳酸的过程叫作乳酸发酵。主要反应方程式如下：

$$C_6H_{12}O_6 \longrightarrow 2CH_3\underset{}{\overset{OH}{\overset{|}{C}}}HCOOH$$

乳酸发酵是制作泡菜、酸牛奶、乳酸饮料的基本原理。一般来说，单糖中葡萄糖最容易发酵，果糖次之，戊糖较难进行发酵。

4.焦糖化反应

在无水加热的条件下，单糖分子的羟基之间可以发生脱水反应，生成糠醛及羟甲基糠醛，继续加热发生氧化缩合、聚合等反应，最终生成黑褐色的焦糖。单糖在加热至其熔点以上时，经过一系列复杂的化学变化，生成焦糖并产生独特风味的过程称为焦糖化反应。焦糖是一种呈色物质，俗称糖色。焦糖化反应除了产生焦糖外，还产生醛、酮类化合物，这些化合物是具有特殊香气的挥发性物质，形成特有的焦糖香气。

焦糖化反应在烹饪中很普遍，它给菜肴带来悦目的色泽和诱人的香气。此原理可用于烤制品的表面着色。在制作烤鸭、烤乳猪时在其表面抹上蜂蜜，利用蜂蜜中的单糖产生焦糖化反应，使表面呈亮红色。但应注意糖的浓度和烤制的时间，如果时间过长则会生成过多的焦糖而使颜色太深。

焦糖色素被广泛用作食品的着色剂和增香剂，为传统的天然食用色素，在饮料、糕点、糖果食品中最常用，烹饪中常用的老抽就是以焦糖素为主要成分的。

5.羰氨反应

在烹饪加工的油炸、焙烤等过程中，还原糖(主要是葡萄糖)的羰基同游离氨基酸或蛋白质分子中的游离氨基化合物发生反应，产生特殊的风味物质及颜色，即羰氨反应也称美拉德反应。如烘烤面包、糕点表皮颜色及香气的形成，就是由于发生了美拉德反应。

三、烹饪中主要的单糖

(一)葡萄糖

葡萄糖是自然界中分布最广泛的糖类，在水果中含量丰富，尤以葡萄中为多，故称葡萄糖。葡萄糖在洋葱、豆类、西红柿等很多蔬菜中也含有，是人体和动物血液中的主要糖类。人体可直接吸收和利用葡萄糖产生能量。

葡萄糖可由淀粉、纤维素水解得到。市售的葡萄糖为白色的粉末或晶体，易溶于水，具有清凉的甜味。葡萄糖的甜度为蔗糖的65%～75%，常用作饮料及糖果的甜味剂。葡萄糖能被微生物直接利用发酵，因而在面粉中加入葡萄糖能提高面团的发酵速度。果蔬类原料中的葡萄糖是制作酸泡菜的营养基础。

葡萄糖在加热高于其熔点时可发生焦糖化反应，在有氨基存在时可产生羰氨反应。

(二)果糖

游离的果糖多与葡萄糖共存于水果及蜂蜜中，尤其在蜂蜜中含量较多，占36%左右。果糖为无色结晶，易溶于水，吸湿性特强，可长时间保持食品的柔软可口性。果糖是糖类中甜度最大的，为蔗糖的1.6倍。

果糖的熔点为 102℃～140℃，与葡萄糖一样，在高于熔点时，易生成焦糖，也能直接被微生物发酵，只是反应能力不如葡萄糖。

第三节　低聚糖

低聚糖也称寡糖，易溶于水，一般有甜味，能结晶。低聚糖中常见的而且最重要的是双糖（二糖），是由 2 分子单糖脱水形成。普遍使用的有蔗糖、麦芽糖、乳糖。三糖中较重要的有棉籽糖、麦芽三糖等。

一、蔗糖

蔗糖是食物中存在的最主要的双糖，广泛存在于各种植物中，在甘蔗和甜菜中含量最多。因最早发现于甘蔗中，故名蔗糖。

（一）蔗糖的组成和结构

蔗糖的分子式为 $C_{12}H_{22}O_{11}$，它是由一分子葡萄糖和一分子果糖彼此以半缩醛羟基脱水缩合而成的，其反应式如下：

$$\underset{\text{葡萄糖}}{C_6H_{12}O_6} + \underset{\text{果糖}}{C_6H_{12}O_6} \longrightarrow \underset{\text{蔗糖}}{C_{12}H_{22}O_{11}} + H_2O$$

蔗糖的结构式：

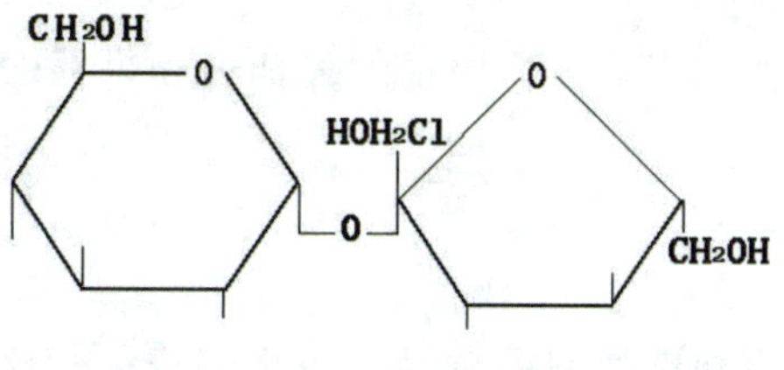

图 3－2　蔗糖的结构式

蔗糖分子中没有游离的半缩醛羟基，因此它没有还原性，属于非还原性双糖。

（二）蔗糖的理化性质

1.物理性质

纯净的蔗糖是无色透明的晶体，是食糖的主要成分，在市场上出售的白糖中，蔗糖含量占 99%以上。蔗糖易溶于水，难溶于乙醇等有机溶剂。其溶解度随着温度的升高而增加，同时还受盐类的影响，如当水溶液中加入氯化钠时，它的溶解度增大。

蔗糖的比重是1.588，熔点为160℃以上。蔗糖具有较强的甜味，甜度超过葡萄糖，仅次于果糖。通常以在常温下5%蔗糖溶液为甜度标准，其他糖的甜度都是与之比较得到的相对甜度。

蔗糖具有吸湿性，在潮湿的空气中易吸收空气中的水分而溶化，对保存不利。如食糖受潮后会发生卤包，在糖粒表面形成一层很薄的糖浆，在天气干燥时，水分蒸发，蔗糖又从糖浆中重新结晶，造成干缩结块不易使用。受潮后的食糖还会引起微生物的生长繁殖，使其变质不能食用。但以蔗糖为甜味剂的糕点，蔗糖的吸湿性有助于其保持水分而使其质感软和，如年糕中蔗糖的含量对它的软硬度有非常明显的影响。

蔗糖还具有吸附性，能吸附周围的气体分子，在储存过程中与有异味的物质放在一起，会沾染其他异味，因而需要注意。

蔗糖溶液在过饱和时，能形成晶核，蔗糖分子有序地排列并吸附在晶核周围，从而重新形成晶体，这种现象称作蔗糖的再结晶。烹饪中制作挂霜菜就是利用这一原理。如制作“挂霜桃仁”，是先用少量的水小火将糖溶化、熬稠，当温度升到120℃～125℃时，将炸好的核桃仁倒入，立即搅拌均匀，迅速冷却，糖汁从过饱和状态析出粉状结晶。结晶的糖粒细而均匀，成品洁白如霜。

蔗糖溶液在熬制过程中，随着浓度的提高，含水量逐渐降低，黏性增大，停止加温并冷却，这时蔗糖分子不结晶，而只形成非结晶态的无定形玻璃体，玻璃体在拉伸时有一定的强度，温度下降时呈透明状，具有脆性。在烹饪中拔丝菜的制作就依据这种性质，如“拔丝菠萝”，成菜后每一块表面都晶莹透亮，食用时能拔出细长的糖丝。

蔗糖的水溶液具有一定的渗透压，并且随浓度的增大而提高。高浓度的蔗糖溶液形成的高渗透压可抑制微生物的生长。用浓度66%以上的蔗糖溶液腌渍果蔬原料，产品可长时间保存，如冬瓜果脯、糖水樱桃等。

2.化学性质

(1)水解反应

蔗糖在稀酸或酶的作用下水解，生成等量的葡萄糖和果糖的混合物，这种混合物叫作转化糖。水解式如下：

$$C_{12}H_{22}O_{11} + H_2O \rightleftharpoons \underset{\text{葡萄糖}}{C_6H_{12}O_6} + \underset{\text{果糖}}{C_6H_{12}O_6}$$

加热可加速转化，当加热到蔗糖的熔点以上转化加快；在有酸存在时，100℃以下也可使转化加快，无机酸的作用比有机酸的作用强，速度快。转化糖的相对甜度为130(蔗糖为100)，稍低于果糖，而高于葡萄糖和麦芽糖。

在烹饪中，转化糖的应用优于蔗糖，因为它有类似蜂蜜的良好风味，且甜度高、不易结晶、保湿能力更强。用转化糖制作糕点，不但可以提高甜度，还在松软可口性、外观光洁性和风味方面都比蔗糖要好。转化糖的抗结晶性可提高拔丝菜肴的质量，蔗糖在达到饱和状态时容易出现结晶现象，在制作拔丝菜时影响出丝，当添加少量酸时，蔗糖可水解产生少量转化糖，不但可以增加出丝长度，还会延长出丝时间。酸的种类与蔗糖转化速度的关系是：盐酸>硫酸>柠檬酸>醋酸，前两种不能食用，醋酸的转化速度虽慢，但醋取用方便，因此通常在烹饪中采用。

(2)焦糖化反应

蔗糖在加热至其熔点以上时，也会发生焦糖化反应。蔗糖的焦糖化反应包括转化和转化糖的焦糖化反应两个过程。烹饪中常利用蔗糖的焦糖化反应，使菜肴产生悦目的色泽和诱人的香气。如制作“红烧肉”时，在烹调时加入糖或糖色，使肉表面呈枣红色，口味更丰富。

蔗糖受热形成糖色的过程比较复杂，有一系列带苦味且颜色较深的产物，这就是制作拔丝菜时熬糖过火后颜色变深并有苦味的原因。为防止过火，可在食糖中加少量的水，使之成为浓糖液，加热至100℃左右即开始发生焦糖化反应，由于火力小、温度低、反应慢，比较容易控制，可避免产生深色难溶于水的焦糖素。

(3)羰氨反应

蔗糖虽然是非还原糖，但在加热时可产生转化糖，所以它间接可以和氨基化合物(如氨基酸等)发生羰氨反应，因此烹饪中加入蔗糖不仅可以增加甜味，还可以上色增香。

二、麦芽糖

麦芽糖在新鲜的粮食中并不存在，只有谷类种子发芽或淀粉储存时受到麦芽淀粉酶的水解才大量产生，故由此得名。麦芽糖为白色针状结晶，易溶于水而微溶于乙醇，熔点为120℃～155℃。麦芽糖有温和的甜味，甜度为蔗糖的46%。

麦芽糖的分子式为$C_{12}H_{22}O_{11}$,水解后仅得到葡萄糖，说明它是由2个分子的葡萄糖脱水缩合而成的。麦芽糖分子中仍保留了一个半缩醛羟基，所以它是典型的还原糖，具有单糖所具有的一切性质。

烹饪中常使用的是粗制的麦芽糖——饴糖。它是利用大麦芽中的淀粉酶，将淀粉水解为糊精和麦芽糖的混合物，其中麦芽糖占1/3。饴糖具有一定黏度，流动性好，有亮度，因此，在制作糕点时，常利用它生产萨其马等甜食。制作“北京烤鸭”时，将饴糖涂在鸭皮上，待糖液晾干后放进烤炉，烤制后就会形成光亮的酱红色，十分诱人。饴糖还是面筋改良剂。在面包配料中加入少量饴糖，可使面包体积显著增大，有嚼劲，并能延长存放期。

麦芽糖和葡萄糖一样也是可发酵糖，在面团发酵时，它能被麦芽糖酶水解成2分子葡萄糖，葡萄糖则是酵母菌生长所需的养料。

三、乳糖

乳糖是哺乳动物乳汁中主要的糖分，牛羊乳中含乳糖4%～5%，人乳中含量比它们约高一倍。

乳糖的分子式与蔗糖相同，为$C_{12}H_{22}O_{11}$，是由一分子半乳糖和一分子葡萄糖缩合而成，它具有还原性，属于还原性双糖。

乳糖为白色晶体，能溶于水，但溶解度较其他单、双糖小得多。乳糖虽具有甜味，但甜度很低，仅为蔗糖的39%。

乳糖有较强的吸附性，能吸附气味物质和有色物质，可用作肉类食品风味和颜色的保持剂。乳糖不能被酵母菌发酵，但能被乳酸菌作用产生乳酸发酵，酸奶的形成就是发生了这种反应。乳糖的存在可以促进婴儿肠道中双歧杆菌的生长。

乳糖在加热时很容易变色，使食品产生诱人的金黄色，如“奶油炸猪排”既有浓郁的奶香又有金黄的色泽；同时，乳糖也可以使炼乳和乳粉变色，在烹制有奶汁的西菜和奶汤时，应注意温度不宜过高而使之保持奶色。

四、功能性低聚糖

某些低聚糖由于其单糖分子相互结合的位置和类型不同，因而人体没有代谢这类低聚糖的酶系，所以就成为难消化的低聚糖。也就是说，人吃了不产生热量。虽然它们不能成为人体的营养源，但对人体有特别的生理功能，所以称它们为功能性低聚糖。我国功能性低聚糖已形成一定规模，已作为商品上市的有低聚异麦芽糖、低聚果糖、低聚半乳糖、大豆低聚糖、水苏糖等。下面我们主要介绍大豆低聚糖。

大豆低聚糖是从大豆籽粒中提取出的可溶性寡糖的总称，主要成分是蔗糖、水苏糖和棉籽糖。一般浓度为75%的大豆低聚糖浆中，含水苏糖18%，棉籽糖6%，蔗糖24%，其他糖18%。20世纪80年代末期，日本首先开创了对各类低聚糖生理功能的研究和应用，其中棉籽糖和水苏糖对人体肠道中的双歧杆菌有着非常强大的促进增殖作用，同时对人体健康有特别的生理功能，因此大豆低聚糖属于功能性低聚糖。

大豆低聚糖中具有独特生理功能的成分是棉籽糖和水苏糖，以纯的水苏糖和棉籽糖计，每人每天摄入3g就有双歧杆菌增殖效果。水苏糖是低聚四糖，是在蔗糖的葡萄糖侧结合了两分子半乳糖构成；棉籽糖则是由一分子葡萄糖、一分子果糖和一分子半乳糖组成。

市售的大豆低聚糖多为白色粉末状产品。大豆低聚糖的甜味特性接近于蔗糖，甜度为蔗糖的70%，是低热量的甜味剂。大豆低聚糖的保温性和吸湿性均小于蔗糖但大于果糖，渗透压接近于蔗糖。

大豆低聚糖具有良好的热稳定性，但在pH值小于5时热稳定性有所下降，在pH值为4但温度低于100℃时仍较稳定，而在pH值为3时保持稳定的最高温度不能超过70℃。如：以大豆低聚糖为甜味剂制作面包，经24小时发酵，大豆低聚糖中棉籽糖与水苏糖的保留量高达95%以上，而其中蔗糖完全被酵母菌所利用，这说明在面包发酵过程中，大豆低聚糖中具有生理活性的三糖和四糖完整保留，且可以延缓淀粉老化。

大豆低聚糖对人体肠内双歧杆菌的增殖效果，减少了有害菌的生存数量，从而起到了促进胃肠蠕动，清理肠道，利于排毒，提高人体免疫力的作用；大豆低聚糖热量低，难以被人体消化，食用后基本不增加血糖血脂。因而目前其作为新型的食品添加剂，广泛应用于饮料、酸奶、冷饮、糕点等食品中。大豆低聚糖在烹饪中除作为甜味剂用于增加菜品甜度，还可用于制作馒头。馒头由于蒸制使其含水量比面包高许多，不仅易受微生物的感染，而且易返生，制作时添加大豆低聚糖不仅有保健作用，而且能延缓淀粉老化，从而延长馒头的上架期。

第四节　多　　糖

多糖广泛存在于生物界。有些多糖是构成动植物体骨干的物质，如纤维素、甲壳质等；有些多糖是动植物体内的储备养料，如淀粉、肝糖元等，当需要时，它们会在有关酶的作用下，分解成单糖。

多糖是高分子化合物，是由多个单糖分子以糖苷键相连形成的高聚糖。它们的性质与单糖、低聚糖不同，一般不溶于水，有的即使溶于水，也只能生成胶体溶液。多糖无甜味，一般不能结晶，无还原性。

一、淀粉

淀粉大量存在于植物的种子(如小麦、米、玉米等)、块根(如薯类)以及干果(如栗子等)中，也存在于植物的其他部位。它是植物最重要的储藏性多糖，也是人体所需能量的主要来源。

(一)淀粉的组成和结构

淀粉是白色粉末状物质，不同种类的淀粉粒的形状和大小各不相同。例如小麦淀粉粒呈球形，马铃薯的淀粉粒呈卵形；直径最大的淀粉粒为马铃薯淀粉粒，最小的是米淀粉粒。

淀粉是由许多葡萄糖分子缩聚而成的高分子多糖。淀粉有两种结构，直链淀粉和支链淀粉。

1.直链淀粉

直链淀粉分子聚合度(组成淀粉分子葡萄糖的个数)为100～6000，分子呈长链状，天然的直链淀粉分子不是直线型的，而是卷曲呈螺旋状的，结构比较紧密。直链淀粉溶于热水，以碘液处理产生蓝色。

2.支链淀粉

支链淀粉分子比直链淀粉大得多，聚合度为1000～3000000，如马铃薯淀粉的聚合度为3000000。支链淀粉分子中分支很多，每个分支含20～27个葡萄糖残基。支链淀粉分子结构呈树枝枝杈状，是一个近似球状的庞大分子，结构比较松散。支链淀粉遇碘产生紫红色。

不同来源的淀粉所含直链淀粉和支链淀粉的数量不同，一般淀粉中含直链淀粉15%～25%，支链淀粉75%～85%。豆类含直链淀粉的比例大，可达50%左右，其中绿豆含直链淀粉最多。在黏性植物的淀粉中，主要含支链淀粉，如糯米淀粉中支链淀粉几乎占100%。

(二)淀粉的性质

淀粉是无味、无臭的白色粉末，比重约为1.5，它无甜味，无还原性。

1.淀粉的溶解性

淀粉不溶于冷水，但可以分散在水中，特别是支链淀粉有良好的分散性。淀粉颗粒虽然不溶于冷水，但具有很强的吸湿性，在常温下能吸收40%～50%的水分，其体积膨胀较小。

2.淀粉的糊化

淀粉在一定温度下(一般60℃～80℃)吸水溶胀直至解体，淀粉分子均匀分散于周围的水中，形成均匀的、黏稠的糊状溶液，这个过程称为淀粉的糊化。淀粉糊化过程可分为三个阶段:①可逆吸水阶段。水分进入淀粉非晶质部分，体积略有膨胀，此时冷却干燥，颗粒可以复原。②不可逆吸水阶段。随着温度升高，水分进入淀粉微晶间隙，导致结晶“溶解”，淀粉粒膨胀达原来体积的50～100倍。③淀粉粒最后解体，淀粉分子全部进入溶液，形成糊状体。

各种淀粉的糊化温度不一样，这与淀粉中直链淀粉和支链淀粉的比例以及淀粉的颗粒大小有关。支链淀粉的分子结构比直链淀粉松散，颗粒小的比颗粒大的与水接触表面积大，因此含支链淀粉多的、颗粒小的淀粉相对较易糊化。

表3－2　淀粉的糊化温度

淀粉	开始糊化温度/℃	完全糊化温度/℃
马铃薯	59	67
甘薯	70	76
糯米	58	63
粳米	59	61
玉米	64	72
小麦	65	68

糊化是淀粉食品成熟的标志。糊化的程度受用水量、温度和时间的直接影响，如做米饭时水加少了，米中的淀粉不能充分溶胀和糊化，而使饭夹生;水加多了，米粒糊化过度成烂饭。一般温度越高，所需糊化时间越短 。糊化后的淀粉更可口，更容易被淀粉酶所水解，有利于人体的消化吸收。

淀粉糊化后的黏度受多种因素影响。一般温度越高，淀粉糊黏度越大;pH以中性偏碱为好，少量的碱能促进淀粉水解成黏性较大的糊精，糊化速度快，稳定性好，如在熬玉米粥时加入少量碱，可大大缩短熬制时间，而且很黏稠，但碱对谷类中维生素B族有破坏作用，应尽可能避免使用;糖、脂类的加入对淀粉的黏性有较好的影响，烹饪中莲藕粉加糖、新米中较多的油脂或旧米中加入少量油脂都可以使淀粉糊黏度得到加强和稳定;盐、醋、味精这些调味料的加入会因抢夺胶体中的水分而不利于淀粉的黏性。

不同来源的淀粉，糊化后的性质不同，其用途也不同。如马铃薯淀粉最适宜上浆和挂糊用，而绿豆淀粉最适宜勾芡用。

3.淀粉的热分解和热缩合

淀粉无水加热时发生分子断裂，生成小分子的含氧有机物的过程，叫淀粉的热分解。这些小分子含氧有机物有香气，在高温下部分脱水缩合形成有色物质，使食品富有焦香并上色。如面粉类或挂糊食品炸时出现黄色，就是这一性质的体现。若温度再高则会焦化而有苦味。

4.淀粉的酸馊

淀粉糊在微生物酶的作用下，发生水解、氧化等一系列反应，产生各种酸性物质，使淀粉糊带有“馊味”这种现象叫作淀粉的酸馊。酸馊了的淀粉糊出水变稀，黏性下降，有异味。在夏天温度高，酶的活性强，淀粉的酸馊更易发生，因此含淀粉的食物需低温保存。

5.淀粉的老化

糊化了的淀粉在室温或低于室温下放置一段时间后，发生出水变硬，变得不透明，甚至凝结、沉淀，这种现象称为淀粉的老化。如面包、馒头放置时间长，会产生变硬、干缩的现象。从本质上讲，老化是糊化的逆过程，是由于糊化了的淀粉在冷却和储存过程中，分子的运动减弱，淀粉分子趋向于平行排列，以某些原有的氢键结合点为核心，相互靠拢，挤出水分，恢复与原来淀粉类似的、致密的结构。

老化后的直链淀粉非常稳定，加热、加压也很难使它再溶解，但如果有支链淀粉与它混合在一起，则仍然有加热使其恢复糊状体的可能，不同来源的淀粉老化的难易程度不同，直链淀粉比支链淀粉易于老化，所以含支链淀粉多的糯米或糯米粉制品，不易发生老化现象。不同淀粉的老化顺序为：玉米＞小麦＞甘薯＞土豆＞木薯＞糯玉米。

淀粉发生老化的最适宜温度为2℃～4℃，高于60℃或低于－20℃都不易发生老化现象。为了防止淀粉的老化，可将淀粉食物迅速降温至－20℃左右，使淀粉分子间的水分迅速结冰，从而阻碍了淀粉分子的相互靠近，避免形成氢键。如速冻食品的制作就是依据此原理。

水分也是老化的重要因素。水分含量在30%～60%时易发生老化，而含水量小于10%或含水量较大时，则不易老化。方便面的制作就是利用了这个原理，即将糊化了的面条急速脱水，就可以在较长时间内保存，也不易老化，食用时加热水浸泡，面条吸水复原就可以食用了。

淀粉老化后与水失去亲和力，难以被淀粉酶水解，因此不易被人体消化吸收。因而，对于刚制作好的馒头、米饭、面包等，最好趁热食用。淀粉的老化对挂糊、上浆和勾芡菜肴的品质也会带来一些不利的影响。如挂糊后的菜肴放置一段时间，表面会有大量水分析出，使菜肴失去饱满、酥脆等品质；勾芡的菜肴会失去光亮、汤汁浓稠等品质，所以挂糊、勾芡后的菜肴应迅速送至餐台，以免发生淀粉老化。

（三）淀粉的应用

淀粉是挂糊、上浆和勾芡的主要原料之一，对形成菜肴的色、香、味、形有很大作用。将淀粉加入水或加入鸡蛋等其他原料搅拌成糊状，可用于菜肴制作中的挂糊、上浆，菜品经挂糊、上浆后，在高温油下形成一种保护膜，保护菜肴原料内部营养成分及水分不丢失，保持成品的鲜嫩及原料外形完整，使菜肴形成独特的风味。如糖醋鱼片的制作。用淀粉与水调成稀糊状可用来勾芡，在菜肴成熟即将出锅时淋入，利用淀粉的糊化性质，使菜肴的汤汁形成有黏性的卤汁，达到融和口味，并紧附菜肴原料，突出味感的目的。特别是当少量热油加入芡汁中，能形成黏性更强的糊精，利用淀粉和糊精的胀力将油包裹住，油透过薄薄的芡层在日光下发生折射，产生一定的光泽，这就是烹调中常说的“明油亮芡”或“汪油包汁”。芡的导热能力差，还能在菜肴中起到一定的保温作用。

淀粉还可以被用来加工成各种淀粉制品。淀粉在热水中形成糊状溶液后冷却形成固态凝胶，可制成粉丝、粉皮、凉粉等。豆类和薯类淀粉中含直链淀粉多，易于老化发硬，将其淀粉糊冷却后很快定型，所以多用豆类、薯类淀粉制作此类食品。如用含直链淀粉最多的绿豆淀粉制成的粉丝质量最好。

二、纤维素及其他多糖

(一)纤维素

纤维素是自然界中最多的有机物质，是植物细胞壁的主要成分，茎菜类、叶菜类的烹饪原料中有较多的纤维素。

1.纤维素的结构

自然界的纤维素分子是由葡萄糖缩聚而成的，分子链呈直线状。它的分子量很大，许多分子链以密集的氢键连成牢固的胶束，这种结构使得纤维素具有良好的机械强度和化学稳定性，支持植物的茎叶，使之坚挺。

2.纤维素的性质

纤维素是白色、无臭、无味的物质，不溶于水也不溶于有机溶剂。纤维素的化学性质稳定，无还原性，也不容易被水解，在一般的烹饪加工中不会被破坏。在强酸液中加热或有纤维素酶存在时才能水解成葡萄糖及其低聚物。纤维素虽不溶于水，但其亲水性却很强，容易吸水膨胀。其亲水性与植物细胞壁的膨胀直接相关。

3.纤维素的作用

纤维素是植物细胞壁的主要成分，在植物中随品种、生长期、气候等条件的变化而含量各异。一般幼嫩细胞中含量较少，其含量随着成熟度而增加，因而老的青菜中纤维素含量高，口感粗老，甚至失去食用意义。

纤维素对人体无营养价值，因为人体内没有纤维素酶，不能将其水解为葡萄糖，但有些动物(如牛、羊等)的消化道中有能够产生纤维素酶的微生物，因而它们可以消化纤维素为其提供营养。

纤维素虽然不能被人体吸收，但摄入纤维素能促进胃肠蠕动，清洁肠道垃圾，降低体内胆固醇水平，调节糖尿病患者的血糖水平，有助于某些疾病的防治，已成为膳食中不可缺少的成分，被称为膳食纤维。膳食纤维由纤维素、果胶类物质、半纤维素、木质素和糖蛋白等组成。半纤维素一般是由2～4种糖基组成的杂多糖。食用纤维素不产生热量，因而可用含纤维素较多的原料(如芹菜)制作成低热量的减肥菜肴。

(二)果胶

果胶是植物细胞壁的成分之一，与纤维素一同构成了植物的支架物质，它存在于相邻细胞壁间的中胶层中，起着将细胞黏结在一起的作用。

1.果胶质的存在形态

果胶是由半乳糖醛酸和其甲酯的衍生物缩聚而成的多糖，属于多糖胶质。

植物内的果胶一般以三种形态存在。

(1)原果胶：它与纤维素和半纤维素结合在一起，存在于植物细胞壁中，在未成熟的果蔬中含量较多。原果胶不溶于水，故含原果胶的未成熟的果蔬均坚硬。原果胶能在酸或果胶酶的作用下水解生成果胶。

(2)果胶：果蔬中的原果胶随果蔬的成熟，水解成与纤维素分离的可溶于水的果胶，并渗入细胞液内，果实组织遂由硬变软而有弹性，此时食用品质最佳。果胶溶液是亲水性胶体溶液，能形成坚韧的凝胶，因此可被制成果酱、果冻等。果胶能在酸碱条件下发生水解，生成果胶酸和甲醇。

(3)果胶酸：果胶酸是多聚半乳糖醛酸，微溶于水，无黏性，对细胞不起黏着作用。当果胶变成果胶酸时，果实变成软疡状态。

2.果胶质的特性及应用

果胶是亲水性极强的胶体物质，其水溶液在有适量的糖、有机酸存在时，能够形成凝胶。0.5 %～15%的普通果胶溶液在 pH 值为 2.0～3.5 时，蔗糖浓度加至 60%～65%，在室温下就能形成凝胶。

在腌制瓜果时，若采用硬水（含 Ca^{2+}、Mg^{2+}），可使果胶酸与钙离子生成果胶酸钙，其中的钙把果胶分子交联起来。因而腌制时可在水中加入少量石灰，腌成的瓜果绿而脆香。受到水浸后的马铃薯、甘薯等不易煮烂，也是有果胶酸钙生成的缘故。

(三)琼胶

琼胶又称琼脂、洋菜、洋粉等，它存在于某些海藻（如石花菜）细胞壁中。琼胶由半乳糖分子缩聚而成，是一种多糖类的胶质。

琼胶是无色、无定形的固态物质。它不溶于冷水，但可吸水膨胀，可以溶于 90℃以上的热水，其最大溶解度为 2%。琼胶具有很强的凝胶能力，0.5%的浓度经冷却就可形成凝胶。琼胶在使用过程中可反复熔化、反复凝胶。

琼胶的胶凝强度与浓度成正比。温度升高，其凝胶强度降低；而温度降低有利于琼胶分子形成网络结构，凝胶强度增高。蔗糖有助于提高琼胶的胶凝强度，但当蔗糖浓度超过 75%时，凝胶强度反而会变小。

琼胶无营养价值，在烹饪中可利用其胶凝性而将其作为增稠剂和凝固剂。由于其凝胶透明度好，能完成很好的造型，常用来制作各种动植物及山水风景的工艺拼盘。由于琼胶的爽口、滑溜，常作为辅料制成冷肴，例如"水晶冻鸡""冻鸭掌"。琼胶不易被消化，低热量，能降低胆固醇，可利用这些特点来制作低热、低糖的减肥食品。此外，琼胶还能用于制作果冻、软糖等食品。

(四)褐藻酸及褐藻酸钠

褐藻酸及褐藻酸钠是从多种海藻中提取出的。褐藻酸是由 D－甘露糖醛酸缩聚而成的多糖胶质。

褐藻酸易溶于热水和冷水，能形成透明的胶体溶液，并与蛋白质、明胶、淀粉、蔗糖、油脂共溶。其胶体溶液受温度影响大，温度低时黏稠性大，温度升高，黏稠性下降。

褐藻酸及褐藻酸钠成本比琼胶低廉，被用作果胶、琼胶的代用品。将褐藻酸添加到面粉中能提高面粉的筋性、膨胀性，增加食品的松软度，降低成品破损率，还可防止淀粉老化，延长食品的保存期。还可用来制作果冻、人造海蜇等。由于其不能被人体吸收，因而它也是一种低热、低脂肪的保健食品。

(五)葡萄甘露糖

葡萄甘露糖是由葡萄糖和甘露糖脱水缩聚而成的。主要存在于魔芋的根状茎中，可将其加工成魔芋粉。魔芋粉溶液中加碱加热，冷却后凝结成块，即魔芋豆腐；也可加工成其他品种，如魔芋粉丝、魔芋面条等。葡萄甘露糖不能完全被人体消化，它的制品有一定的饱腹感，防便秘，防胆固醇，属低热、低脂、抗癌的保健食品，适合中老年人使用。

由于制作魔芋豆腐时加入了碱，烹调时要将其焯水以除去多余的碱。

(六)壳聚糖

壳聚糖又称几丁质，主要存在于甲壳动物的外骨骼中，如虾壳中占15%～30%，蟹壳中占15%～20%。

壳聚糖是白色或灰白色半透明片状固体，无毒、无味，不溶于水和碱溶液，可溶于稀酸，可用作食品的黏结剂、填充剂、乳化剂、增稠剂和稳定剂。壳聚糖具有强化免疫功能，强化肝功能，加速外伤愈合，减少胃酸分泌，组织消化系统对胆固醇的吸收，吸附体内有害物质，促进这些物质从体内排出等多种功能。近年来，壳聚糖作为保健食品原料发展很快。

【思考题】

1.什么叫糖类？根据其结构和性质，糖类如何分类？

2.写出葡萄糖和果糖的结构式，说明哪个是醛糖，哪个是酮糖。

3.单糖有哪些性质？在烹饪中有何应用？

4.说明蔗糖、麦芽糖、乳糖分子的组成有何不同？

5.蔗糖的哪些性质与烹饪有关？举例说明其在烹饪中的应用。

6.什么叫功能性低聚糖？试列举出几种。

7.淀粉的结构有哪两种？它们的理化性质有何区别？各在哪类粮食中含量较多？

8.什么叫糊化？试说明其化学机理。

9. 什么叫淀粉老化？其化学机理是什么？如何防止？

10.烹饪中制作“挂霜桃仁”是根据什么机理？

11.果胶、琼胶、褐藻酸及褐藻酸钠在烹饪中有何应用？各举一例说明。

12.为什么水果在未成熟时质地很硬，成熟后变软？

知识链接

“美拉德”的利与弊

浓油赤酱的上海菜、焦煳油香的马路边烤串儿、粤式煲仔饭里又黑又脆的锅巴，还有西式甜点最后用火枪喷出来浓郁味道的焦糖布丁……以上美味都伴随着在烹饪界中一个很重要的反应——“美拉德”。美拉德反应是氨基酸与糖在一起加热时发生的一系列复杂反应，该反应产生的多种新分子可以为食材提供独特的色泽和香气。与此同时，该反应还会生成褐色甚至黑色的物质，因此也叫"非酶褐变反应"。烤鸭、烤乳猪和烤面包的黄金脆皮、烤山芋里有嚼劲的甜黑皮以及焦糖玛奇朵咖啡中的焦糖糖层，这些也都是"美拉德反应的产物"。"美拉德"需要在高于 118℃的温度中进行。所以食物如果以蒸、煮、炖等"湿煮"法熟化，颜色通常比用煎、烤、烘等"干煮"法处理的颜色要淡，味道也更清爽。

在日常生活中，"美拉德"产物可以作为低焦油卷烟中的有效增香物质，可以增强卷烟的香味、减少杂气和降低刺激性。此外，美拉德反应与中药制剂过程也有关系，可以发挥有效药用价值。而在传统的煎汤药过程中，"美拉德"也会使药材生成更多类黑素而导致褐变反应。汤药中的这些黑色物质具有很强的吸附性和运送功能，可以帮助人体增强抵抗力、抗氧化、抗癌、抗衰等，从而能提高对细胞的保护作用。

事物要一分为二地辩证去看待和分析，伴随美拉德反应的同时，还产生了醛、杂环胺等一些有害的中间产物，而其中一种叫丙烯酰胺的物质是目前被公认的强致癌物，它会引起神经损伤。此外，该反应末期还会发生蛋白质的交联，生成糖基化的最终产物。这一产物还可能与阿尔茨海默病以及各种心脑血管疾病有关。

第四章 脂　　类

【教学目的】

通过本章的学习，使学生了解脂类的概念、分类；认识脂肪的结构、组成和性质；理解和掌握油脂热变性及油脂酸败的原因，并能在实际操作中加以预防和控制；熟悉油脂在烹饪中的作用。

【学习重点】

脂肪的组成、结构、性质；脂肪酸的分类；油脂热变性及油脂酸败的原因；油脂在烹饪中的作用。

脂类是一大类具有重要生理作用的化合物，是维持生命所必需的营养素之一。在烹饪中也有很重要的作用。

第一节　脂类的分类及结构

一、脂类的分类

根据化学组成和结构将脂类分为油脂和类脂。

油脂是由甘油和脂肪酸组成的酯类。类脂则指性质和脂肪类似的其他衍生物，主要包括磷脂、固醇和蜡。

油脂在常温下有呈液态的、有呈固态的，习惯上把常温下呈液态的油脂叫作油。植物油脂大多在室温下呈液态，常称为植物油，如豆油、花生油、芝麻油等。在常温下呈固态的油脂叫脂肪。动物油脂大多在室温下呈固态，常称为动物脂，如羊脂、牛脂等。

二、油脂的组成和结构

油脂是由多种高级脂肪酸(如硬脂酸、软脂酸和油酸等)跟甘油生成的甘油酯。它们的结构可以表示如下：

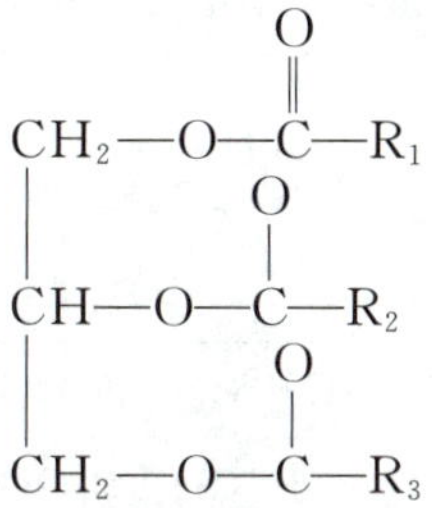

结构式里 R_1、R_2、R_3 代表饱和烃基或不饱和烃基。它们可以相同，也可以不相同。如果 R_1、R_2、R_3 相同，这样的油脂称为单甘油酯。如果 R_1、R_2、R_3 不相同，就称为混甘油酯。天然油脂大多是混甘油酯。

三、油脂中的脂肪酸

组成天然油脂的脂肪酸有 70～80 种，多为偶数碳的直链脂肪酸。组成油脂的脂肪酸可分为饱和脂肪酸和不饱和脂肪酸两大类。

1.饱和脂肪酸

饱和脂肪酸是分子中碳原子间以单键相连的一元羧酸。天然油脂中重要的饱和脂肪酸见表 4-1。

表 4-1　天然油脂中重要的饱和脂肪酸

脂肪酸	名称	主要存在于	熔点(℃)
C_3H_7COOH	丁酸(酪酸)	奶油	−7.9
$C_5H_{11}COOH$	己酸(低羊脂酸)	奶油、椰子	−3.4
$C_7H_{15}COOH$	辛酸(亚羊脂酸)	椰子、奶油	16.7
$C_9H_{19}COOH$	癸酸(羊脂酸)	椰子、榆树子	31.6
$C_{11}H_{23}COOH$	十二酸(月桂酸)	月桂、一般油脂	44.2
$C_{13}H_{27}COOH$	十四酸(豆蔻酸)	花生、椰子油	53.9
$C_{15}H_{31}COOH$	十六酸(软脂酸)	所有油脂中	63.1
$C_{17}H_{35}COOH$	十八酸(硬脂酸)	所有油脂中	69.6
$C_{19}H_{39}COOH$	二十酸(花生酸)	花生油	75.3

2.不饱和脂肪酸

凡是碳链中含有碳碳双键的脂肪酸都称为不饱和脂肪酸。脂肪酸分子中双键数目越多，其不饱和程度越高。

不饱和脂肪酸在一般动植物油脂中都有存在，植物油脂中，不饱和脂肪酸的含量比饱和脂肪酸更多。鱼油中还有多种三烯以上的多烯酸，而陆地动物的脂肪中，则只含有少量的二烯和多烯的不饱和脂肪酸。不饱和脂肪酸在常温下为液态，所以植物油脂在常温下也多为液体，动植物油脂中常见的不饱和脂肪酸见表4-2。

表4-2 动植物油脂中常见的不饱和脂肪酸

名称	结构式	主要存在于
豆蔻油酸	$CH_3(CH_2)_8CH=CH(CH_2)_7COOH$	动、植物油
花生油酸	$CH_3(CH_2)_7CH=CH(CH_2)_5COOH$	花生、玉米油
油酸	$CH_3(CH_2)_7CH=CH(CH_2)_7COOH$	所有动、植物油
棕榈油酸	$CH_3(CH_2)_5CH=CH(CH_2)_7COOH$	多数动、植物油
芥酸	$CH_3(CH_2)_7CH=CH(CH_2)_{11}COOH$	芥子、菜籽、鳕鱼肝油
亚油酸	$CH_3(CH_2)_4CH=CHCH_2CH=CH(CH_2)_7COOH$	各种油脂
亚麻酸	$CH_3CH_2CH=CHCH_2CH=CHCH_2CH=CH(CH_2)_7COOH$	亚麻、苏子大麻籽油

3.必需脂肪酸

必需脂肪酸是指机体生命活动所必需的，自身不能合成，必须由食物提供的不饱和脂肪酸。目前已经肯定的必需脂肪酸是亚油酸，结构式为$CH_3(CH_2)_4CH=CHCH_2CH=CH(CH_2)_7COOH$。虽然亚麻酸和花生四烯酸也有必须脂肪酸的活性，但可由亚油酸合成。必需脂肪酸的最好来源是植物油。

第二节 油脂的性质

一、油脂的性质

(1)色泽和气味：纯正的脂肪无色、无臭、无味，天然油脂之所以带有颜色，往往与油脂溶有色素物质和杂质有关，如叶绿素、叶黄素、胡萝卜素等。天然油脂的气味除少数由低级脂肪酸引起，大多数由其所含的非脂成分引起，如芝麻油有特殊香味是由于其含有芝麻酚。

(2)熔点和凝固点：由于天然油脂是多种甘油酯的混合物。所以油脂无确定的熔点和凝固点，只有熔化温度范围，叫作该油脂的熔点范围和凝固点范围。油脂的熔点主要决定于其组成的脂肪酸。一般来说，含饱和脂肪酸多的油脂熔点高，在常温下呈固态，含不饱和脂肪酸多的油脂熔点低，常温下呈液态。从营养学角度看，低熔点的油脂更容易被消化。常见油脂的熔点和消化率见表4-3。

表 4－3　常见油脂的熔点与消化率

油脂	熔点(℃)	消化率(%)
大豆油	－8～18	97.5
花生油	0～3	98.3
奶油	28～36	98.0
猪油	36～50	94.0
牛脂	42～50	89.0
羊脂	44～55	81.0
人造黄油	28～42	87.0

(3)溶解性:油脂难溶于水，易溶于苯、乙醚、丙酮等有机溶剂中。油脂本身也是一种极好的有机溶剂，可以溶解许多脂溶性物质，如脂肪酸、类脂、脂溶性维生素 A、D、E、K 及其他脂溶性色素等。

(4)密度和黏度:油脂的相对密度少于水，一般来说，固体脂的密度约为 $0.8g/cm^3$，液体油的密度在 $0.91\sim0.94g/cm^3$之间。油脂具有一定的黏度，其黏度比水高，因此在烹饪中食用油脂能很好地吸附在食品上，改善菜点的滋味和光泽。油脂中的脂肪酸饱和程度越高，黏度越大，同时黏度随温度升高而降低。

二、油脂的化学性质

1.加成反应

油脂中多数含有不饱和脂肪酸，不饱和脂肪酸的双键可发生各种加成反应，如加氢、加卤素等。

$$—CH{=}CH—+\xrightarrow[\text{加热加压}]{Ni}—CH_2—CH_2—$$

液态油在催化剂(如 Ni)存在并加热、加压的条件下，可以跟氢气起加成反应，提高油脂的饱和程度，生成固态油脂，这个反应叫作油脂的氢化，也叫作油脂的硬化。这样制得的油脂叫人造脂肪，通常又叫硬化油。硬化油性质稳定，不易变质，便于运输。食品工业上利用这个反应来制造人造奶油，还用来生产稳定性高的煎炸用油，它比普通油脂使用寿命大大延长。

2.水解反应

油脂在酸、碱，加热或酯酶的作用下，能发生水解反应生成甘油和脂肪酸。

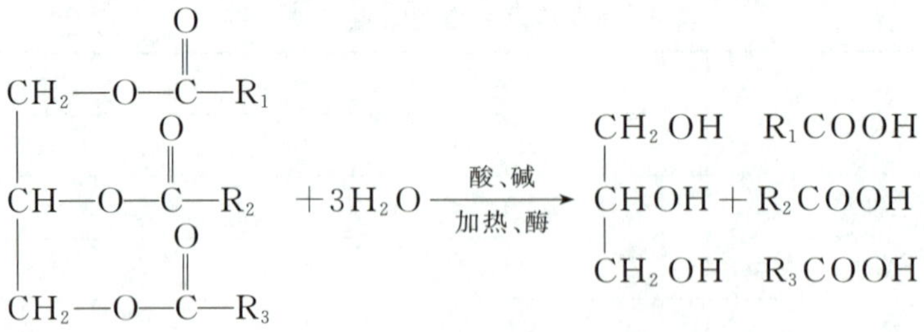

油脂水解对食用油脂的储存是不利的。油脂中游离脂肪酸的增多是油脂变质的前提。但是在消化过程中油脂的水解有利于人体对脂肪的吸收；另外，食品工作者利用酯酶的水解反应生产酸奶和干酪，可使食品出现特殊的风味。

3.氧化反应

油脂中所含的不饱和脂肪酸可以在空气中自动发生氧化反应。反应主要发生在双键上。先打开一个键生成过氧化物，过氧化物再继续氧化分解生成低分子具有异味的醛、酮和脂肪酸，从而使油脂带有不良的气味和味道。油脂氧化是食用油脂在储存过程中质量下降的主要原因。

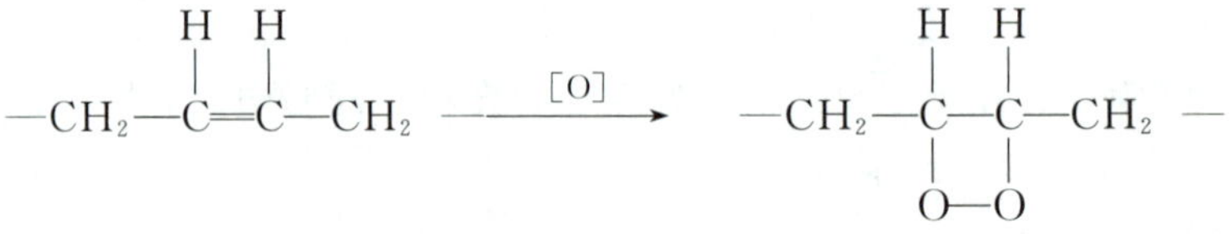

第三节　油脂在储藏加工过程中的变化

油脂在储藏加工过程中会发生一系列的化学变化，这些变化不仅使油脂质量下降，而且还会产生一些对人体有害的物质。

一、油脂的酸败

油脂在储藏过程中，由于空气中的氧、日光、微生物以及酶等因素的作用，发生水解和氧化分解，而产生强烈的刺激性气味(如臭味和哈喇味)，滋味变得苦涩，甚至还会产生有毒物质，这种现象称为油脂的酸败。

酸败的油脂不仅感官变差，而且油脂中的不饱和脂肪酸、脂溶性维生素均被氧化破坏，失去营养价值，同时，酸败油脂产生的醛 、酮等对人体有毒害作用，过氧化物还可能引起肿瘤。

1.油脂的酸败类型

(1)酶解过程引起的酸败，首先是脂肪在脂肪水解酶的作用下分解成脂肪酸和甘油，游离的饱和脂肪酸在酶的作用下先氧化成酮酸，然后脱羧生成甲基酮，使油脂具有哈喇味和苦涩味。这类酸败在未经炼油的酸败中占有很大比例。

(2)化学过程的酸败，首先是在空气、阳光、潮湿、高温的作用下，油脂水解为甘油和脂肪酸，游离的不饱和脂肪酸中的双键被空气氧化，生成过氧化物，过氧化物继续分解生成小分子醛、酮和低级脂肪酸等，从而使油脂产生臭味。精炼油脂的酸败主要是此类变化。

油脂酸败时化学过程和酶解过程常常同时产生，并且两个过程都是以水解和氧化反应为基础的。

2.防止油脂酸败的措施

高温、光照、空气、金属离子等因素都能促进酸败的水解和氧化反应，这就要求在储存油脂或富油食品时，应采取相应的措施，尽量避免这些因素的影响，防止油脂酸败。

(1)尽量使用纯度高的油脂，以减少残渣存留和避免微生物污染。

(2)加强操作卫生，限制油脂中水分含量。烹饪加工过程中用过的油含水多，不要回倒在新鲜油中，应单独存放，及时倒掉，不能久存。

(3)长期储存的油脂应采取避光、密闭、低温储藏措施，同时储存的容器不应含有铜、铁、铅等成分。

(4)加抗氧化剂，在油脂中添加脂溶性抗氧化剂，来延长油脂的储存期。常用的天然抗氧化剂有胡萝卜素、维生素 E、芝麻酚、卵磷脂等，合成抗氧化剂有丁基羟基茴香醚、二丁基羟基甲苯、没食子酸丙脂等。

二、油脂的热变性

在烹饪过程中，食用油脂常常是在加热的情况下使用的。油脂在高温加热过程中，会发生一系列的物理化学变化，使油脂黏度增加、颜色变暗、分解、泡沫增加，并有强烈辛辣气味等现象，这种在高温下油脂发生的一系列物理化学变化，叫作油脂的热变性，有时也称作油脂的老化。

1.油脂的热聚合

油脂分子中的不饱和脂肪酸的双键在高温下可以发生加成聚合反应，温度越高，聚合作用越快，增稠和变黑的速度也加快。反应结果从外观看，发生增稠、颜色变黑现象。特别是在 300℃以上的高温下，聚合作用急速增加。聚合作用可以发生在同一脂肪分子内的不饱和双键之间，也可以在不同脂肪分子的不饱和双键之间，反应生成环状的、有毒的、带有不饱和双键的低级聚合物，使油脂黏度增加，颜色变黑。

2.油脂的热水解缩合反应

油脂在加工原料时，由于原料中带有大量水分，虽然大部分水在加热过程中变成了水蒸气挥发掉了，但少量的残存水仍能促使油脂受热后水解反应速度加快，部分水解产物相互间发生失水缩合反应，而生成相对分子质量倍增的化合物，使质量下降。

3.油脂的热分解

油脂在强热时会发生分解反应，生成低级的醛类和酮类等有刺激性气味的物质，尤其是甘油在高温下脱水生成的丙烯醛，是有强烈辛辣气味的物质，对人的鼻腔、眼黏膜有强烈的刺激作用。吃了含丙烯醛多的油炒的菜，常会引起头晕、腹泻或呕吐，这就是由丙烯醛轻度中毒所致。

油脂热分解的程度与加热温度有关。在150℃以下加热，热分解程度轻，分解产物也较少。如加热至250℃～300℃时，分解加剧，分解产物的种类也增多。油脂达到一定温度就开始分解挥发，这个温度称为分解温度(发烟点)。不同油脂的分解温度是不同的。一般来说，牛脂、猪脂、植物油的分解温度均在180℃～250℃;人造黄油的分解温度为140℃～180℃。油脂热变性在分解温度以上更为激烈。

4.油脂热变性的危害及预防措施

油脂的热变性不仅使油脂的感观性质变劣，如聚合反应和缩合反应使油脂黏度增加、颜色变深、泡沫增多、分解反应又产生有刺激性的油烟，而且油脂在高温条件下，脂溶性维生素和必需脂肪酸均被破坏，使营养价值降低;更重要的是油脂热变性产生的很多聚合物、缩合物及烃类物质，都有很高的毒性，对人体健康不利。

为防止油脂的热变性，烹饪中要求合理使用油脂，建议使用油脂时，应尽量避免使用持续过高的温度，烹饪一般菜肴的温度应控制在150℃～180℃，用于油炸菜点的油脂要求控制在180℃～220℃，最好不要超过分解温度，这样既可保证油脂的质量，又可以减少有害物质的生成。对必须反复使用的油脂，应经常滤去杂质，并随时加入适量的新油(最合适的办法是掌握11～12小时的循环速度)，对已变色变味的油脂不能再用。

第四节　油脂在烹饪中的作用

食用油脂是烹饪菜肴和制作面点广泛使用的原料之一，它不仅具有营养功能，在烹饪中还有着多种不同的功能。

一、油脂的热传导作用

在烹饪中有许多烹调技法是以油作为传热介质的，这是因为油具有比热少，沸点高，导热性能好的特点。油脂主要通过对流的形式起热传导作用，油受热后不仅油温上升快，产生温度高，而且上升幅度也较大;如停止加热或减少火力，其温度下降也较迅速，这样便于烹饪过程中火候的控制与调节，适应多种烹调技法的要求。此外，油能形成水所达不到的高温环境，并以高于水或蒸汽一倍的温度迅速驱散原料表面的水分子、油的温度和烹饪原料的温度急剧趋于平衡，形成烹饪原料外部的大量失水，而变得干燥酥脆、内部成熟。

烹饪时利用油高温传热特点，可使菜肴原料表面蛋白质骤然凝固变硬，改变了原料的组织结构，使剞过花刀的原料形成菊花、麦穗等各种美丽的形态。从而达到烹饪工艺的要求，有利于菜肴色泽和香气的形成。同时还阻止水分外溢，形成菜肴质地的外酥里嫩，提高菜肴的营养价值。

在以油作加热介质时，识别和掌握油温就成了一项专门的基础技术。油温在烹饪中一般用“成”来表示，油温与油表面的状态见表 4-4。

表 4-4 油温与油表面的状态

油温	状态
三四成（70℃～100℃）	油面无青烟、无响声、油面比较平静
五六成（110℃～170℃）	油面波动加剧，并有油烟袅袅上升
七八成（180℃～220℃）	油面渐趋平静，油烟大量上升，用手勺搅动时有油爆的响声

二、油脂的呈色作用

焦糖化反应和美拉德反应是动物性原料和上浆、挂糊的菜肴形成诱人色泽的主要途径。焦糖化反应要求在无水条件下进行，而美拉德反应则要求有 100℃～150℃的高温。油脂在加热中能完全满足焦糖化和美拉德反应的要求，是菜肴获得诱人色泽的最好传热介质。某些绿色蔬菜通过滑油可保持其鲜绿色，则是由于在高温油中，绿色蔬菜组织细胞内水分蒸发，气体排出，改变了细胞对光的透性，从而显得更绿；另外，油脂具有一定的黏稠性，能在蔬菜表面形成一层薄的油膜，由于油膜的致密性和疏水性，阻止或减弱了蔬菜中呈色物质的氧化变色或流失，从而达到保色的作用。

三、溶剂作用

由于油脂是一种极好的溶剂，所以原料中的脂溶性维生素以及一些香气物质和滋味物质都能溶解其中。烹饪中许多复合味的形成都离不开油，如辣椒油、花椒油等，都是以油作为溶剂，使其本身所含的脂溶性风味物质溶解于油脂中，形成独特的风味。

四、油脂疏水性在烹饪中的作用

油脂不溶于水，烹饪中经常利用油脂这一特性。

1.防粘、润滑作用

在面点制作时，为方便操作，常在操作台上或面团上抹些油，以防止面团粘在操作台上或原料生坯之间互相粘连。在烹制菜肴时，原料下锅一般都需要少量的油脂滑锅，也有防止原料粘锅和原料之间互相粘连的作用。另外，在炒、爆、熘等菜肴的制作中，菜肴成熟要出锅时，一般都加入一点油脂，俗称“明油”，其原因就是利用油脂具有一定的透明度和润滑作用，使菜肴色泽明亮，并从口感上给人以滑爽感觉。

2.油脂的起酥作用

在面点制作中，常利用油脂的疏水性作油酥面团。油酥面团起酥的原理是，在面团调制时，由于油脂的加入，使淀粉、蛋白质等成分被油膜所包围，阻止了蛋白质吸水形成面筋，降低了面团的筋性，使面粉颗粒之间的空隙增加，形成酥性结构。同样，油脂在某些特殊糊中，如酥糊中使用，也起到起酥的作用。

3.保鲜作用

在某些面点或菜点表面涂一层油脂，可以阻止食品吸收空气中的水分，而食品内部的水分也不易散失，从而起到保鲜作用。如烤鸭、炸鸡、蛋糕等外皮有一层油脂，可使外观丰满油润，在一定时间内可保持其新鲜状态。

4.隔热保温作用

在含有油脂的汤菜中，由于油脂的密度小，黏度大，还是热的不良导体，所以能在汤表面形成一层致密的油层，从而阻止水分的蒸发而带走热量。

第五节 类 脂

除油脂以外，还有许多某些性质类似油脂的化合物，在细胞的生命活动中起重要生理作用，也是食物中比较重要的成分，统称为类脂。类脂中主要包括磷脂、固醇(亦称“甾醇”)和蜡等。

一、蜡

蜡是一种简单的脂类，是由高级脂肪酸与高级一元醇形成的酯类。蜡是固体，熔点在60℃～80℃之间，加热易熔化。蜡不溶于水，密度比水小，不易水解，在人及动物消化道内不能消化，故无营养价值。

天然存在的蜡是一种保护性涂层，如很多植物的叶、茎、果实的表皮都覆盖一层蜡。另外鸟类的羽毛上、动物的皮毛上都有这种物质。

二、磷脂

磷脂是一类结构比较复杂的脂质，因分子中含有磷酸根而得名。其中卵磷脂在动植物中分布最广，主要存在于动物的卵、植物种子及动物神经组织中。其分子结构如下：

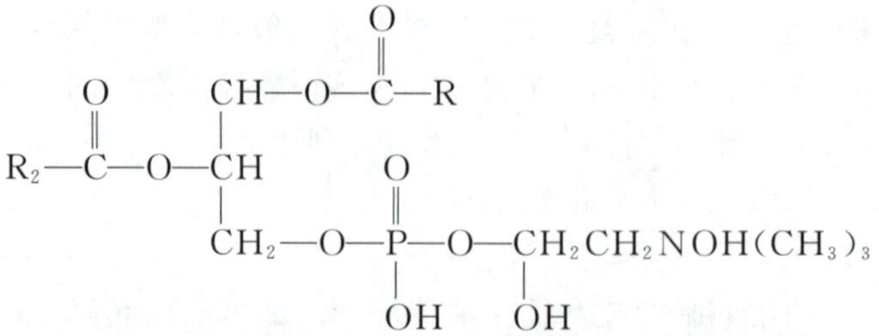

在卵磷脂分子中，磷酸基团和胆碱形成的酯是分子的极性部分(可解离成离子)，具有亲水性，而其余的醇酯端是分子的非极性部分，具有疏水性。由于卵磷脂具有这一特性，所以

在烹饪中常作为乳化剂。

磷脂是吸水性很强的白色蜡状固体，与空气接触时逐渐氧化成棕黑色物质，高温可促使其氧化。磷脂不同于其他脂类化合物，它在丙酮中不溶解，根据这个性质，可以用丙酮把磷脂中的其他脂类溶解掉。

磷脂具有很高的营养价值，在动物和人体内有着重要的生理功能，不仅如此，磷脂在烹饪中也有很重要的作用。

1.抗氧化作用。由于磷脂自身不易氧化，对食物的其他成分有一定的保护作用，所以在烹饪中常用作抗氧化剂，如食用油脂添加一定的卵磷脂可以防止油脂氧化酸败，延长储存期。

2.乳化作用。磷脂分子中同时含有亲水基团和疏水基团，当它存在于油水混合溶液中时，能以一定方式排列在油相和水相的界面上，使混合液形成稳定的乳化液，磷脂的这种作用叫乳化作用。磷脂本身称为乳化剂。乳化剂作用模式见图 4-1。

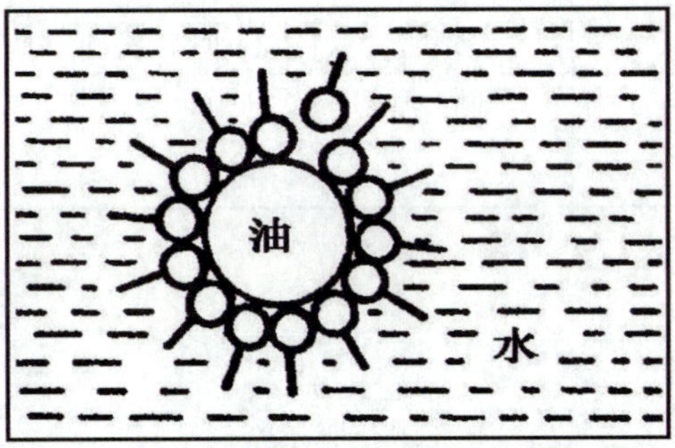

图 4-1 乳化剂作用模式

油和水的乳状液是烹饪中最常见的。它有两种类型：一种是油为分散剂，少量水分散在油中，称为油包水型，记为水/油型或 W/O 型，如黄油等。另一种是水为分散剂，少量油分散在水中，称为水包油型，记为油/水型或 O/W 型。如牛奶、奶汤等。

在食品工业上磷脂作为乳化剂用于制造人造奶油，面点中加入磷脂，使油脂在面团中均匀分布，同时能使脂溶性色素着色性能好，颜色分布均匀。

3.磷脂对食用油脂质量的影响。当食用油脂中含磷脂较多时，显得浑浊，加热后产生大量泡沫，并使煎炸的食物变为黑褐色，有苦味。

由于磷脂易吸水膨胀而形成裹挟部分杂质和大量油脂的胶体体系，在静止时沉淀下来形成油脚，降低油脂品质。油脂通过精炼后可去除磷脂。

三、固醇

固醇是一类高分子不饱和环状一元醇，由于它们在常温下是固体，所以叫固醇。

固醇依来源不同分为动物固醇和植物固醇。动物固醇中最受关注的是胆固醇，植物固醇中主要的有谷固醇、豆固醇、麦角固醇等。

胆固醇主要分布在动物体内，以神经组织中较多，其次是蛋黄和内脏中也有一定含量。

胆固醇不溶于水、稀酸或稀碱，易溶于乙醚、氯仿及油脂，是有机物中最耐热的物质之一。

胆固醇在人体内有重要的生理作用，是体内合成类固醇类激素、维生素 D_3 和合成胆汁酸的原料。但是当人体血液中胆固醇含量过高时，会沉积在血管壁上引起动脉硬化，因此胆固醇备受人们关注。主要食物中胆固醇含量见表 4-5。

表 4-5　主要食物中胆固醇的含量　　　　单位：mg/100g

食品	含量	食品	含量	食品	含量
海参	0	猪肉(瘦)	77	甲鱼	77
对虾	150	牛肉(瘦)	63	鲤鱼	83
带鱼	97	羊肉(瘦)	65	草鱼	81
鸡蛋	680	猪心	158	鱿鱼	265
鸡蛋黄	1705	猪肝	368	乌贼	275
鸭蛋	634	猪肾	405	河蟹	235
牛心	123	羊心	130	猪脑	3100

【思考题】

1.脂类是怎样分类的？
2.什么叫必须脂肪酸？其主要食物来源是什么？
3.为什么说植物油的营养价值高于动物油脂？
4.油脂为什么无确定的熔点和凝固点？
5.什么叫油脂酸败？
6.预防油脂的酸败有哪些措施？
7.油脂的热变性包括哪些化学反应？
8.油脂在烹饪中有哪些作用？
9.怎样辨别油温？
10.磷脂为什么具有乳化作用？
11.为什么胆固醇备受人们的关注？

知识链接

选油用油小知识

1.用油原则：用好油、少用油、常换油。

2.用油须知：

花生油——可以补锌，但较油腻，易上火。

大豆油——不宜高温煎炸，易产生油烟，但其营养成分丰富，可增强免疫力，增加体重。

玉米油——不饱和脂肪酸高达86%，人体吸收率可达98%，富含维生素E，可降低血液中的胆固醇，提高新陈代谢功能，抗氧化。玉米油是“三高”患者的理想之油。

橄榄油——含较多油酸，易吸收，被公认为是最有益健康的食用油之一，可降低胆固醇，预防冠状动脉心脏病。

调和油——可以调节血脂、预防心脑血管疾病和延缓衰老等。

第五章　蛋白质

【教学目的】

通过本章的学习，了解氨基酸、蛋白质的结构、分类，了解影响酶活力的因素；掌握氨基酸、蛋白质重要性质及其在烹饪中的应用，并能解释烹饪过程中与蛋白质有关的一些化学现象。

【学习重点】

氨基酸、蛋白质的物理化学性质及蛋白质的性质在烹饪中的应用。

蛋白质是组成细胞的基本物质，存在于一切生物体中。从高等植物到低等的微生物，从人类到最简单的生物病毒，都含有蛋白质，人体含蛋白质多达十万种以上，酵母中的蛋白质含量接近50%，植物体蛋白质含量因组织不同差别很大，种子含量高。蛋白质不仅是构成生物体的主要成分，还在生命活动中起着重要的作用。新陈代谢是生命现象的最基本特征，而对新陈代谢反应起催化作用的酶也是一种蛋白质，生物体内一刻不停地进行着的各种化学反应都离不开酶的作用。另外，运送氧和二氧化碳的载体血红蛋白，对机体起免疫作用的抗体，肌肉的伸展和收缩，生物体的生长、繁殖现象都与蛋白质的功能有关。所以说蛋白质是生命的物质基础，是生命的存在形式。

粮食、豆类、肉、奶、鱼、蛋等原料含有丰富的蛋白质。它们不仅具有营养价值，而且决定着食品的结构、形态及色、香、味。因此，了解蛋白质的组成、结构、性质及在其烹饪加工中的各种变化，对烹饪实践具有重要意义。

第一节　蛋白质的组成和氨基酸

一、蛋白质的组成

蛋白质是一类非常复杂的化合物，由碳、氢、氧、氮等元素组成。有些含有硫和磷元素，少数蛋白质还含有锌、锰、铁、铜、碘等元素。经元素分析证明多数蛋白质的干燥物平均值为：碳 50%～55%、氢 6.5%～7.3%、氧 21%～24%、氮 15%～19%、硫 0%～2.4%。蛋白质的相对分子质量很大，从几万到几千万。例如烟草斑纹病毒的核蛋白的相对分子质量超过两千万。因此，蛋白质属于天然有机高分子化合物。

蛋白质在酸、碱或酶的作用下能发生水解，水解的最终产物是氨基酸。因此，我们说氨基酸是蛋白质的基石。

二、氨基酸

羧酸分子中烃基上的氢原子被氨基取代的生成物，叫氨基酸。氨基酸由于氨基在烃基上的取代位置不同而分为 α－、β－、γ－等氨基酸。其中，α－氨基酸是构成蛋白质的基础，是一切生物体的主要化学成分。

(一)氨基酸的结构和分类

1.结构：α－氨基酸的结构如下：

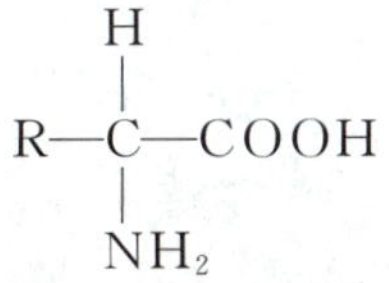

其中—NH_2为氨基、—COOH 为羧基、—R 为侧链基(烃基、羧基、酚基、酰胺基等)。

2.分类

目前已经知道由蛋白质分解得到的 α－氨基酸共有 20 多种，按照氨基酸的结构可分为中性氨基酸(分子内羧基和氨基数目相等)，碱性氨基酸(分子内氨基数目大于羧基数目)和酸性氨基酸(分子内氨基酸数目小于羧基数目)。

根据生理意义氨基酸可分为必需氨基酸和非必需氨基酸。所谓必需氨基酸，是人体生命活动所必需的，而人体自身不能自行合成，或者合成量少，必须从外界摄取的氨基酸。人体必需氨基酸主要有赖氨酸、苯丙氨酸、缬氨酸、蛋氨酸、色氨酸、亮氨酸、异亮氨酸和苏氨酸 8

种。而其他十几种氨基酸在体内能由碳水化合物或脂肪的代谢中间产物自行合成，称为非必需氨基酸。

(二)氨基酸的性质

1.物理性质

氨基酸是无色晶体，是高熔点化合物，熔点多在200℃～300℃。氨基酸分子中的氨基和羧基都是极性基团。所以一般都能溶于水。不溶于苯、乙醚等非极性溶剂。

氨基酸及其衍生物具有味感。氨基酸的种类和主体结构决定着味感。D型氨基酸多带甜味，甜味最强的是D－色氨酸，其甜度为庶糖的40倍；L－氨基酸则有酸、甜、苦、鲜等四种不同类型的味感。

2.化学性质

(1)两性电离和等电点

氨基酸分子中含有羧基和氨基，既具有酸性又具有碱性，是两性化合物。氨基酸分子在水溶液中既可以发生酸式电离（—COOH电离出一个H^+变成—COO^-），又可以发生碱式电离（—NH_2接受一个H^+变成—NH_3^+），这样氨基酸分子就变成了同时带正电荷和负电荷的两性离子。

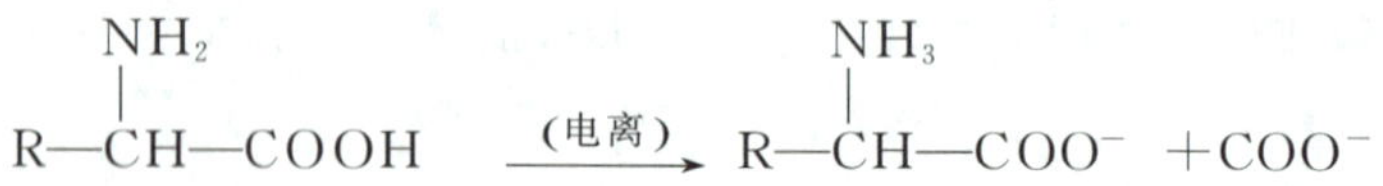

氨基酸分子　　　　两性离子

在酸性溶液中，氨基酸主要以阳离子状态存在；在碱性溶液中，氨基酸主要以阴离子状态存在。当溶液的pH值达到某一值时，氨基酸的阳离子和阴离子的浓度相等，此时溶液的pH称为该氨基酸的等电点。氨基酸不同，等电点也不同。例如：丙氨酸的等电点为6.0，色氨酸为5.89。

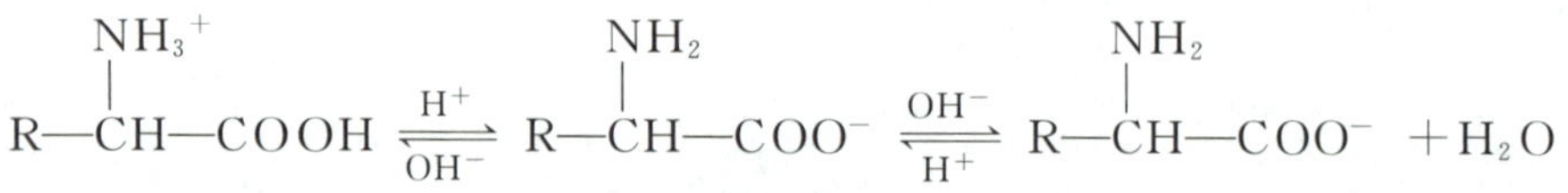

在酸性溶液中的氨基酸　　　　在水溶液中的氨基酸　　　　在碱性溶液中的氨基酸

(2)羰氨反应

在单糖部分已介绍，详见单糖的化学性质。

(3)脱羧和脱氨反应

①脱羧反应

氨基酸在脱羧酶的作用下，脱去羧基，放出二氧化碳，生成相应的胺。肉类食品发臭，就是发生了脱羧反应，产生了腐胺、尸胺。氨基酸脱羧生成的组胺能导致人体急性中毒，尤其是死鳝鱼、死甲鱼、死金枪鱼等在15℃～37℃、有氧时细菌很快使它们体内的组氨酸脱羧生成有毒的组胺。所以，死鳝鱼等不能食用，以免引起中毒。脱羧反应方程式如下：

$$\underset{\text{氨基酸}}{R—\overset{\displaystyle NH_2}{\underset{|}{}}CH—COOH}\xrightarrow{\text{脱羧酶}}\underset{\text{胺类}}{R—CH_2—NH_2}+CO_2$$

②脱氨反应

氨基酸分子可在细菌作用下脱去氨基生成氨气和酮酸。这是生物体内氨基酸分解的主要途径。

松花蛋中的蛋白质在碱的作用下，凝固并水解生成氨基酸，部分氨基酸脱氨、氧化成酮酸，少量的酮酸的辛辣味与微量 H_2S 和 NH_3 的刺激性气味构成松花蛋特有的风味。

脱氨反应方程式表示如下：

$$\underset{\text{氨基酸}}{R—CH(NH_2)—COOH}\xrightarrow[\text{氧化酶}]{[O]}\underset{\text{酮酸}}{R—C(=O)—COOH}+\underset{\text{氨气}}{NH_3}$$

(4)成盐反应

氨基酸含有羧基，所以可以和碱反应生成盐。例如味精主要成分是谷氨酸一钠，谷氨酸加适量的碱中和后形成谷氨酸一钠盐，其结构式为：

$$\underset{\text{谷氨酸一钠}}{HOOC—CH_2—CH(NH_2)—CH_2—COONa}$$

味精的鲜味与菜肴的酸碱度有关，在酸度较高的溶液中，生成谷氨酸，鲜味最低；在碱性溶液中，生成谷氨酸二钠盐，也无鲜味，不能作为调味剂。因此，味精应在弱酸性或中性食品或菜肴中使用，鲜味最高。在加有许多醋的酸汤里没有必要加味精，就是这个缘故。

(5)热分解反应

氨基酸加热时发生化学键的断裂，形成小分子(如醇、酮、酸、含氮杂环等)，这些物质大多数有香气、易挥发、使整个成品香气四溢、色泽鲜亮。肉肴的鲜与香，与氨基酸的产生及分解是分不开的，但应注意加热要适度，否则食物会碳化，并分解产生许多异味和一些有害物质。

(6)肽的生成

α一氨基酸在酸或碱的存在下，受热可脱水缩合成缩氨基酸。表示如下：

$$H_2N—CH(R)—C(=O)—OH+H—N(H)—CH(R)—COOH\xrightarrow[\triangle]{H^+\text{或}OH^-}H_2—CH(R)—C(=O)—N(H)—CH(COOH)(R)—H_2O$$

缩氨基酸属于肽类化合物，其中的酰胺键(—CONH—)结构称为肽键(简称肽)。两个氨基酸分子脱水缩合为二肽，二肽仍含有游离的氨基和羧基，还能和α—氨基酸分子反应，通过肽键生成三肽、四肽等，由多个氨基酸组成的肽叫多肽。

第二节　蛋白质分子的结构及分类

一、蛋白质的结构

蛋白质分子结构复杂，研究表明蛋白质分子有一级结构(基础结构)、二级结构、三级结构、四级结构。

(一)蛋白质的一级结构

蛋白质水解生成各种α—氨基酸，所以α—氨基酸是组成蛋白质的基础。由各种氨基酸按特殊的排列顺序通过肽键相连接而形成多肽，这是组成蛋白质分子的一级结构。

$$NH_2—CH(R_1)—CO—NH—CH(R_2)—CO\cdots\cdots NH—CH(R_3)—COOH$$

蛋白质的一级结构

—NH—CH(R)—CO—为氨基酸残基

(二)蛋白质的二级结构

蛋白质主链骨架中若干肽段各自沿着某个轴盘旋(螺旋)或折叠，并以氢键相维系，从而形成局部的规则的立体结构。如：(1)α—螺旋结构：每隔3.6个氨基酸残基螺转上升一圈。相邻圈间距离为0.54nm。α—螺旋是蛋白质分子最普遍存在的一种结构形式。(2)β—片结构：几条平行多肽链组成的稍有折叠的层状结构。(3)β—转角结构：在蛋白质分子中肽链出现180°回折部分。

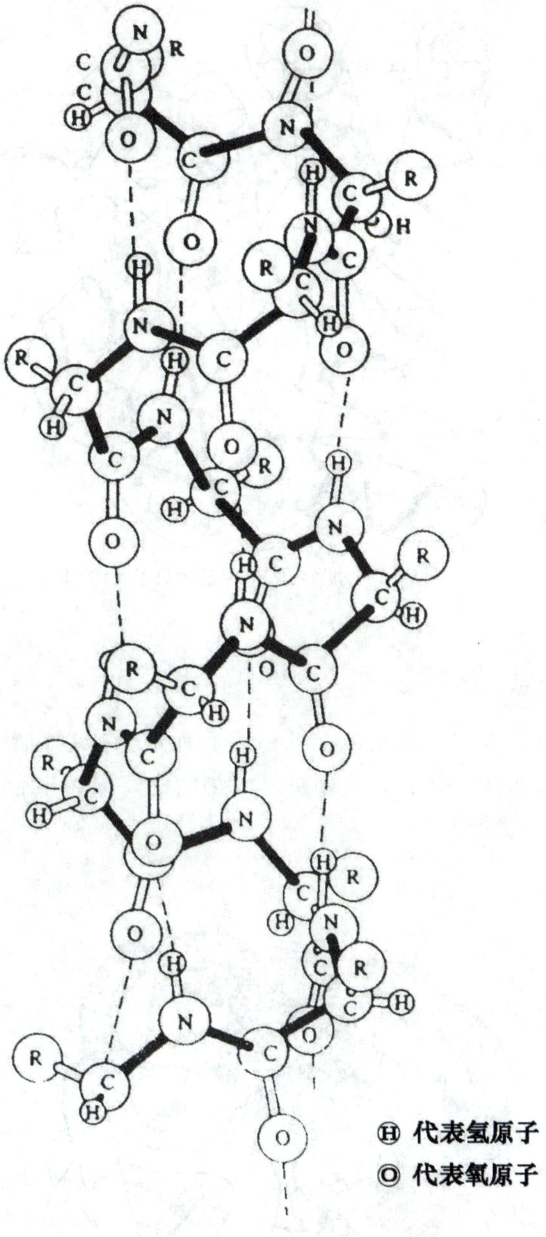

图 5-1　右手 α—螺旋结构示意图

(三)蛋白质的三级结构

多肽在二级结构的基础上进一步盘旋和折叠而形成很不规则的具有特定构象的蛋白质分子，这种由 α—螺旋、β—折叠和 β—转角等二级结构之间相互配置而成的构象称为三级结构。三级结构多数为球状。如图 5-2 所示：

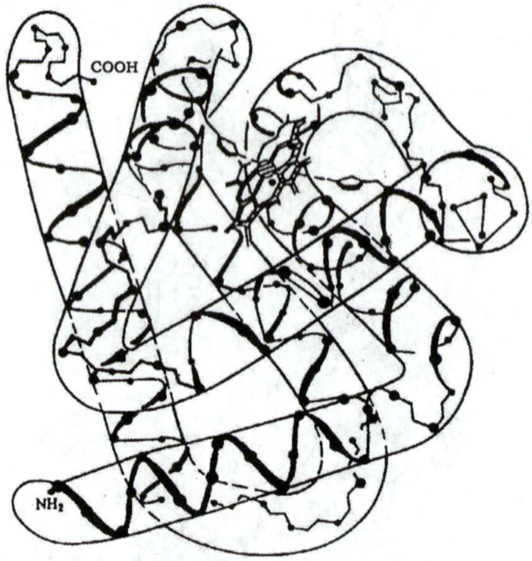

图 5－2　肌红蛋白的三级结构示意图

1

(四)蛋白质的四级结构

由两条或两条以上具有三级结构的多肽链聚合而成为特定构象称为蛋白质分子的四级结构。每一条多肽链称为亚基，亚基单独存在无生物活性。只有聚合成四级结构才具有生物活性。如图 5－3 所示：

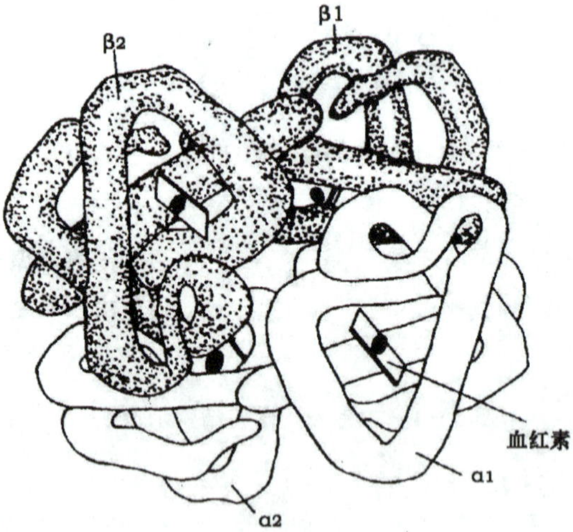

图 5－3　血红蛋白的四级结构示意图

二、蛋白质的分类

蛋白质种类繁多，结构复杂，根据其化学组成可分为两大类：一类是只有氨基酸组成的蛋白质称为单纯蛋白质，并根据单纯蛋白质的溶解性可分为清蛋白、球蛋白、谷蛋白、组蛋白、精蛋白、醇溶谷蛋白和硬蛋白；另一类是由单纯蛋白质和其他非蛋白结合而成的蛋白质叫结合蛋白质，食物中的结合蛋白质根据非蛋白质物质不同可分为核蛋白、磷蛋白、脂蛋白、糖蛋白、色蛋白、金属蛋白等。

(一)简单蛋白质

1.清蛋白(白蛋白)。溶于水及稀盐、稀酸、稀碱，加热凝固。在饱和的硫酸铵溶液中，清蛋白从溶液沉淀出来。清蛋白存在于一切动植物中：如血清蛋白、卵清蛋白、麦清蛋白。

2.球蛋白。不溶于水，可溶于稀盐，在硫酸铵的饱和溶液中可盐析，存在于一切动植物中。动物的球蛋白加热凝固，如白清球蛋白、免疫球蛋白；而植物球蛋白，加热不凝固，如大豆球蛋白。

3.醇溶谷蛋白。不溶于水，可溶于稀酸、稀碱溶液中，可溶于70%～80%的酒精溶液中，加热不凝固，它们存在于植物种子中。如玉米醇溶谷蛋白、小麦醇溶谷蛋白、大麦醇溶谷蛋白。

4.谷蛋白。不溶于水可溶于稀酸、稀碱溶液中，受热不凝固，仅存在于各类植物的种子中。如米谷蛋白、麦谷蛋白。

5.精蛋白。溶于水及稀酸，遇热不凝固，与核酸结合成核蛋白，仅存于动物体中。如鱼精蛋白。

6.组蛋白。溶于水及稀酸，不溶于稀氨溶液，遇热不凝固，与核酸结合成核蛋白，存在于动物体中。如胸腺组蛋白。

7.硬蛋白。不溶于水、盐溶液及稀酸、稀碱溶液中。这类蛋白质存在于动物体中的毛、发、爪、筋、骨等组织中，主要有角蛋白、胶原蛋白、弹性蛋白。

(二)结合蛋白质

1.核蛋白。主要是组蛋白、精蛋白与核酸结合的蛋白质，是组成细胞核的主要成分，在动物的生长和繁殖中有特殊功能。如胸腺蛋白等。

2.磷蛋白。磷酸常与丝氨酸或苏氨酸残基的羟基相结合，如卵黄磷蛋白、酪蛋白、胃蛋白酶等。

3.脂蛋白。辅基是脂质，脂质的成分有磷脂、固醇等。如卵黄脂等。

4.糖蛋白。辅基是糖类物质，如类卵黏蛋白、卵清蛋白等。

5.色蛋白。与色素相结合的蛋白质，如与血色素结合的血红素蛋白，与黄酮类色素结合的黄素蛋白，与叶绿素结合的叶绿蛋白等。

6.金属蛋白。与金属直接结合的蛋白质，如铁蛋白。

第三节　蛋白质的性质及其在烹饪中的应用

一、蛋白质的性质

由于氨基酸是组成蛋白质的基本单位，所以蛋白质的性质与氨基酸有一定共性，都能产生两性电离等。但氨基酸是小分子化合物，而蛋白质是由许多氨基酸组成的高分子化合物，所以蛋白质又具有一些不同于氨基酸的特性，分述如下。

(一)两性电离和等电点

蛋白质分子中的肽链含有许多游离的氨基和羧基，所以蛋白质和氨基酸一样，在水溶液中也具有两性电离，是双极性离子。当蛋白质溶液在一定的 pH 环境下，蛋白质分子中的碱式和酸式电离程度相同，溶液不显电性。这时溶液的 pH 值就是蛋白质的等电点。

由于各种蛋白质分子中含氨基酸的种类、数目以及空间结构不同，所含游离氨基、羧基及其他基团数目也不同，所以等电点不同，酸性强的蛋白质其等电点小于 7，碱性强的蛋白质其等电点大于 7，但多数蛋白质的等电点接近 5。

在酸性或碱性条件下，蛋白质颗粒因同性相斥，不易聚集沉淀，而在等电点时，整个蛋白质颗粒处于电中性状态，斥力最小所以易沉淀。例如：刚宰杀的动物体，经过一段时间后，由于肌肉中缺氧产生乳酸、磷酸等酸性物质，pH 值下降，当下降到 5.0～5.4 时，肌球蛋白到达等电点，于是脱水，凝聚造成肉体僵硬。

(二) 水解

蛋白质在酸、碱、适宜的酶等催化作用下逐步水解，经过一些中间产物阶段最后得到的都是多种不同的 α－氨基酸。

蛋白质 → 胨 → 多肽 → 二 肽 → α－ 氨基酸

蛋白质水解产物随着反应程度和蛋白质的组成不同而变化，单纯蛋白质水解的最终产物是 α－氨基酸，结合蛋白质水解的最终产物除了 α－氨基酸以外，还有相应的非蛋白质物质，如糖、色素、脂肪等。

蛋白质水解生成的低聚肽和氨基酸增加了食品的风味。同时肽和氨基酸与食物中其他成分反应，进一步形成各种风味物质，这也是含蛋白质较多的原料，烹制后鲜香且味浓郁的原因。所以蛋白质属于原料中的风味前体物质。

(三)颜色反应

蛋白质能与许多试剂发生颜色反应。

1.缩二脲反应

蛋白质在浓碱(如 NaOH)溶液中与硫酸铜溶液反应呈现紫色或红色。蛋白质的含量越多，产生的颜色越深。

2.黄蛋白反应

在蛋白质溶液中加入浓硝酸有白色沉淀产生，加热后，沉淀变黄色，冷却后加氨水，沉淀变橙色，含有苯基的蛋白质能发生这个反应。皮肤、指甲等不慎染上浓硝酸后，出现黄色就是这个原因。

(四)变性

蛋白质在某些物理及化学因素作用下，改变其某些性质叫作蛋白质的变性。能使蛋白质变性的物理因素如加热、加压、紫外线、X 射线、超声波等;化学因素如强碱、强酸、酒精、重金属盐类。变性作用是一个很复杂的过程，变性后的蛋白质不能再使它们恢复成为原来的蛋白质，因此这种变化是不可逆的。蛋白质变性后，就丧失了它原有的可溶性，并且失去了许多原有的生理效能，例如原来蛋白质若为酶，就失去酶的作用。

在烹饪加工中，很多蛋白质的变性引起良好的物态变化，变性的蛋白质有一定的稠度，易被酶分解，利于人们消化吸收。凝固后的蛋白质加工效果较好，利于烹饪中的造型，如烹饪中常用的卤牛肉、卤猪肝、黄白蛋糕、烧鸡、松花蛋等来制作各式造型逼真的花拼，来增强筵席的喜庆。

(五)胶体性质

1.溶胶与凝胶

蛋白质分子的表面存在很多亲水基团，溶于水可形成较稳定的亲水胶体(溶胶)。其性质比较稳定，烹饪中常见的豆浆、血、蛋清、牛奶、肉冻汤等均属于蛋白质溶胶。蛋白质溶胶有较强的吸附能力，能将其周围的气体和杂质吸附到其表面。如煮骨头汤时，在加热过程中原料中的杂质被血球蛋白吸附，随着蛋白质受热凝固，形成泡沫而上浮，可利用此性质去除杂质和异味。

凝胶则可看成水分散于蛋白质所形成的具有部分固体性质的胶体，如豆腐、水产品、禽类等。新鲜的蛋白质原料可以干燥失水使体积缩小，得到具有多孔结构的干凝胶。如干海参、干贝、鱼翅等。吸水后它们又变成柔软而富有弹性的凝胶。干凝胶的吸水称为膨润。

蛋白质在生物体内常以溶胶和凝胶两种状态存在，如蛋清是蛋白质溶胶，蛋黄是蛋白质凝胶。蛋白质溶胶在酶、氧气、温度、酸、碱等因素的影响下可以与凝胶相互转化。如鲜奶(溶胶)在乳酸菌的作用下凝结成奶酪(凝胶)，肉皮(凝胶)经长时间加热后溶成肉冻汤(溶胶)等。

2.蛋白质的水化作用

蛋白质分子表面的极性基团对水分子有一定的吸引力，有的甚至与水结合成氢键，所以蛋白质的水化能力很强。蛋白质表面的水化膜使蛋白质分子体积增大，分子间互相交结的网点增多，促使蛋白质黏度增大。例如在面粉中加入冷水，水与面粉颗粒相遇后，蛋白质立即吸水，水与蛋白质分子表面的亲水基团互相作用形成水化层，随着水的不断加入蛋白质进一步吸水润胀，同时水分子以扩展的方式向蛋白质分子内部渗透，使蛋白质分子充分吸水。常温下，面筋蛋白质的吸水量大，而淀粉吸水量小。所以面筋蛋白质对面团的性质影响很大。经过反复揉搓使面筋蛋白质充分润胀，并通过各种副键交联形成网络结构，成为柔软而有弹性的凝胶，此凝胶称为面团中的湿面筋。它与所有的凝胶一样具有很大的黏性、韧性和弹性。

冷水面团静置一段时间后，水分进一步向蛋白质内部渗透，蛋白质的润胀更加彻底，形成致密的网络结构，这时面筋的筋力很好。如果在调制面团时加入少量的食盐，可以增加面团的筋性，制作出可口的面食。

(六)沉淀作用

有机溶剂(如酒精、丙酮等)可使蛋白质产生沉淀，这是由于这些有机溶剂和水有较强的作用，破坏了蛋白质分子周围的水膜，因此发生沉淀反应。如蛋白质溶液的 pH 值在等电点时，加入这些有机溶剂可加快蛋白质沉淀。

1.重金属盐：如硝酸银、醋酸铅、三氯化铁等。这是因为蛋白质在碱性溶液中以阴离子形式存在，可与这些重金属的阳离子作用生成不易溶解的盐而沉淀。

2.某些酸类：如苦味酸、单宁酸、三氯乙酸等能和蛋白质化合成不溶解的蛋白质盐而沉淀。

二、蛋白质性质在烹饪中的应用

(一)蛋白质的水解作用在烹饪中的应用

食物中的蛋白质经水解后形成氨基酸和低聚肽。氨基酸呈味性强，有强烈的鲜味、甜味等;低聚肽对食品味的作用是使食品中各种呈味物质风味更协调、更突出，给菜肴以鲜香味。发酵食品(如豆酱、酱油)是利用大豆为原料经酶解作用制成的调味品，除含有鲜味氨基酸外，还含有以天门冬氨酸、谷氨酸、亮氨酸构成的低聚肽，赋予这类食品鲜美的味道。

在炖制牛肉时，牛肉中的蛋白质被水解，产生肌肽、鹅肌肽等低聚肽形成牛肉特有的风味;在鱼肉的蛋白质中也含有天门冬氨酸和谷氨酸及这些氨基酸组成的低聚肽，形成鱼肉鲜美的滋味。

另外，畜禽类制成熟制品后因产生的氨基酸易被微生物利用，所以容易变质。在烹饪加工中应注意，以免造成浪费。

(二)蛋白质的变性在烹饪中的应用

在烹饪中几乎所有的蛋白质在加热时都发生变性，接着开始凝固。一般蛋白质的热变性在 45℃～50℃就能初步察觉，55℃～60℃时，进行得比较快，并开始凝结。我们将蛋白质在受热发生凝结时的温度叫作该蛋白质的凝固温度。生鸡蛋煮熟的过程就是先变性后凝固的过程。各种蛋白质由于本身结构不同，凝固温度也不同。结构比较松散的蛋白质凝固的温度较低;反之，温度较高。

加酸可加快蛋白质的变性速度，如水果中所含的有机酸较多，变性的温度比较低。在烹制醋熘菜肴时熟得比较快，是在接近等电点时酸促使蛋白质沉淀，使组织发硬生脆的缘故。

有机溶剂能破坏蛋白质中的某些副键而使蛋白质变性。例如醉蟹制作时在鲜活的河蟹中加入高度的白酒，使蟹中蛋白质变性，细胞脱水，将蟹活活“醉死”。

(三)蛋白质的胶体性质在烹饪中的应用

大多数蛋白质的凝胶，首先是蛋白质分子变性，然后变性蛋白质分子互相作用，形成蛋白质凝固态。生鸡蛋蛋白溶液受热凝固和牛奶变酸结成奶块，血清受热变成血豆腐等现象都是典型的蛋白质凝胶。由于凝胶中蛋白质分子间的作用力不一样，凝胶有可逆与不可逆之分，以氢键作用为主的凝胶(鱼冻)是可逆的，温度下降，凝胶形成，温度升高，凝胶成为溶胶；以双硫键作用为主的凝胶在热的作用下，一旦形成凝胶，就成为稳定状态，很难破坏。

膨润过程受 pH 值的影响，如酸碱物质对面筋的膨润能力影响很大，在等电点左右时由于水化作用弱，膨润程度差，使面筋变得坚硬。而在远离等电点的 pH 值下，水化作用变强，面筋膨润程度好，变得易于拉长。在泡发鱼翅、海参时碱可加速膨润，也是 pH 值增高时蛋白质的亲水性增强的缘故。

第四节　酶

一、酶的概念及分类

(一)酶的概念

酶是具有催化活性的蛋白质，具有蛋白质的一般理化性质，是由活细胞产生的，它是生物体的生物合成催化剂。生物体的新陈代谢是由千百种化学反应组成的，而这些化学反应几乎都是在酶的催化下进行的。生物体内如果没有一系列酶的存在与活动，新陈代谢就不能进行。

(二)酶的分类

按照组成酶可分为，简单蛋白酶和结合蛋白酶两大类。简单蛋白酶仅由蛋白质组成，其水解最终产物是氨基酸，没有其他物质生成。大多数水解酶是简单蛋白酶。如胃蛋白酶、木瓜蛋白酶等。而结合蛋白酶除了由蛋白质组分外，还含其他非蛋白部分。蛋白质部分称为酶蛋白，非蛋白部分成为辅助因子(辅助酶部分)。

按照催化底物可把酶分为糖类分解酶、蛋白质分解酶、脂肪分解酶等。

按照催化反应类型酶可分为氧化还原酶、转移酶、水解酶、裂解酶、异构酶和合成酶。

二 、酶的特性及影响酶的活力的因素

(一)酶的特性

1.酶具有高效的催化作用。酶的催化效率比无机催化剂要高出千万倍甚至几十亿倍。

2.条件温和、无须加热。生物体内酶的催化反应，一般在常温、常压等温和的条件下进行，不需要复杂的设备和苛刻的反应条件。

3.高度专一性。酶的催化作用具有高度的专一性。例如淀粉酶只能催化淀粉水解，不能催化其他化学成分发生反应。酶的高度专一性使生物的生命活动能有条不紊地进行。

(二)影响酶活力的因素

酶对化学反应的催化能力叫酶活力。酶活力大小受温度、酸度、酶的浓度及其他条件影响。

1.温度影响：酶的催化作用受温度影响最为明显。每一种酶的活力要在最适宜的温度下，才能充分表现出来。不同的酶，最适宜的温度也不同。通常动物体内酶的最适宜温度是37℃～50℃，植物体内酶的最适宜温度为50℃～60℃。

低温时酶的活性较弱，但酶不被破坏。当温度升高，酶的活性又逐渐增强。烹饪中利用冰箱或冰柜来保存原料，就是降低了动植物原料体内酶的活性，减慢代谢，来防止食物腐败变质。

当温度升高到最适宜温度以上，酶的活性反而降低，在升高到一定温度后酶会失去活性，酶失去活性后一般不会恢复。利用高温来使动植物原料体内酶和微生物酶失去活性，阻止某些不良酶的酶促反应，达到杀菌与保存食品的目的。

2.pH值的影响：每一种酶除有最适宜温度，还有最适宜的pH值，在这一pH值条件下酶活性最强。若pH值发生改变，酶活性下降，酶促反应速度变慢。不同的酶最适宜的pH值不同。如蛋白酶的最适pH值为7.5～10，麦芽酶的最适pH值为5.2。偏离了最适pH值，则酶的活性下降，反应变慢，甚至会导致酶变性，从而失去酶的活性。例如用酸来处理易褐变的水果和蔬菜，降低多酚类酶的活性，使褐变反应缓慢进行。烹饪中腌酸菜不易坏的主要原因就是溶液pH值较低，此时组成微生物的酶和菜中的酶都已变性。

3.其他因素的影响：酶在酒精、重金属和射线照射下发生变性或分解，使酶失活。在无水条件下，酶也不能发挥作用。为防止食物腐败，使酶失活常用的方法有：冷冻、腌制、辐射、加热等。

【思考题】

1.写出氨基酸、等电点、羰氨反应、酶的概念。

2.写出氨基酸、蛋白质的性质。

3.处于等电点的氨基酸有哪些特性？

4.哪些因素影响蛋白质的变性？举例说明。

5.影响酶活力的因素是什么？

6.组成蛋白质的氨基酸按其结构可分为哪几类？

7.蛋白质由哪几种元素组成？蛋白质的结构可分为哪几类？

8.酶有哪些特性？

9.死鳝鱼、甲鱼能否食用？

10.蛋白质有关性质在烹饪过程中是怎样应用的？

11.简要说明酶在人体中的作用是什么。

12.醉蟹是利用蛋白质的哪些性质制成的？

13.试用蛋白质的性质解释鱿鱼的胀发过程。

14.举例说明在烹饪中蛋白质的热变性。

知识链接

牛奶中的爱马仕——冰博克

牛奶咖啡中的“奶”，除了有脱脂、半脱脂、全脂、淡奶油、冰淇淋等奶类原料之外，这两年各家精品咖啡馆开始陆续主打人气新贵——冰博克咖啡，此咖啡售价(主要是冰博克)要比普通奶咖贵了不少。冰博克音译自德语的 Eisbock，而 Eisbock 则起源于 19 世纪德国的啤酒工业，指用于啤酒提纯的冷冻提纯工艺——利用啤酒中各类物质不同的冰点进行提纯，即冰馏博克，就是冷冻提纯法。它的原理是通过不同液体的冰点，进行不同液体的分离。可以理解为把牛奶冷冻后，水会先结冰，等温度到了除水之外物质的冰点时，才会开始慢慢结冰。解冻时则反过来，这些物质会先融化，然后水再融化，就出现了水乳分离的现象。牛奶中口感最醇厚最香甜的部分被先溶解了出来，这就是冰博克提纯牛奶的制作过程，因为除去了水分，就会变得更浓郁香醇。听起来很酷炫的冰博克，其实它的原理超简单，总结如下：不同物质，冰点不同，进行牛奶提纯。冰博克喝起来的感觉，就是比普通牛奶香浓，甜感也更强，单喝像是一大块奶糖在嘴里融化。而其与咖啡中的油脂混合，进行完美融合，就会激发出很多意想不到的、神奇的风味……

冰博克 DIY

1.将全脂牛奶放进冰箱冷冻；

2.冷冻后(10 小时以上)的牛奶再次放入冰箱冷藏解冻；

3.随时观察，可晃动牛奶盒，但不要把冰块弄碎。等牛奶溶解到 50%左右(500g 牛奶，大概 6～7 小时)即可。

4.再次摇晃奶盒，感觉里面液体多的时候，便可开盖，把奶液倒入杯中(大概初始牛奶的一半容量)，冰博克制作完毕。

5.变成透明状的冰块就是牛奶的水分，本着节约原则也可放在室温解冻后喝掉。

知识链接

西餐甜品的宠儿——马斯卡彭奶酪

马斯卡彭奶酪英文名即 Mascarpone Cheese，它是一种将新鲜牛奶发酵凝结，再取出部分水分后所形成的奶酪，软硬程度介于鲜奶油与奶油乳酪之间，略有甜味和浓郁的口感，常用于比萨及蛋糕的烘焙，其原产地在意大利 Lombardy。

马斯卡彭奶酪既非菌种发酵，也非凝乳酶所制。其本身制作非常简便，是用轻质奶油即淡奶油，加入酒石酸或柠檬酸、乳酸等再逐渐变得浓稠而得。其实马斯卡彭应叫凝结奶油，而非奶酪，其保质期非常短，市售价格昂贵。所以很多人在家中会用奶油奶酪加柠檬汁来制作马斯卡彭，其制作方法如下：

原料：淡奶油 400g，柠檬汁 1.5oz，糖 10g

步骤：

1.淡奶油加柠檬汁和糖搅拌均匀(可忽略结块现象，继续搅拌即可)；

2.搅拌均匀后，小火加热到 85℃左右，其间不断搅拌；

3.变得浓稠后关火，静止冷却；

4.放冰箱(冷藏)一夜；

5.将呈半凝固状态的乳酪放在干净的纱布里，再乳清滴干，10 小时以上(随时观察，变厚即可)。

第六章　维生素

【教学目的】

通过重点内容的学习、理解和掌握，充分认识维生素对人体健康的重要性，并能根据维生素的理化性质，采用合理的烹调措施减少食物中维生素的损失。

【学习重点】

维生素的概念、分类、几种重要的维生素的理化性质、在烹饪中的变化及减少维生素损失的途径。

第一节　维生素概述

一、维生素的概念

维生素是一类结构不同的低分子有机化合物，是人体不可缺少的一类营养素。在机体内它们既不能产生能量，也不是构成组织的原料，人体对其需求量也很少(每日仅以 mg 或 μg 计算)，但对于维持人体正常生长发育和调节生理功能却起着十分重要的作用。因为大多数维生素是机体酶系统中辅酶的组成部分，这类物质由于在人体内不能合成或合成量不足，不能充分满足机体需要，所以必须经常由食物供给。当膳食中长期缺乏某种维生素或者供给量不足时，都将引起新陈代谢紊乱而发生病态反应，进而产生维生素缺乏症。长期轻度缺乏维生素，可使劳动能力下降和降低对传染病的抵抗能力。

维生素的名称，常根据发现的先后顺序，在维生素后面加上拉丁字母 A、B、C、D 等来命名，也有的是根据它们的化学结构特点或其生理功能来命名的，如硫胺素、抗坏血酸等。

二、维生素的分类

维生素的分类:维生素的种类很多，它们的化学性质与结构的差异性也很大。一般按其溶解性可分为两大类，即脂溶性维生素和水溶性维生素。

脂溶性维生素:脂溶性维生素溶于脂肪或者脂溶性溶剂(如苯、乙醚、氯仿等)而不溶于水，其吸收与脂肪的存在有密切关系，吸收后在体内储存。这类维生素，主要有维生素 A、维生素 D、维生素 E、维生素 K 等。

水溶性维生素:水溶性维生素溶于水而不溶于脂肪或者脂溶性溶剂，吸收后体内储存很少，过量的多从尿中排出。此类维生素有:维生素 B_1、维生素 B_2、维生素 PP、维生素 B_6、泛酸、生物素(维生素 H)、叶酸、维生素 B_{12}、维生素 C 等。

表 6-1 脂溶性、水溶性维生素的异同点

	脂溶性维生素	水溶性维生素
化学组成	仅含碳、氢、氧	除含碳、氢、氧外，还含有氮、硫、钴等元素
溶解性	溶解于脂肪	溶解于水
化学性质	比较稳定，但易氧化	比较活泼，特别在碱性环境下、加热等都会被破坏
吸收与排泄	随脂肪吸收，少量从胆汁排泄	从肠道经血液吸收，过量时，从尿液、汗液等排泄
储存性	可储存在人体内，如肝脏等器官	一般在体内很少储存
缺乏症	出现的时间比较缓慢	出现的时间比较快
过多症	一次性大量摄入或长期少量摄入时会引起过多症	几乎不会出现，除非在极大量摄入的情况下
食物来源	动物性食物，特别是肝脏、瘦肉、肾脏等	各种植物性食物，如蔬菜、水果、谷类等

第二节 脂溶性维生素

一、维生素 A 和胡萝卜素

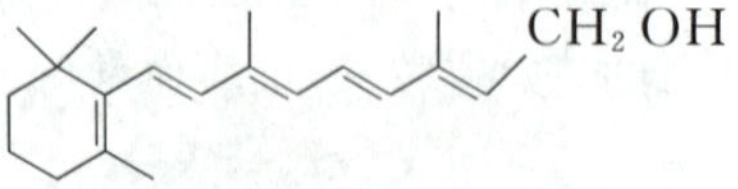

视黄醇(维生素 A_1)

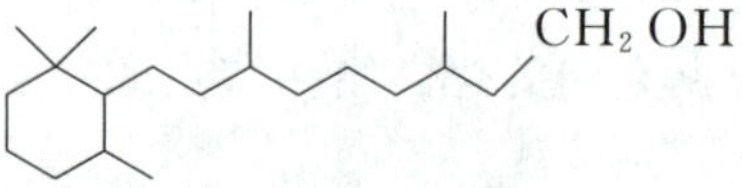

脱氢视黄醇(维生素 A_2)

维生素 A 是一种淡黄色针状结晶物质，对热、酸、碱都比较稳定。一般的烹调方法对食物中的维生素 A 无严重破坏，但易被空气中的氧所氧化而失去生理作用；紫外线照射也可使它受到破坏。此外，长时间加热，如油炸，以及在不隔绝空气的条件下长时间脱水，都可使维生素 A 遭受损失。

维生素 A 只存在于动物性食品中，植物性食品中含有胡萝卜素。胡萝卜素是一种黄色色素，在黄红色瓜果、蔬菜中含量最多，其中最重要的是 β—胡萝卜素。它们被吸收后，在小肠黏膜和肝脏中经酶的作用转化成维生素 A。所以胡萝卜素是维生素 A 的前身，也叫维生素 A 原。

维生素 A 的功能主要是维持正常的视觉、维护上皮组织的健康、增强抗病能力，促进生长发育。如果缺乏易患夜盲症，机体抵抗力下降，发育缓慢，并易感染各种疾病。

二、维生素 D

维生素 D 是类固醇衍生物，种类很多，以维生素 D_2（麦角钙化醇）和维生素 D_3（胆钙化醇）最为重要。

维生素 D 化学性质较稳定，耐热，对氧、碱较为稳定，在酸性溶液中则易分解。食品在通常的加工、加热、熟制过程中不会引起维生素 D 的损失，但脂肪酸败时，可造成维生素 D 的破坏。植物油、酵母等中含有的麦角固醇经紫外线照射后可转变成维生素 D_2。鱼肝油、牛乳、鸡蛋等动物性食品中含有维生素 D_3，人的皮肤中含有 7—脱氢胆固醇，经紫外线或阳光照射后能转变为维生素 D_3。维生素 D_2 和维生素 D_3 在体内经肝 1，25—$(OH)_2D$ 二羟胆钙化醇后，才能发挥其生理作用。

维生素 D 的主要功能是促进人体钙、磷的吸收和利用。主要存在于蛋黄、肝、乳等动物性食物中。

三、维生素 E

维生素 E 属酚类化合物，因与动物的生育功能有关，所以又叫生育粉，或称抗不育维生素。

维生素 E 是淡黄色的油状物，不溶于水而溶于有机溶剂。在酸性环境中较为稳定，在无氧条件下加热至 200℃以上亦不被破坏，但在有氧存在下高温加热（如油炸）时损失较多，也可被碱、紫外线（或阳光）所破坏。

维生素 E 是人体内的一种强抗氧化剂和自由基清除剂，在人体内可保护细胞免受自由基的危害，防止衰老。因为维生素 E 对氧不稳定，故为脂肪良好的抗氧化剂，也可防止维生素 A、维生素 C 的氧化。维生素 E 主要存在于植物油中。

四、维生素 K

维生素 K 是一类萘醌衍生物，具有凝血的作用，所以又叫凝血维生素。它是一种黄色结晶物质，耐热，在酸和氧环境中稳定，但易被光、碱破坏。一般在烹饪加工中损失很小。

维生素 K 最主要的生理功能是促使肝脏凝血酶的合成，从而具有促进凝血作用。

维生素 K 广泛分布于各类食物中，人体内肠道微生物也能合成，所以人体很少缺乏。

第三节 水溶性维生素

一、维生素 B_1

维生素 B_1 因其分子组成中含有硫和氨基，所以又叫硫胺素。又因其具有抗脚气病的作用，所以又叫抗脚气病维生素。

维生素 B_1 呈白色针状结晶，微带酵母咸味。维生素 B_1 在空气和酸性环境中较稳定，在中性和碱性环境中遇热容易破坏，如在 pH 值大于 7 时加热，可使其全部被破坏。所以在烹调食品中，如果加碱过多就会造成维生素 B_1 的损失。因维生素 B_1 易溶于水，故在淘米或者蒸煮时，常溶于水而流失。

维生素 B_1 来源较广，主要在粗粮和多种副食如肉类、蛋类、乳类等中。

二、维生素 B_2

维生素 B_2 因色黄且含核糖，所以又称核黄素。为橙黄色结晶体，溶于水不溶于脂肪。在自然界分布很广，但含量不多。维生素 B_2 在中性或酸性环境中比较稳定，在酸性溶液中加热到 100℃时仍能保存。但在碱性溶液中破坏较快。对光敏感，特别是在紫外线照射下易分解而被破坏。

维生素 B_2 参与机体的组织呼吸过程，维生素 B_2 还能维护皮肤、黏膜组织的健康。

维生素 B_2 以动物性食品含量较高，特别是动物肝脏、肾和心脏中含量最多，乳类、蛋类、鳝鱼、螃蟹中含量也较多；植物性食品中绿叶蔬菜、酵母、藻菌类、豆类等含量较多。

三、维生素 PP

维生素 PP 包括尼克酸（烟酸）和尼克酰胺两种物质。因它具有防治癞皮病的作用，所以又叫抗癞皮病维生素。维生素 PP 为一种白色针状结晶，易溶于水和酒精，不易被酸、碱、热及光所破坏，是维生素中性质最稳定的一种，在高压下 120℃ 加热 20 分钟几乎不被破坏，一般加工烹调损失极小。维生素 PP 在肠道内被吸收，体内储藏量甚少，过量的则随尿排出体外。

维生素 PP 以尼克酰胺的形式在体内构成脱氢辅酶 1 和脱氢辅酶 2。这两种辅酶是多种不需要氧脱氢酶的辅酶，这些酶在物质代谢和生物氧化过程中起着重要的递氢作用。当人体缺乏维生素 PP 时，代谢物不能进行正常氧化，引起代谢障碍，所以易患癞皮病。其典型症状为对称性皮炎、胃肠炎及神经炎。

维生素 PP 广泛存在于动植物食品中。人体需要的维生素 PP 除了以食物为主要来源外，色氨酸也可以在体内转变成维生素 PP。因玉米中含色氨酸少，故以玉米为主食而又缺乏副食品供应的地区，容易发生维生素 PP 缺乏。

四、维生素 B_6

维生素 B_6 又叫吡哆素，包括吡哆醇、吡哆醛、吡哆胺三种物质。维生素 B_6 为白色晶状体，略带苦味，易溶于水，耐热，对光敏感，碱性环境中易被破坏。

维生素 B_6 是体内多种酶的辅酶，如转氨酶、脱羧酶、消旋酶、脱氢酶、合成酶和羟化酶等。可促进糖、脂肪和氨基酸的分解利用，也能促进肝糖原或肌糖原分解释放热能，故有“主力维生素”之称。如参加氨基酸的脱羧作用，氨基转移作用，色氨酸的合成，含硫氨基酸的代谢和不饱和脂肪酸的代谢等生理过程。维生素 B_6 在维护健康、治疗多种疾病中起了重要作用。

维生素 B_6 广泛存在于各种食品中。

五、维生素 B_{12}

维生素 B_{12} 是结构最复杂，也是唯一含有金属元素[钴(Co)]的一种维生素，又叫钴胺素。维生素 B_{12} 为粉红色针状晶体，易溶于水，在中性和弱酸性条件下稳定，在强酸强碱下易分解，在阳光照射下易被破坏。

维生素 B_{12} 在体内以甲基钴胺素的形式作为转甲基酶的辅酶。它的主要功能是提高叶酸的利用率，从而促进血细胞的发育和成熟。缺乏时会引起恶性贫血。维生素 B_{12} 还参与胆碱的合成，胆碱是脂肪代谢中必不可少的物质，缺少它会产生脂肪肝，影响肝脏的功能。所以人在患肝炎时，常补充维生素 B_{12} 以防治脂肪肝。

维生素 B_{12} 存在于动物性食物中，发酵的豆制品含量也较丰富。正常人肠道内的某些细菌利用肠内物质也可以合成。在一般情况下不易缺乏。

六、维生素 C

维生素 C 又称抗坏血酸，是 L—己糖的衍生物，故又称 L—抗坏血酸。其结构式如下：

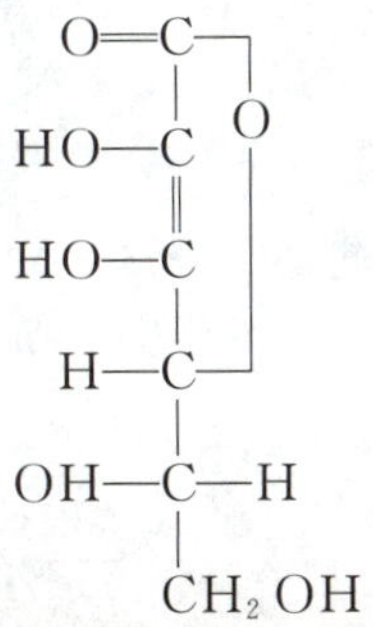

维生素 C 是一种白色结晶状有机酸，易溶于水，不溶于脂肪，在酸性条件下稳定，但对热、碱、氧都不稳定，特别是和铜、铁金属元素接触时破坏更快。它是所有维生素中最不稳定的一种。因此在烹调时宜短时间高温，并切忌加碱，烧煮好后立即食用，以免维生素被破坏。

维生素 C 具有强还原性，可作为抗氧化剂，烹饪中还可用来防止水果和蔬菜的褐变。维生素 C 广泛存在于新鲜蔬菜和水果中。

第四节　维生素在烹饪中的变化

食物在烹饪加工时，损失最大的是维生素，在各种维生素中又以维生素 C 最易损失。维生素的种类及其损失大小的顺序为维生素 C > 维生素 B_1 > 维生素 B_2 > 其他 B 族维生素 > 维生素 A > 维生素 E > 维生素 D，即水溶性维生素较脂溶性维生素易损失。维生素在烹饪中的变化，是由于维生素在原料中存在部位的改变和理化因素的变化，导致维生素化学结构变化而引起的。

一、溶解性

水溶性维生素，易通过扩散或渗透过程从原料中浸析出来。因此，原料表面积增大、所处环境水流速度加快、水量大和水温升高等因素都会使原料中的水溶性维生素由于浸出而损失增加，尤其是对叶菜影响更大。因维生素 C 会通过表面积较大的叶子引起损失，如将切好的叶菜完全浸在水中，烹制后菜中的维生素 C 可损失 80%以上。

水溶性维生素在烹制过程中也会因加水量或汤汁溢出，而溶于菜肴汤汁中。维生素的汤汁溢出程度与烹调方法有关，一般采用蒸、煮、烧等烹制方法，汤汁溢出量可达 50%，因此水溶性维生素在汤汁中含量较大；采用炒、滑、熘等烹调方法，成菜时间短，尤其是原料经上浆挂糊后再烹调汤汁溢出不多，因此水溶性维生素从菜肴原料中析出量也不会增多。

脂溶性维生素只能溶解于脂肪中，因此菜肴原料用水冲洗的过程和以水作传热介质烹制时，不会流失，但用脂肪作传热介质时，部分脂溶性维生素会溶于油脂中。所以在通常烹调中，无论是维生素 A 还是胡萝卜素均较稳定，几乎没有损失，当加水加热时，一般损失最多也不超过 30%。短时间烹调食物，菜肴中的维生素 A 损失率不超过 10%。由于维生素 A 易溶于脂肪中，因此当油炸食物时，可使部分维生素 A 溶解于油而损失，然而，与脂肪一起烹调可大大提高维生素 A 的吸收利用率。凉拌菜中，加入食用油不但可以增加其风味，还能增加人体对凉拌菜中脂溶性维生素的吸收。

二、氧化反应

对氧敏感的维生素有维生素A、维生素E、维生素K、维生素B_1、维生素B_2、维生素B_{12}、维生素C等，它们在食物的储存和烹调加工过程中，特别容易被氧化破坏。因此，在烹饪时，可采取上浆挂糊、加盖锅盖等方法，以减少原料与空气接触的机会，从而减少这些维生素的损失。

三、热分解反应

一般脂溶性维生素对热较稳定，但易氧化的例外，如果把含维生素A的食物隔绝空气进行加热，则在高温下也比较稳定。维生素B_1的水溶液在酸性溶液中对热较稳定，但在碱性溶液中，加热对它极不稳定。维生素C是维生素中最不稳定的一种维生素。不耐热，温度可加速维生素C的氧化作用及增大其水溶性。因此，对富含维生素C的原料，加热时间不宜过长，否则全部维生素C会遭到破坏。如蔬菜煮5～10分钟，维生素C的损失率可达70%～90%，如果挤去原汁再浸泡1小时以上，维生素C可损失90%以上。

四、光分解反应

光对维生素的稳定性也有影响，因为光能促使维生素的氧化和分解。对光敏感的维生素有维生素A、维生素E、维生素B_1、维生素B_2、维生素B_6、维生素B_{12}、维生素C等。维生素B_2在碱性条件下，阳光照射易被破坏。如夏季中，牛奶在日光下暴露2小时，其维生素B_2损失率可达90%，阴天损失率为45%，处在完全阴暗处损失率仅为10%，即使在室内光照24小时，仍有30%的维生素B_2被破坏。

五、酶的作用

天然原料中，存在有多种酶，它们对维生素具有分解作用，如贝类、淡水鱼中的硫胺素酶能分解硫胺素，蛋清中的抗生物素酶能分解生物素，水果蔬菜中的抗坏血酸氧化酶能加速抗坏血酸的氧化作用。这些酶在90℃～100℃下经10～15分钟的热处理，即可失去活性。

植物组织中的抗坏血酸氧化酶，在组织完整时，其催化作用不明显，当组织破坏，由于空气接触时，就能迅速催化维生素C的破坏。如小白菜切成段炒，损失约30%，而切成细丝炒，损失51%。切得越细，越有更多的细胞膜被破坏，氧化酶释出增加，同时增加与空气的接触，则对维生素C的氧化也越快。

相对而言，维生素C较氧化酶对热稳定，利用这一性质，在蔬菜水果加工中，进行高温瞬时烫漂处理，可以减少维生素C的损失。但抗坏血酸氧化酶在60℃～80℃时活性最高，如果把蔬菜水果放到冷水中，逐渐加温，这种温度条件适合氧化酶的作用，同时水中又溶解大量的氧，维生素C的破坏反而因氧化加速而损失。因此，应把蔬菜水果放到沸腾的水中烫漂，这样，水中几乎不含溶解的氧，而且在100℃下，氧化酶很快失去活性，用这种方法烹制的马铃薯，其维生素C的损失要比用普通方法减少50%。

思考题

1.维生素是怎样命名与分类的?

2.脂溶性维生素与水溶性维生素有什么异同?

3.维生素 C 的性质有哪些?

4.水溶性维生素有哪些?在烹饪中如何防止因溶解而造成这些维生素的损失?

5.为什么烹饪中采取上浆挂糊可减少维生素的损失?

6.对光敏感的维生素有哪些?

7.在烹饪过程中如何防止酶对维生素的破坏?

知识链接

巧烹饪保护维生素

如今越来越多的人已经开始关注维生素这类微量营养素对于人体健康发挥的重要性了。一般来说,一日三餐,食材丰富、营养均衡,通常不会出现维生素缺乏症。而在现实生活中,各类食材中的维生素很容易因烹调不当而大量流失,那么如何尽量减少维生素的损失呢?

1.蔬果应先洗后切。因为切好后再洗,可使维生素 C 溶于水中,要损失 2% ~8%。而洗米时要尽量少搓洗。因为每淘洗一次,米中的维生素 B_1 就可损失 31% ~60%。与此同时,尽量用开水烧饭,要减少焖饭的时间。因为维生素 B_1 当温度达到 100℃ 以上时,就会逐渐被破坏。

2.用鲜酵母做馒头,不要用老面加碱做馒头。另,稀饭和粥里也尽可能不要为了增稠而加碱,因为维生素 B_1 在碱性溶液中最易被破坏。

3.挂浆上糊,食物在经过油炸之后,维生素所剩无几。而油温在 163℃时炸的牛肉,维生素 B_1 损失约为 40%。此时,我们可以在食物的外面挂糊或上浆后再炸,这样一来,既可保有丰富的肉汁,也可以减缓肉质的老化,减少维生素的流失。

4.大火烧开,迅速焯水。烹饪中的焯水是处理食材时常见的一道工序,主要是为了除去异味、涩味、草酸等。焯水时间越长,蔬菜中的水溶性维生素流失越多。而且蔬菜经加热后,会产生维生素 C 的“死对头”氧化酶,将蔬菜在沸水中迅速翻动两下就捞出、冷却,这样维生素的流失是最小的,并且还利于保持菜的色泽和脆嫩。

5.旺火急炒,快速断生。维生素 C 在 60℃ ~80℃ 时最易氧化,旺火急炒可使蔬菜中的氧化酶迅速失去活性,这样维生素的损失就会降到最低的程度。此外,炒菜时不宜加水过多,炒制时还应加盖,如此一来才能有效降低维生素的流失。

6.用电火烧烤有益健康。悠哉惬意的日子里,马路砂锅,啤酒烧烤,真是绝了。而在这个过程中,食材经熏烤后,食物中的维生素不仅大量流失,还会生成强致癌物 3,4—苯并芘。但如果改用电烤,食物中的 B 族维生素、维生素 C 等水溶性维生素的流失则会大大减少。

第七章　食品的色

【教学目的】

通过本章的学习，了解食品中常见的天然呈色物质，了解烹饪过程中的酶促褐变和非酶促褐变的产生原因，在烹饪中控制酶促褐变的方法及影响焦糖化反应、羰氨反应、抗坏血酸褐变的各种因素，需了解几种常见的天然食用色素和合成食用色素的特性。

【学习重点】

呈色物质的分类；叶绿素、血红素、花青素等在烹饪中的变化；在实际操作中如何利用有利褐变、控制不利褐变。

烹饪中对成品的色泽有较高的要求，因为色、香、形是给用膳者首先产生的直觉与感观，烹饪中的色泽搭配和烹饪成品的色泽是否符合要求，是决定成品品质的重要因素。为了使成品的颜色搭配得恰当，使成品的色泽有鲜艳绚丽的特色，就需要对赋予食品各种颜色的物质——呈色物质有一定的了解。

烹饪原料中的天然呈色物质，是指在新鲜原料中眼睛能看到的有色物质或者本来无色，但在加工过程中由于化学反应而呈现颜色的物质。天然呈色物质根据来源可分为植物呈色物质和动物呈色物质。

第一节　植物中的呈色物质及其变化

一、植物中的呈色物质

常见的植物呈色物质有：叶绿素、类胡萝卜素、花青素、花黄素、辣椒红色素、单宁等。

(一)叶绿素

1.叶绿素的存在

叶绿素是高等植物和其他所有能进行光合作用的生物体内所含有的一类绿色呈色物质，它使蔬菜和未成熟的果实呈现绿色。叶绿素主要存在于绿色植物叶面细胞的叶绿体内。植物通过叶绿素吸收太阳能，固定二氧化碳，使二氧化碳与水作用生成有机物。

2.叶绿素分类

叶绿素是由叶绿酸、叶绿醇、甲醇组成的二醇酯，绿色来自叶绿酸部分。叶绿素包括叶绿素 a、叶绿素 b、叶绿素 c 和叶绿素 d。

3. 叶绿素的性质

叶绿素易溶于乙醇、丙酮、氯仿等，不溶于水。一般游离叶绿素对光、酸、碱和热都很敏感，会产生各种衍生物。

酸性条件下，叶绿素分子内的镁离子易被两个氢原子所取代，生成橄榄色的脱镁叶绿素，失去原有的绿色。加热可加快叶绿素脱镁。因此烹饪绿叶蔬菜时不宜添加醋、不宜与酸味强的原料配菜，不宜长时间加热。

室温下，叶绿素对稀碱稳定，在稀碱溶液中加热时可水解成鲜绿色的叶绿酸钠或钾盐和叶绿醇、甲醇。例如豆角在稀碱中焯水后显得更加碧绿。但用碱过多时，会有损食品的风味，并破坏蔬菜中的维生素。

绿色蔬菜如果用 60℃～75℃热水进行烫漂，使叶绿素水解酶失去活性，可保持原有的绿色。

在适当的条件下，叶绿素分子中镁离子可被二价铜离子、二价铁离子、二价锌离子等金属离子所取代。如叶绿素用稀硫酸铜溶液处理，叶绿素与二价铜离子生成的叶绿素铜盐为绿色，且色泽稳定。如青豆罐头中的青豆就是经过硫酸铜稀溶液处理或用叶绿素铜钠盐染色后，而保持绿色的。

(二)类胡萝卜素

1.类胡萝卜素的存在

类胡萝卜素最早发现于胡萝卜中，是自然界最丰富的天然呈色物质。存在于植物的根、叶、花、果实等部位，如蔬菜、黄色和红色水果及其他绿色植物中。成熟水果的黄色即主要为此类呈色物质所呈现的颜色，深绿色叶菜类中也含有较丰富的类胡萝卜素。目前已了解 300 多种类胡萝卜素，有黄、橙、红、紫多种颜色。

2.类胡萝卜素的分类

类胡萝卜素按其化学结构和溶解性可分为两大类：一类是胡萝卜素类(叶红素类)，为共轭多烯烃的含氧衍生物，有 α－胡萝卜类、β－胡萝卜类、γ－胡萝卜类和番茄红素，前三种在人体中均能表现出维生素 A 的生理作用，所以称为维生素 A 原，其中 β－胡萝卜类最为重要；另一类是叶黄素类，是共轭多烯烃的含氧衍生物，如叶黄素、玉米黄素、辣椒红素等。

3.类胡萝卜素的性质

类胡萝卜素都有较强的亲脂性，几乎都不溶于水和酒精。所以水洗时损失不大，根据这个性质常用辣椒制成红油。由于类胡萝卜素含较多的双键，故易被氧化而变成褐色，但天然胡萝卜素均与其他物质以结合态存在，对热稳定，加热不易破坏。如胡萝卜存放时不易变色。从各种食物中提取的类胡萝卜素作为天然食用色素，现已广泛地应用在食品调色中。由于提取后的类胡萝卜素性质不及食物中的稳定，对光、热、氧较敏感，尤其是 pH 值和水分含量较低时更容易氧化。

(三)花青素

1.花青素的存在

花青素以糖苷的形式广泛分布于多数植物的细胞液中，构成植物叶、茎、花、果实的色彩，是各种花色苷的总称。是一大类在中性水溶液中呈微红色的呈色物质，但它们的呈色随植物体内化学环境的变化而变化，因而赋予植物美丽的色彩。

2.花青素的性质

(1)花青素以糖苷的形式存在，糖类常见的是葡萄糖、阿拉伯糖、鼠李糖、半乳糖和木糖。花青素的颜色可随 pH 值的变化而变化，在 pH 小于 7 时呈红色，pH 等于 8.5 时呈紫色，pH 大于 11 时呈蓝紫色或蓝色。

(2)花青素易与铝、铜、锡等金属离子发生反应生成化合物，使之改变原有颜色，因而在加工富含花青素的果蔬时，应尽量避免与上述离子接触。如苹果直接烹调时最好用不锈钢炊具进行加工以防变色。

(3)花青素对温度和光照也很敏感，含花青素食品长时间加热或光照会使其褪色，变为褐色。

(4)花青素苷在糖苷酶或酚酶的作用下分解成糖和花青素而褪色。花青素与盐酸共热生成的无色物质称为无色花青素。无色花青素也以苷的形式存在于植物组织中，在一定条件下可转化为有色花青素。

(四)花黄素

花黄素广泛分布于植物界，是一类水溶性天然呈色物质，呈浅黄色或橙色，现在已发现 400 多种。在蔬菜中分布最广的是槲皮苷，主要存在于苹果、梨、洋葱、芦笋、玉米、马铃薯、荸荠、啤酒花、茶叶中。

花黄素在酸性条件下稳定，无色。但在碱性条件下能生成查耳酮型结构而呈现黄色、橙色、褐色，在酸性条件下又恢复原来的结构，颜色消失。

一些食物如马铃薯、稻米、小麦面粉、芦笋、荸荠等，在碱性水中煮发生变黄现象就是由于黄酮类物质遇碱变成查耳酮型结构的原因。洋葱特别是黄皮种，这种现象更为明显。当水溶液呈碱性时，洋葱因黄酮类物质溶出而呈浅黄色，汤汁则因而呈鲜明的黄色。在烹饪加工中可用醋酸或柠檬酸来调节水的 pH，达到控制黄酮色素变化的目的。

花黄素色素在空气中放置易发生氧化反应产生褐色沉淀。这就是果汁存放过久产生褐色沉淀的原因之一。

(五)辣椒红色素

辣椒红色素又名椒红素，纯净的辣椒红色素为深胭脂红针状晶体，是存在于成熟红辣椒果实中的天然色素。其中极性较大的红色成分主要是辣椒红素和辣椒玉红素，占总量的50%～60%。

辣椒红色素具有维生素A的活性，所以它不仅色调鲜艳，色价高，热稳定性好，安全可靠，而且还具有营养保健功能和药理作用，被认为是一种理想的天然呈色物质。可用于生产各种食品，如糖果糕点、饮料、烘烤食品、罐头食品、熟肉制品等。

(六)单宁

单宁存在于许多植物中，具有收敛性。在植物果实未成熟时含量较高，成熟后含量降低，是果实带涩味的主要成分。单宁不稳定，极易氧化成暗黑色的化合物，也易与三价铁离子反应生成黑褐色的沉淀，并且颜色逐渐变蓝或变绿。石榴、柿子、咖啡、茶叶、苹果、葡萄、桃、李、芋头、荸荠中均含有单宁。

单宁是一类水溶性植物呈色物质，性质不稳定，颜色易受酸、碱、金属、氧、光和温度等各方面因素的影响而发生变化。

单宁性质极不稳定，易被氧化生成暗黑色物质。单宁在碱性溶液中更易氧化，这是烹饪加工或植物受损时发生褐变的主要原因之一。单宁与金属反应生成不溶性的盐类，与铁反应生成蓝黑色物质，与高价铁离子反应生成黑褐色的沉淀，并且颜色逐渐变为蓝色或绿色。所以在烹饪富含这类呈色物质的食物时，应特别注意它的颜色变化，否则成品的颜色将达不到预期的效果。在加工该类食品时不宜使用铁制容器。

二、植物呈色物质在烹饪中的变化

(一)蔬菜的色泽变化

植物性原料中，蔬菜(如紫茄子、红萝卜等)中的花青素受热会发生分解而褪色;水果中的花青素主要存在于果皮和果肉中，它使水果色泽鲜艳，花青素的不稳定性常使水果在加工时失去原有的色泽。

类胡萝卜素常与叶绿素同时存在而不显色，当叶绿素分解消失后，其颜色才显现出来，如未成熟的西红柿呈绿色，在储存过程中逐渐变红、变黄，就是因为叶绿素分解后显现出类胡萝卜素的红色、黄色。水果与蔬菜一样，在储存时其中的叶绿素在酶、酸、氧的作用下逐渐变为无色的物质，使水果从绿色变成黄色和红色，这是水果完全成熟的标志。

绿色蔬菜在加热时，由于与叶绿素共存的蛋白质受热凝固，使叶绿素游离于植物体中，处在酸性条件下，加速了叶绿素转变为脱镁叶绿素，从而使绿色蔬菜失去鲜绿色而变成褐色。但如果在碱水中加热，则可使叶绿素保持原有的颜色，这是因为叶绿素受碱作用会分解成水溶性的叶绿酸，仍能保持鲜绿色。

蔬菜在腌制过程中，由于水分渗出，细胞内有机酸浓度升高，使叶绿素转变成脱镁叶绿素，也会失去原来的绿色而呈现褐色。有的瓜菜在腌制时（如腌黄瓜）为了保持脆度而加石灰水，由于叶绿素在碱液中生成叶绿酸钠而使之保持原来的绿色。有的蔬菜在腌制时加入酱、辣椒及其他原料，由于蔬菜的物理吸附作用而改变了原来的颜色。

蔬菜在干制时，类胡萝卜素、花青素损失较大。叶绿素在光照下由于脱镁而使蔬菜呈橄榄色。

（二）水果的色泽变化

水果中含有多种色素，其中以花青素为主，还有叶绿素、类胡萝卜素、单宁等，它们赋予果品鲜艳的色泽。

水果与蔬菜一样，在储存时，其中的叶绿素在酶、酸、氧的作用下，逐渐变为无色，使水果由绿色变成黄色和红色，此种现象叫作水果“变黄”，也是水果成熟的标志。

花青素主要存在于果皮和果肉的细胞中，它使水果色泽鲜艳，可用作菜肴的陪衬。花青素是不稳定的，常使水果在加工时失去原有的色泽。水果中的单宁是水果切开后酶促褐变的主要因素，褐变的结果是使水果变为褐色。但水果中的类胡萝卜素比较稳定，它能使橘子罐头中的橘子保持原色，可用作菜肴配色。

有的水果罐头、果脯、果酱、果冻常用食用色素，使之成为各种鲜艳的色泽或保持原色。如红、绿樱桃罐头，用于菜肴的点缀。

第二节　动物性食品中的呈色物质及变化

一、常见的动物性食品中的呈色物质

（一）血红素

血红素是存在于高等动物血液和肌肉中的红色色素，是影响肉制品颜色的主要色素。血红素存在于肌红蛋白与血红蛋白的分子中，肌红蛋白分布在肌肉的组织细胞内，血红蛋白分布在各种大小血管中，它们都是生物代谢中氧气的载体。血红素中的亚铁离子不稳定，在氧或其他氧化剂存在时加热氧化成三价铁离子，生成褐色的高价铁血红素。肌红蛋白和血红蛋白在受热时，蛋白质变性，血红素游离出来，二价铁离子马上被氧化为三价铁离子，生成高铁血红素，形成褐色的变肌红蛋白和变血红蛋白，使煮熟的血和肉变成褐色。肉在空气中久置也会生成棕褐色的变肌红蛋白，使肉发暗。

（二）类胡萝卜素

类胡萝卜素也是动物原料中常见的色素之一。动物体不能合成类胡萝卜素，但常在体内积蓄一些，所以，动物体内此种色素大多由植物的胡萝卜素、番茄色素而来。因此，在任何组织提取的脂肪中都多少带有一些黄色的类胡萝卜素。如前所述，类胡萝卜素属于脂溶性色素，具有亲脂性、一般较稳定、有些在一定条件下可发生色变。存在于虾、蟹、鳜鱼、鳟鱼等水产品体内的一类类胡萝卜素——虾黄素，因与蛋白质结合而呈青蓝色，加热时，虾黄素游离出来并被氧化成为鲜红的虾红素。

(三)胭脂虫红

胭脂虫红是从雌性胭脂虫的干粉中提取而来的呈色物质，能溶于热水、乙醇、酸、碱的溶液，颜色随 pH 值的变化而变化，pH 值小于 7 时呈橙黄色，pH 值等于 7 时呈红色，pH 值大于 7 时呈紫色。它对光和热稳定，特别是在酸性条件下稳定性更好。它的毒性小，可用于烹饪中的染色。

二、动物呈色物质在烹饪中的变化

(一)畜、禽肉的色泽变化

畜、禽肉的色泽主要来自肌红蛋白，占肉色的 70%～90%，其次为血红蛋白，占 10%～20%，其含量的多少、性质的变化影响着肉色的变化。肌(血)红蛋白可发生氧合、氧化等反应，在空气中，紫红色的肌(血)红蛋白与氧分子结合，形成氧合肌(血)红蛋白，使肉色呈鲜红色，但存放时间过长，被氧气继续氧化形成变肌(血)红蛋白，肉色将转变为褐色;加热时，变肌(血)红蛋白的产生也使肉色变褐。

肉在存放时，在细菌的作用下，肌肉中的含硫蛋白质分解产生 H_2S，而 H_2S 与肌红蛋白反应，生成硫肌红蛋白，使肉呈现绿色。

多数鱼类的肌肉中主要含肌红蛋白。由于鱼肉中的微血管少，血红蛋白含量少，同时鱼肉中肌红蛋白含量也少，使鱼肉几近白色。但在鱼身靠近椎骨的地方，有一段狭长的暗红色“血合肉”，这部分肉中的肌红蛋白含量高，因此其变化与畜、禽肉相似，在冷藏时也可能出现绿色。

(二)水产品的色泽变化

水产品的外皮和外壳中含有类胡萝卜素不稳定，易于氧化和转移。水产品中的类胡萝卜素主要是虾黄素、叶黄素和玉米黄素，它们使水产动物呈红色、黄色等鲜艳的色泽。例如红鲤鱼表皮中橙红色很鲜艳，可是加热后由于蛋白质变性，类胡萝卜素游离出来，其脂溶性和对热的不稳定性使鱼失去了红色;生虾、生蟹的外壳中含虾青素，它是由虾黄素和蛋白质结合成的色素蛋白，使生虾、蟹壳呈青灰色，当加热时，蛋白质变性，虾黄素被氧化成虾红素而使熟虾、蟹呈红色。菜肴中常利用此特点为热菜和冷菜配色。例如“琵琶虾”中以凤尾虾作“琵琶柄”，配以虾蓉、木耳、菜丝，成菜形态逼真，色彩和谐。

类胡萝卜素还可以通过水产品组织中的油脂渗透到肌肉的内部，使原来白色的肉变成橙黄色。例如牡蛎水煮罐头在室温下长期存放，牡蛎肝脏中的类胡萝卜素能转移到肌肉中，使原来白色的肉部分变为橙黄色。在细菌的作用下或在储存过程中，脂肪被氧化破坏，胡萝卜素游离出来，使鱼色加深。因此储存中鱼体色泽的变化也标志着鱼的新鲜程度。

鱼、贝类死后，在储存时除了会由于羰氨反应而发生褐变，也会由于脂肪氧化产生醛、酮类物质促进鱼肉褐变，降低它们的商品价值。

第三节 烹饪原料在储存加工中的褐变

食品褐变一般指食品在加工、储藏过程中产生褐色的现象。在一些食品中，适度的褐变是有益的，是人们所期望的，例如酱油、食醋、黄酒、咖啡、面包、面点和烤、煎、炸等制品的色泽。食品在发酵、焙烤、炸制时由于褐变所产生的焦黄色是人们所需要的。但有的食品，如水果、蔬菜的褐变不仅影响了成品的色泽，还会改变食品中的营养成分，并会引起口味的变化，降低了食品的质地。因此，了解褐变反应的原理，在烹饪过程中利用有益的褐变，控制或抑制不利的褐变，来保证或提高食品的品质具有重要的实际作用。

食品褐变根据其不同的反应机制可分为两大类：一类是在酶的作用下，发生生化反应所引起的褐变叫酶促褐变。另一类是在无酶情况下由化学反应引起的褐变叫非酶褐变。

一、酶促褐变

（一）酶促褐变的机理

酶促褐变常常发生在水果、蔬菜等新鲜植物性食品中。水果和蔬菜在采摘后，组织中仍在进行活跃的代谢活动。在正常情况下，完整的果蔬组织中氧化还原反应处于平衡状态，当发生机械性损伤时（如削皮、切开、压伤、虫咬等）及处于异常的环境条件下（如冻伤、受热等），便会破坏水果和蔬菜中的氧化还原平衡，氧化产物积累，造成褐变。如梨、苹果、香蕉、马铃薯、茄子等果蔬被切开、削皮、碰伤或遭受病害，色泽很容易变成褐色。这是由于这些食品组织暴露在空气中，在酚酶的催化作用下，食品组织中的酚类成分被氧化成醌，再进一步由醌氧化聚合形成褐色素或称黑色素使之发生褐变。

酚酶作用的物质主要是一元酚、邻二酚、黄酮类化合物和植物鞣质等，当它们暴露在空气中会很快发生褐变，其中反应最快的是邻二酚，如儿茶酚、咖啡酸、原儿茶酸、绿原酸等。

在酱油制作过程中就是利用酶促褐变，使酱油在发酵中变成褐色，其原因是酱油中所含的丰富的酚类物质——酪氨酸在酚酶的作用下形成了黑色素。

酶促褐变除了会发生在植物性原料中，也可使某些水产品在储存时发黑，例如虾在冷藏时，由于血液中酚酶将酪氨酸氧化，形成的黑色素使虾体上逐渐产生黑色斑点。

(二)酶促褐变的控制

烹饪加工中酶促褐变会使食物产生人们不太喜欢的颜色，因此需加以控制。食物中发生酶促褐变必须具备三个条件，即食物中含有多酚类物质、酚酶、空气中的氧，三者缺一不可。因此，只要消除其中任何一个因素，就能防止褐变发生。例如西瓜、橘子中虽含有酚类物质，但不含酚酶，就不会产生褐变。要除去食物中的多酚类物质是十分困难的，一般采取抑制酚酶的活性和阻止食物与氧气接触的方法来防止酶促褐变的发生。

常用的抑制酶的活性，控制酶促褐变的方法有以下几种。

1.热处理法

酚酶对热很敏感，在高温条件下就会失活，所以烹饪中广泛采用加热处理的方法，如焯水、过油来防止酶促褐变。热烫的温度和时间是达到钝化酚酶的关键，过度加热会影响烹饪成品的质量；相反，如果热烫处理不彻底，未能钝化酶，反而会促进褐变。一般在70℃～95℃加热7秒钟，食物中大部分酶就会钝化而失去活性。采用微波加热法可使食物组织内外一致受热，短时间内抑制了酚酶，食物的风味也得到了保持。

2.酸处理法

利用酸来控制酶促褐变，也是广泛使用的方法。常用的酸有柠檬酸、苹果酸、磷酸、抗坏血酸以及它们的混合物。酸处理作用是降低pH值，以控制酚酶的活力，因为酚酶最适宜的pH值在4.5～7，pH值低于2.0时已无活性。在烹饪中一般使用食醋或使用含有机酸较多的物料，如番茄酱、果酱等来调节pH值，以使酶的活力下降。其中柠檬酸作为褐变抑制剂单独使用的效果不明显，需要与抗坏血酸或亚硫酸盐联用，如0.5%柠檬酸和0.3%抗坏血酸合用效果较好。

3.隔绝空气

将去皮切开的水果、蔬菜浸没在水、糖水或盐水中，使食物与氧气隔绝。如茄子、马铃薯、藕经刀工处理后，迅速浸在清水中，防止变色。需要注意的是浸泡的时间不宜过长，时间久了，存在于植物组织中的氧和水中少量的氧也会引起缓慢的褐变，而且会使水溶性营养素损失较多。在制作拔丝菜时，如果是苹果、香蕉、梨等易褐变的水果，削皮切块后应立即挂糊，用糊将果肉完全包裹住，减少与空气接触，烹制后水果仍保持原色。

二、非酶褐变

非酶褐变是不需要酶催化的褐变，主要有焦糖化反应、羰氨反应和抗坏血酸的褐变三种类型。

(一)焦糖化反应

焦糖化反应是糖类在没有氨基酸存在的情况下，受熔点以上高温作用，生成黑褐色焦糖的反应。糖类经焦糖化反应生成两类物质，一类是糖的脱水产物，称焦糖或糖色；另一类是糖的裂解产物，即一些挥发性的醛、酮类物质。

焦糖化反应多用于深色菜肴的着色，有的是先用蔗糖熬制糖色，再进行调配，有的是将糖液涂于原料表面，经高温(如炸、烤等)作用，使菜肴产生诱人的色泽和香味。温度过高或反应时间过长，会使反应过度，生成过多的焦糖，使菜肴颜色过深并有焦苦味。铁能强化焦糖的色泽，磷酸盐、酸、碱、铵盐对焦糖形成有催化作用，但碱会使焦糖风味劣变，铵盐会导致对人体神经系统有害的物质生成，在使用这些成分来调控焦糖化作用时需加以注意。

(二)羰氨反应

羰氨反应又称美拉德反应，是胺、氨基酸、蛋白质等氨基化合物，与单糖、还原性低聚糖、醛、酮等羰基化合物之间作用，生成褐色色素(黑色素)的变化。只要食品中氨基和羰基化合物共存时，就能引起羰氨反应，它是食品在加热和长期存放后发生褐变的主要原因。如焙烤面包、蛋糕产生的棕黄色，烤肉、熏鱼产生的棕黄色、棕褐色，酱和酱油的棕黑色等都是利用这种反应的机理。

影响羰氨反应的因素有很多，糖的种类、温度、浓度、pH 值等都会对其发生作用。

糖类中只有还原糖才能发生此反应，不同的还原糖反应的快慢有所不同。一般来说，戊糖的反应速度约是己糖的 10 倍，己糖的反应速度较还原性双糖快。非还原糖(如蔗糖)需水解才能参加反应，糕点制作中制备糖浆的目的就是使蔗糖转化成单糖，使糕点更易上色。基于这种机理，在烹饪中为了减缓不利的褐变发生，可在一定条件下用蔗糖代替还原糖，另外，果糖相对来说比葡萄糖难与氨基化合物结合，也可采用果糖降低褐变速度。羰氨反应一般在 20℃以下速度较慢，在 30℃以上就比较明显，并随温度升高反应速度加快，通常温度每升高 10℃，反应速度加快 3～5 倍。因此采用低温冷藏可减缓褐变的发生。

羰氨反应在 pH 值为 4～9 才会发生，所以可采取增加酸度的方法控制褐变。此外，氨基化合物的种类，食品的水分状态，羰基化合物和氨基化合物的浓度等对羰氨反应也有一定影响。二氧化硫和亚硫酸盐能与羰基化合物起反应，可用于抑制褐变；钙可同氨基酸结合成为不溶性化合物，也可控制褐变；在含糖很少的食品中加酵母，使其发酵除去糖分可防止羰氨反应发生。

(三)抗坏血酸的褐变

抗坏血酸的褐变主要发生在果汁中，尤其是柑橘汁、柠檬汁的褐变。一般认为其反应机理是抗坏血酸自动氧化分解为糠醛和 CO_2 的结果，但这种解释不太完全。

抗坏血酸褐变反应速度与浓度成正比，适当降低成品的浓度可降低褐变反应的速度。其褐变的程度还与溶液的 pH 值有关，在 $pH<5.0$ 时，抗坏血酸氧化速度减慢，而且反应是可逆的。pH 值在 2.0～3.5 时，褐变作用与 pH 值成反比，所以柠檬汁($pH=2.15$)比橘子汁($pH=3.4$)更容易发生褐变。在碱性溶液中，抗坏血酸不稳定，生成脱氧抗坏血酸的速度较快，容易发生氧化和褐变作用。金属离子也可促使抗坏血酸褐变，如铜、铁离子对柑橘汁影响较大。

第四节　食用色素

食用色素是以食品着色为目的的食品添加剂。食品具有鲜艳的色彩，对增进食欲有一定的作用。很多天然食品有鲜艳的颜色，但是经过加工处理，容易发生褪色或变色。为了改善食品的色彩，在加工过程中，有时需要使用食用色素进行着色。

食用色素按其来源和性质，可分为食用天然色素和食用合成色素两大类。

一、食用天然色素

食用天然色素主要是指由动、植物组织中提取的色素，基本上是植物色素，也包括微生物色素和一些动物色素。

天然色素色泽自然柔和，能更好地模仿天然物质的颜色，无毒性。但是天然色素由于提取精度的原因，时常会带有异味，且溶解性和染色性较差，某些品种对光和热不稳定，难以随意配置不同的颜色。

常用的天然色素有以下几种。

(一)红曲色素

红曲色素是红曲霉菌丝产生的色素，含黄、橙、红、紫、青等成分，以红紫色成分最多，性质稳定，耐热、耐光性强，几乎不受氧化剂和还原剂的影响，对蛋白质的染色性好，安全性很高。通常用于火腿、香肠、酱肉、粉蒸肉的着色。

(二)叶绿素

叶绿素不溶于水，但叶绿素酸和脱镁叶绿素都可溶解于水，游离叶绿素对光和热敏感，稳定性差。叶绿素多由菠菜等富含叶绿素的原料中取得，现用现取，以防变色。烹饪中可以加入面粉肉泥中，形成绿色。如“菠饺鱿鱼”中的菠饺，“双色鸡丸”中的绿色鸡丸及绿色糕点的着色。

(三)糖色

糖色又称焦糖色、酱色，用饴糖、蔗糖等糖在160℃～180℃高温下加热，使之焦化，最后用碱中和而得的一种天然食用色素。有液体状、粉状和块状多种，呈黑褐色。烹饪做菜用的糖色是糖加热后，用少量的水降温稀释得到的液体，用于烧、煨、卤等，可增加菜肴的色泽和光亮度。一般现制现用。

（四）β—胡萝卜素

β—胡萝卜素可由植物中提取，也可用合成法制取，营养价值、色调稳定性均好。β—胡萝卜素为红色至暗红色的结晶性粉末，稍有异味，属于脂溶性的化合物，不溶于水、乙醇，在弱碱性环境下比较稳定，在酸性环境不稳定，对光和氧也较不稳定。在烹饪加工中，尤其是在面点制作中，可将胡萝卜素用于富含油脂、人造奶油、奶油、干酪等油性食品的着色。

（五）姜黄素

姜黄是一种中药材，姜黄素是其根茎中黄色色素的主要成分。姜黄粉是民间传统的食用天然色素，但辛辣气味浓，使用受到限制。由姜黄粉中提取的姜黄素为橙黄色粉末，不溶于冷水，溶于乙醇、丙二醇，易溶于冰醋酸和碱溶液，遇酸呈黄色，遇碱呈红褐色，染着力强，但耐光、耐热、耐铁离子性较差。需置于非铁制容器中密闭保存。

（六）甜菜红

甜菜红是由红甜菜所得的有色化合物的总称。红甜菜俗称紫菜头，是水溶性食用红色素的良好来源。甜菜红为红紫色粉末，可溶于水，微溶于乙醇。在酸性溶液中稳定性大，染着性好，但耐热性差，光和氧也可促进其降解，抗坏血酸对其有一定的保护作用。

二、食用合成色素

食用合成色素也称食用合成染料，属于人工合成色素。人工合成色素一般较天然色素色彩鲜艳，坚牢度大，性质稳定，着色力强，且可取得任意色调，使用方便，成本低廉。但很多合成色素属煤焦油染料，不仅无营养价值，而且多数对人体有害。因此，在食品卫生标准中，对合成色素的使用有严格的要求。目前允许使用的食用合成色素主要有：苋菜红、胭脂红（最大使用量为 0.05g/kg）；柠檬黄、日落黄、靛蓝（最大使用量为 0.1g/kg）。

用合成色素配置颜色时，一般以红、黄、蓝为基本色，可调配出其他颜色：

```
基本色：红      黄      蓝      红      黄
           \    / \    / \     / \    /
二次色：    橙      绿      紫      橙
             \     / \    / \   /
三次色：     橄榄色   灰色   棕褐色
```

（一）苋菜红

苋菜红是一种紫红色的均匀粉末，稳定性好，但对氧化还原作用敏感，不适宜用于发酵食品中，溶于水呈玫瑰红色，不溶于油脂。烹饪中主要用于面点制品及工艺菜肴的色泽点缀上，ADI（每日允许摄入量）为 0.75mg/kg 。

(二)胭脂红

胭脂红为红至深红色粉末，水溶液呈红色，耐光、耐酸性好，但耐热、耐还原性差，遇碱变褐色，不适宜高温受热和发酵面团制品，主要用于糕点表花，ADI 值为 0～0.125mg/kg。

(三)柠檬黄

柠檬黄为橙黄色粉末，水溶液呈黄色，耐热、耐光、耐酸、耐盐性均好，耐氧化性较差，还原时褪色，遇碱稍变红。安全性较高，ADI 值为 0～0.75mg/kg。不宜用于发酵制品。

(四)日落黄

日落黄为橙色颗粒或粉末，水溶液呈橙黄色，稳定性较好，遇碱呈红褐色，还原时褪色。

(五)靛蓝

靛蓝为蓝色均匀粉末，水溶液呈深蓝色，对水的溶解度较其他食用合成色素低，不溶于油脂。对光、热、酸、碱氧化都很敏感，但染色力好，由于属于冷色，一般用作调配其他颜色。

【思考题】

1.常见植物性食物中的呈色物质有哪些？
2.常见动物性食物中的呈色物质有哪些？
3.食品褐变根据不同的反应机制可分为哪几大类？
4.非酶褐变的主要类型有哪些？
5.简述血色素在烹饪中的变化。
6.花青素的颜色是如何随着 pH 值的变化而变化的？
7.允许使用的合成色素有哪些？
8.常用的天然色素有哪几种？
9.为什么要将经刀工处理的马铃薯迅速浸在水中？
10.在烹饪中如何保护蔬菜中的叶绿素？

知识链接

厨房调色板——大蒜

每值夏日，凉拌菜佳侣非大蒜莫属，吃面条配大蒜也是一绝，而平时炒菜时也会经常用到大蒜来爆香、炝锅。大蒜不仅是烹饪中的最佳拍档，它还具有保健功能。但大家知道吗？大蒜其实还有很多的品种和颜色需要我们一一甄选。

1.白皮蒜

白皮蒜较为大众，成熟期一般在 4～6 月，外皮是白色的，大蒜素含量较低，相对来说没有那么“辣”，生吃凉拌均可，也可将其晒干延长保存期限。

2.紫皮蒜

外皮呈紫红色，蒜瓣大小均匀，成熟于夏末秋初，其含有花青素，具有抗氧化作用。紫皮蒜的大蒜素含量较高，味道浓郁、辛辣，烹制熟化后辣味减轻，伴有微甜。

3.黑蒜

黑蒜是用新鲜的大蒜经发酵后而制成，蒜肉呈黑色，抗氧化，口感软糯，略带酸味，营养丰富，售价较高，其甚至还可以被当作点心或甜品。

4.独头蒜

独头蒜又叫独蒜，独立蒜头，没有分瓣。只需剥开外皮，即可得到整个蒜头。其蒜粒饱满，大蒜素含量较高，具有浓郁的辛辣味道和很好的抑菌效果，营养价值也比普通大蒜要高，市场价格也较贵。

5.腊八蒜

腊八蒜的形成是由一系列复杂的化学反应生成。原理是大蒜中含有的含硫物质，当大蒜被醋浸泡后，醋酸会增加大蒜细胞膜的通透性，从而让蒜酶与底物接触。在低温酸性的环境下，大蒜中含有的硫化合物与蒜酶相互作用，发生结构变化，生成蓝色素（蒜兰素）和黄色素（蒜黄素）。蓝色素和黄色素叠加后，使得腊八蒜呈现出绿色。而随着时间的推移，蓝色素会逐渐转变再次化为黄色素，导致腊八蒜的颜色由绿而变黄。整个过程其实是酶促反应，需要在特定的低温条件下才能发生。绿色的腊八蒜不仅是一种神奇的化学反应，更是一种时间的艺术。

第八章　食品的气味

【教学目的】

通过本章学习，学习了解嗅觉的产生及食品气味的形成途径。掌握烹饪原料的气味特征。掌握烹饪过程中香气的形成及烹饪过程中的增香原理。

【学习重点】

食品气味的形成途径；烹饪原料的气味特征；烹饪原料加热形成的香气；烹饪过程中增香原理。

食品的气味代表各种食品的特色，香气是构成菜肴、面点风味特点的重要组成部分，它能给人以愉快的感觉，引起人们的食欲，从而间接地促进人们对其中营养成分的消化吸收，所以食品的香气是衡量食品质量的一个标准。

第一节　食品中的气味成分及形成途径

一、食品中的气味成分

1.嗅觉的产生

嗅觉是由挥发性物质气流刺激鼻腔内嗅觉神经所发生的对气味的感觉。产生令人愉快的嗅觉称为香气；产生令人厌恶的嗅觉称为臭气。气味物质大多具有挥发性，当气味物质的分子微粒悬浮于空气中，进入鼻孔，被鼻黏膜中的液体分解，于是刺激嗅神经，嗅神经把这种刺激传至大脑的中枢神经，从而引起嗅觉，从气味物质进入鼻孔到产生嗅觉的时间很短，为0.2～0.3 秒。

嗅觉的感受能力与人的生理因素、心理因素及各种外界因素有关。人的内在因素，主要表现在对各种气味物质产生的灵敏度不同。某些疾病或心情好坏能影响嗅觉的感受能力。人的嗅觉很灵敏，也易产生疲劳(或称适应)，既久而不闻其香，也不辨其臭。一般来说，一般性气味 1～2 分钟就可以适应，强烈的气味经过 10 分钟也能适应。

外界因素主要决定于气味物质的种类，同时外界因素还与气味物质的浓度和环境温度、湿度有关。在一定范围内，食品的温度越高，挥发的气味物质的种类越多，气味也就越浓。周围环境温度在 37℃～38℃时，人们嗅觉感受能力最强，湿度增大也会提高嗅觉的感受力。气味物质的浓度并不是越浓越好，在有些情况下，只有浓度极低时才呈香气，浓度较高时则为臭气。

2.气味与化学结构的关系

食品的气味来自其含有的气味物质，这些物质之所以形成不同的气味是由于它们的分子结构的不同。食品中的无机化合物大多没有什么气味，仅少数物质(如硫化氢、氨气、二氧化硫、二氧化氮等气体)有强烈的刺激性气味。有机化合物中有一些能产生气味的原子或原子团，称为气味基团，一种物质有什么样的气味与这些气味基团有关，有时甚至可根据某基团的存在而预计食品的气味。常见的气味基团主要有：羟基、羰基、羧基、醚键、酯键、苯基、酰胺基等。如黄瓜香气来源于黄瓜中含有的黄瓜醇。气味基团相同，分子量高低不同，形成的气味也不同。常见的气味基团如表 8-1 所示：

表 8-1　常见的气味基团

官能团名称	羟基	羰基	羧基	醚键	酯键	苯基	酰胺基
气味基团	—OH	>C=O	—C(=O)—OH	—O—	—C(=O)—O—		—C(=O)—NH_2
有机物类别	醇、酚	醛、酮	羧、酸	醚	酯	芳香族化合物	酰胺

二、食品气味的形成途径

食品中的香气成分，有的是食物本身含有的，有的是由香气前体物质通过各种途径产生的。香气的前体物质有的本身无气味，但它们能通过各种生物化学或化学途径转化或降解成气味物质，这些物质称作香气的前体物质，简称香气前体(或前驱物)。

食品中香气产生的主要途径是：生物合成、酶直接作用、酶间接作用、高温分解作用以及通过增香剂或用其他方法赋予的。

1.生物合成

香蕉、苹果和梨等水果香气的形成，属于较典型的生物合成过程。香蕉在生长期，甚至在收割时，也不显现其特有的香气。其香气是在后熟中才逐渐显现出来的。水果未成熟时先形成较多的脂肪酸，在成熟时可还原成醇和醛，还可分解成短链脂肪酸与醇，进一步反应生成酯，使酸度下降，甜味和香气增加。这些酯、醇、醛等气味物质，都是生物自身形成的。

2.酶直接作用

酶直接作用是指单一酶与香气前体物质直接反应生成香气物质，如葱、蒜、圆葱、甘蓝等香气的形成，都属于这种作用机制。

3.酶间接作用

由于酶的作用形成一些中间物(如氧化剂)，作用于香气前体物而形成香气。红茶浓郁香气的形成，是间接酶作用的典型。儿茶酚酶氧化儿茶酚形成邻醌或对醌，醌进一步氧化红茶中的氨基酸、胡萝卜素及不饱和脂肪酸等物质，从而产生特有的香味。

4.高温分解作用

多数食品在加热过程中都会产生诱人的香气。例如花生、芝麻、咖啡、面包等植物性食物或红烧肉、红鲤鱼等。加热产生的香气，主要是发生了羰氨反应、焦糖反应。含硫氨基酸、维生素(维生素 B_1)、油脂的热分解也能生成各种特有的香气。

5.调香

虽然各种香气不可加和，但会产生遮掩作用和夺香作用。即某些香气在混合香中会互相遮掩，常说“以香遮臭”即是。所谓夺香作用，即加入少量某种香后，使香气格调发生变化。在烹饪中，对五香味或香味不足的，我们常加一些香味较浓的原料以增强香味。例如，面点中常加入薄荷精，使糕团带有清凉的薄荷香气;香蕉酥上加入香蕉精，使之带有香蕉味。在烹饪中常用辛香料来增香去腥。例如五香牛肉，就是通过辛香料与牛肉一起烹制，使这些香料中的香气成分渗入牛肉中去，再加上牛肉本身受热产生的香味，综合成为特有的五香牛肉的香味。

第二节　烹饪原料的气味

天然的动、植物烹饪原料各有其特征气味，在制作菜肴时，有些是需要保持的，有些则需要消除。

一、植物性食物的香气

1.水果的香气

水果具有较浓郁的芳香气味，一般比蔬菜浓一些。水果的香气成分比较单纯，以有机酸酯、醛类、多烯类化合物为主，其次是醇类、酮类、挥发酸等物质。各种水果的香气成分大多已确定，如苹果以己酸异戊酯为主体香，香蕉的主体香为乙酸戊酯和异戊酸异戊酯。水果的香气成分随果实的成熟度而增加，成熟度越高，香气成分越多，人工催熟的果实中香气成分不及自然成熟的含量高。

2.蔬菜的香气

蔬菜的香气一般比水果清淡，但有些也具有浓郁独特的风味，如葱、姜、蒜、香菜等。黄瓜的清香主要来自黄瓜醇；甘蓝和芦笋加热后由蛋氨酸分解生成二甲硫醚；萝卜的挥发性辛辣味主要由其含有的黑介子素分解成含硫化合物而形成；葱、韭菜、蒜等的辛辣香气主要是所含的蒜氨酸经分解还原，生成的硫化丙烯类化合物所组成；蘑菇的主体香气成分是具有强烈鲜蘑菇香的1－辛烯醇、桂皮酸甲酯；香菇的主体香气成分是具有异香的香菇精，它是多硫环状化合物，干香菇的香气较浓，是由于干香菇浸泡在水中时酶作用的结果。

气味清淡的蔬菜、水果（如西红柿、黄瓜）不宜与气味浓厚的畜肉拼盘，否则会失去清淡的特点。而西红柿鸡蛋汤，则以清爽带酸的特点成为人们喜爱的汤肴。烹制蒜苗、芹菜等气味较浓的蔬菜时，为了减少香气挥发，只要略为煸炒断生即可。

二、动物性食物的香气

1.水产品的气味

水产品都具有不同程度的腥味。生鲜鱼类的腥味一般较淡。而鱼类死后，在细菌的作用下，体内的赖氨酸通过酶的作用分解，产生的δ－氨基酸戊酸和δ－氨基酸戊醛，是河鱼具有腥臭味的主要成分。海水鱼、贝类新鲜度降低，腥味会随之增大，其主要原因是海水鱼、贝类含有较多的氧化三甲胺。氧化三甲胺无腥臭味，在新鲜度降低的同时，氧化三甲胺转变为具有腥味的三甲胺。鲜鱼肉中还含有2%的尿素，鱼体表黏液中含有蛋白质、氨基酸等，鱼肉中含有高度的不饱和脂肪酸，它们在细菌的作用下，经空气中的氧氧化，可生成氨、甲胺、硫化氢、甲硫醇、吲哚粪臭素、六氢吡啶等物质，构成不新鲜水产品强烈的腥臭味。

这些腥臭味物质均为碱性化合物，在烹调时可用食醋中和，生成醋酸盐而使腥臭味消失；烹饪中还常用黄酒来去腥，酒精是很好的挥发性溶剂，能溶解较多的异味物质，在加热时随酒精一起挥发而去除，同时醋酸与酒精反应生成乙酸乙酯还能起到增香作用；还可以采用加入辛香料去腥及用葱、姜、蒜等使醛、酮等腥味成分发生氧化反应去腥；沸点低的腥味成分（如甲硫醇等）也可在加热过程中去除。

2.畜禽肉类的气味

肉类香气是多种成分综合作用的结果。肉香气成分的前提是肉的水溶性抽出物中氨基酸、肽、核酸、糖类、脂质等。这些物质在加热时形成肉香物质，其主体成分为内酯、呋喃类化合物、吡嗪类化合物、各种羰基化合物及含硫化合物等。目前已测得牛肉中的香气成分有300多种，由各种香气物质综合作用后产生特有的牛肉香味。羊肉香气的主体成分是羰基化合物及$C_8 \sim C_{10}$的不饱和脂肪酸。羊肉的膻气主要是4－甲基辛酸和4－甲基壬酸所致。鸡肉香气的主体成分由20多种羰基化合物及甲硫醚、乙硫醚、二甲基二硫化物等物质组成。因此，鸡肉汤具有很微弱的硫化合物的气味。

3.乳的香气

新鲜的牛乳中常有一种鲜美宜人的香气，其香气成分主要有挥发性脂肪酸、羰基化合物、微量的甲硫醚。鲜奶酪的香气物质主要有挥发性脂肪酸和羰基化合物中的丁二酮、3－羟基丁酮、异戊醛等。

第三节 烹饪原料加热形成的香气及增香

烹饪原料在烹饪过程中，除了本来含于原料中的香味成分挥发出来外，多是原料中本来不具有气味的成分，如糖类、氨基酸、油脂和含硫化合物在加热时发生分解、聚合反应，形成香气物质。

一、烹饪原料加热形成的香气

蔬菜受热，都有不同量的甲醛、甲硫醇等生成，十字花科蔬菜（如甘蓝、芜菁、萝卜等）和各种植物的种子，可形成大量的二硫甲醚，葱蒜类则生成多量的丙硫醇。这些热变化产物可促进蔬菜的芳香，但有些会改变蔬菜的味感，如葱蒜类受热变甜就是生成丙硫醇所致。由于香气成分易挥发，对要保持其风味的蔬菜，不宜长时间加热。

肉类加热后能产生诱人的肉香，其香气成分极为复杂。肉香的形成主要有三个途径，一是脂类的自动氧化、水解、脱水、脱羧等，生成醛、酮、内酯类化合物。二是氨基酸、多肽等的分解和氧化反应。三是上述两种途径中的中间产物之间的二次反应。例如，鸡肉香气的主体成分主要有羰氨反应产生的20多种羰基化合物及甲硫醚、乙硫醚、二甲基二硫化物等。

粮食类（如面包）、花生、芝麻等，在焙烤中会形成一种特有的焙烤香气，其香气主要是高温下糖类、脂类和氨基化合物之间发生的羰氨反应、焦糖化作用的产物所致。此外，还有油脂和含硫化合物的分解，米饭具有清香的气味。对于新鲜的大米主要是在加热中维生素 B_2、半胱氨酸和胱氨酸反应的产物，米饭香主要成分是含硫化合物和各种羰基化合物。

二、烹饪过程中增香原理

大部分香气物质都是低分子化合物，沸点很低，易挥发，对热极敏感，受热后不稳定，易分解，大多溶于乙醇和脂肪中，微溶于水。根据这些特性，烹饪中采取适当的方法，去除原料的异味，提高和增加菜肴的香气，确保菜肴的品质。在烹饪中常用的方法有以下几种。

1.利用挥发性调香

有些调味品在常温下其香气成分能不断挥发，如香油、醋、芥末等，将这些调味品置于冷菜或热菜中，即能增加菜点的香味，尤其是汤菜，淋入香油后，香气四溢，诱人食欲。

有些调味品是在加热条件下，才能挥发出香气的。如葱丝、干辣椒面、花椒面等，将这些调料放在原料的上面，然后再用热油浇，产生浓郁的香味。

2.利用溶解性调香

烹饪中常用料酒、食醋去异增香，因为很多异味成分（三甲胺、四氢吡咯、四氢吡啶等）都能溶解在乙醇、乙酸中，在加热过程中随乙醇、乙酸一起挥发而去除。乙醇还能与某些挥发性的有机酸发生酯化反应，生成有香气的酯类，增强菜肴的香气。

有许多调味料能溶解在油脂或水中，如花椒、姜、葱、八角、辣椒等溶解在热油中，产生香气；胡椒、芥末、丁香、香叶等溶解在水中，产生强烈的香气。辣椒面、花椒油的形成就是基于上面的道理。

有的异味成分有一定的水溶性，可以用水作溶剂来去除，烹饪中常用洗涤和焯水的方法来除血污和异味。

3.利用吸附作用调香

熏制菜肴时，将糖、锯末、水果皮、香树叶等作为熏料，加热后使熏料冒烟，浓厚的烟将分散到原料的表面，少部分被原料吸附，使原料产生香气。

4.利用渗透作用调香

香气成分具有亲脂性，香气分子能被油脂吸附，当肉类原料与植物原料共烹时，香气分子能随着油脂渗透到植物原料中去，使植物原料具有肉香味；而吸附于水溶液和油脂中的蔬菜香气分子则依相反的途径渗透到肉中，使肉中具有蔬菜香味（如羊肉炖萝卜），这就是所说的“菜中有肉香，肉中有菜香”。

烹饪中提香的方法有很多，应根据原料的具体情况、烹调方法，综合应用不同的方法达到除异增香的目的，使菜肴形成独特的香气，别具一格，刺激食欲。

思考题

1.什么叫香气前体？

2.食品气味的形成途径有哪些？

3.简述蔬菜、水果、水产品、畜禽肉类的气味特点。

4.烹饪过程中常用的调香方法有哪些？

知识链接

神奇肉桂香

肉桂富含丰富的有益化合物，如香豆素、香兰素、肉桂醇等，其具有抗炎、抗菌特性，抗氧化作用，调节血糖，保护脑细胞，改善认知功能，增强专注力、学习力和记忆能力，促进心血管健康，改善消化系统等多种功能。其使用方法也是多种多样：让北欧人迷醉的肉桂卷；美国姜味面包中的生姜、肉桂、胡椒；黄金地瓜薯条上诱人的肉桂糖粉等，充分满足了人们错综复杂的丰富味觉。肉桂除了可以在菜肴中使用，还可以制作成肉桂茶、肉桂饮品或者作为调料添加到饮品中。适度摄入肉桂有益健康，但过量食用也有可能会导致其他不良反应。

第九章　食品的味

【教学目的】

通过重点内容的学习、理解和掌握，烹调时能在原料本身基本味的基础上，充分利用食品中味的相互作用，使烹制出的食品具有美好的口味。

【学习重点】

本章学习的重点内容包括基本味觉的类型，影响味觉的因素，对比、相乘、相消、转化等食品中味的相互作用。

第一节　味觉的产生

一、味觉器官

用舌来品尝食物的味道，人体这种对食物的感觉常称为味觉，也就是说，味可通过味觉的形式来感受。味觉的感觉受体是味蕾，主要分布在舌面上，特别是舌尖和舌侧缘的乳头上，会厌和咽后等处也有。味蕾是由数十个椭圆形味细胞和支持细胞组成，味觉细胞末端有纤毛，从味蕾的味孔伸出舌面，支配味蕾的神经末梢连接着味觉细胞。

水溶性物质刺激味觉细胞，使其呈兴奋状态，由味觉神经立即传入神经中枢，进入大脑皮层，产生味觉。这一过程一般在 1.5～4.0ms 内完成。

二、基本味觉

味觉可分酸、甜、苦、咸 4 种基本味觉，其他更复杂的味觉被认为是这 4 种基本味觉的混合。4 种味觉在舌的各部分敏感度不同，舌尖对甜、咸最敏感，舌的外侧对酸最敏感，舌根对苦最敏感。

衡量味的敏感性的标准是阈值，即感受到某种物质的最低浓度。表 9-1 列举了某些呈味物质的近似阈值。阈值越低，说明其感受性越高。

表 9-1　各种物质的呈味阈值

名称	味道	阈值(mol/L)
蔗糖	甜	0.03
食盐	咸	0.01
盐酸	酸	0.009
硫酸奎宁	苦	0.00008

呈味物质与味觉受体之间的相互作用机制至今还未完全清楚，研究指出，并没有专门的味蕾分别对酸、甜、苦和咸物质敏感。有人发现一个单一的味觉神经纤维可以对许多种类呈味物质的刺激发生反应。

三、影响味觉的因素

(一)生理因素的影响

人体的健康状况、年龄和性别不同，对味觉的敏感程度是不同的。如健康人味觉的灵敏度高，非健康人味觉的灵敏度低。健康状况相同的人，幼儿的味觉灵敏度最高，感受味的程度最高；青年人的味觉灵敏度较高，感受味的程度较高；老年人的味觉灵敏度较迟钝，感受味的程度最低。同等健康状况、年龄相同的人，女性对味的感受程度较高，男性对味的感受程度较低。如果人体缺乏维生素 A，那么对甜味、苦味的感觉都较迟钝。

(二)心理因素的影响

心理活动对味觉的影响最为复杂，如饮食的环境、饮食的包装、饮食的价格、服务质量的优劣、饮食的实现值与期望值、情趣的高低、印象等都可能影响人的心理，而通过人的心理活动直接影响到味觉的感受程度。如当人饥饿时，吃东西感到格外有味，而人的情绪欠佳时，山珍海味也觉无味。

(三)外界因素的影响

1.物质的水溶性

单位质量的呈味物质引起的味觉强度不仅与呈味物质的性质(包括水溶性)和分子结构有关，还受不同呈味物质之间、不同感觉受体之间的相互作用，以及刺激时间、温度、心理等因素的影响。

物质的水溶性是指呈味物质必须是水溶性的，完全不溶于水的物质是无味的。有些物质在水中的溶解度低于味觉阈值浓度也是无味的。可见一方面呈味物质必须有适度的水溶性，它的分子才能被溶液输入味孔内，另一方面由于味觉受体分布在脂质膜上，分子中还必须有脂溶性基团，才能被味觉受体接纳。水溶性大的呈味物质，产生的味觉快，消失也快。咸味的感觉响应最快，而苦味感觉慢，消失也慢。蔗糖较易溶解，因而甜味的感觉产生迅速，消失也快；而糖精相对较难溶解，因而味觉的产生较慢，味觉的持续时间也较长。

2.温度

各种呈味物质对于味觉受体的作用与进食时的温度有关，因而味觉也受温度的影响。一般随着温度的升高，呈味物质分子的运动加快，致使受体响应的速度加快，同时也增强刺激强度。但温度与味觉之间的关系有一定的限度。根据实验测定，最佳的味觉温度在10℃～40℃范围内，尤其在30℃时味觉最敏感，高于或低于此温度范围，温度对味觉的影响就迟钝了。可见，热菜或冷菜，在不同的季节，调味是有区别的。

3.味觉的相互影响

不同呈味物质先后作用于味觉或同时作用于味觉，其影响程度也很大。由于各种呈味物质之间的相互作用和各种味觉之间的相互联系，人们可在饮食活动中产生丰富多彩的味觉间相互影响的现象。

第二节　食品中味的相互作用

一、对比

把两种或两种以上不同的呈味物质以适量的浓度混合在一起，导致其中一种呈味物质的味道更加突出的现象称为味的对比。例如，在15％的蔗糖溶液中加入0.017％的食盐，结果这种混合溶液所呈现出的甜度比纯蔗糖更甜。又如，味精的鲜味只有在食盐存在的情况下才能显示出鲜美的滋味。如果不加入食盐，则毫无鲜味，这也是一种味的对比现象。如果在适合人的口味的食醋中，添加少量的食盐，可使醋的酸味更可口。

在烹饪菜肴或制作糕点时，我们常常要利用味的对比作用，首先确定主味，再选择合适的辅助调料，以协调主味。如在烹制以咸味为主的菜肴时，可以加上少许的食糖。一般加糖的数量不能超过食盐数量的一半，即加糖不加甜，这时菜肴的味道比不加糖的更适口鲜美。

二、相乘

把同一味觉的两种或两种以上不同呈味物质混合在一起，可出现使味觉猛增的现象称为味的相乘作用。例如，在研究甜味剂时，发现甘草酸铵本身甜度为蔗糖的50倍，但与蔗糖共用时，甜度可猛增到100倍。这些并不是简单的甜度加成，而是具有相乘的增强作用。又如鲜味剂中，95 克味精和 5 克肌苷酸相混合，结果所呈现的鲜味相当于 600 克味精所呈现的鲜味强度。这种鲜味强度的增加也不是简单的加和，而是相乘作用。

在烹调中为了增加菜肴的鲜味，往往是有意识或无意识地运用到味的相乘作用。如在制作某些炖煨菜肴时要用到数种以上的原料，一般是将富含核苷酸的动物性原料和富含谷氨酸的植物性原料混合在一起，这样可以大大地提高菜肴的鲜味程度。

三、相消

两种不同味觉的呈味物质以适当的浓度混合以后，可使每一种味觉比单独存在时呈现的味觉有所减弱，这种现象称为味的相消作用。在食盐、砂糖、奎宁、盐酸四种不同味觉的呈味物质之间，把其中任何两种以适当的浓度混合后，会使其中任何一种单独存在时的味觉减弱。在烹调的过程中我们往往会有这样的体会：当不慎把菜的味调过酸或过咸时，常常可以再加些适量的糖，就可使菜肴的酸味或咸味有所减弱。这就是利用糖和食盐或有机酸之间互减味觉的原理。苦味可以被甜味抑制的味觉相消现象也是人所共知的。

四、转化

由于受某一种味觉的呈味物质的影响，使得另一种呈味物质的味觉发生了改变，这种现象称为味的转化作用。例如，当尝过食盐或苦味的奎宁以后，立即饮些无味的冷开水，这样会有甜味的感觉产生。又如，非洲有一种灌木的果实叫作神秘果，这种果实食入后再吃酸的食物会产生甜的感觉，而原有的酸味消失了。这是由于果实中有一种糖蛋白，即使在百万分之二的浓度下，它也能使酸转变成持续数小时的甜味。故也把这种果实叫作奇迹果。如刚喝过中药汤，接着喝白开水，有些甜味感觉。先吃甜食，接着饮酒，酒似乎变得有点苦味。这种现象在安排宴席菜肴的先后顺序时就应注意。如先上清淡味道的菜，后上味道浓重的菜；甜食放在最后；宴席间上茶，以清洗口腔中的余味，为下一道菜的味觉享受铺垫，其实这只是为了防止发生味觉的转化作用。

根据味的转化原理，在评定与品尝菜肴的质量时，评判员往往是先用无味的白开水漱口，间歇数秒后，再进行品尝，就是为了避免在持续品尝不同的菜肴时发生味的转化作用，影响评判的正确性。

第三节　食品中的味及呈味物质

一、食品中味的种类

烹饪中很讲究味和调味，各菜系中均有自己特有的风味，每一种风味均有很多呈味物质构成的组合味，要确切把每一种味都表达出来比较困难。通常把烹饪中主要的味分成单一味和复合味。

单一味是指味觉器官所感受到的独立味，主要包括酸、咸、甜、苦、鲜、涩、辣等几种，其中味蕾上所感受到的只有甜、酸、咸、苦四种味，通常称作基本味，其他的单一味中涩味是涩味物质对舌膜的收敛作用引起的感觉；鲜味是与其他的味配合后的整齐味感；辣味是辣味物质刺激口腔、鼻腔等处引起的痛觉感受；麻味是麻味物质刺激舌膜引起的感受；碱味是氢氧根离子对口腔的刺激作用引起的。

复合味是指多种呈味物质刺激味觉器官所产生的两种或两种以上单一味的综合味感。主要的复合味感有咸鲜味、咸酸味、咸甜味、咸麻味、咸辣味、酸咸味、酸辣味、酸甜味、鲜咸味、麻辣味、甜酸味，等等；由多种单一味组成的复合味，有鲜、辣、麻、酸、咸、苦均存在而常生的怪味，如甜酸在前、咸鲜在后的荔枝味，咸鲜为主微带酸甜的茄汁味，有辣、鲜、咸、酸、甜综合后产生的鱼香味等。

二、呈味物质

1.甜味与甜味物质

甜味是构成食物风味的重要因素之一。甜味的强弱称为甜度。多数植物性和动物性的天然食物，或多或少地存在着甜味物质，它们在形成食物的特殊风味中起着一定的作用。

甜味物质的种类很多，来源分为天然和人工合成两大类。天然的甜味物质也分为两类：一类是糖及其衍生物，主要有蔗糖、麦芽糖、葡萄糖、果糖、乳糖、山梨醇、甘露糖、麦芽糖醇等；另一类是非糖甜味剂，如甘草苷、甜叶菊苷、糖精钠等。

烹饪中常用的甜味剂是食糖，有时还用饴糖、蜂蜜、转化糖浆、冰糖、糖精等。适当的甜味物质可增加菜肴的滋味，相反甜度太大，不但破坏了菜肴的滋味，还会使就餐者的食欲下降。蔗糖容易被人体吸收，引起血糖浓度的上升，当血糖达到一定值后通过神经体液反射，使食欲下降。过量摄入精制糖对人体健康也会产生不良影响。

2.咸味与咸味物质

咸味物质中，食盐，即氯化钠的咸味最纯粹。咸味物质大多数是无机盐类。咸味的受体是味细胞中的磷脂，定位基是金属离子，负离子是助味基，如氯离子等，除氯化钠外，其他盐呈苦味。

钠离子对人体生理功能有着重要的作用。钠离子在体液中有一定的平衡浓度限制，高于正常的浓度，就会影响人体的健康状况。摄入过多的盐，会增加血液中钠离子的浓度，使水分在体内储留而影响心血管系统功能，增加肾脏的负担。流行病学的调查表明，世界上所有国家和地区的高血压发病率均与食盐的摄入量有关。食盐摄入量多的地区，高血压发病率较高，相反，高血压发病率较低。

氯化钠作为基本味之一的咸味物质，应用最广泛。此外，还能起到食物风味增效剂的作用，能使食物口感好，甜味增强，咸味加入味精则咸味缓和，而味精加入微量的食盐则可增加味的鲜度。

3.苦味与苦味物质

苦味是某些食物的特征味觉。有许多无机和有机化合物具有苦味。单纯的苦味是不可口的，但人们对它却有一定的适应性。与其他一些味配合，如果调制得当，可起到丰富和改进食物风味的作用。苦味除具有调味作用外，在生理上还能对味觉感受器起刺激作用。当人们消化道功能发生障碍时，味觉就会出现衰退或减弱的现象，为了恢复味觉的正常机能，需要对味觉感受器加以强烈的刺激，苦味、涩味、辛味能起到这个作用。

苦味物质广泛存在于植物性食物中，常见的有茶叶和可可中的可可碱、茶碱，咖啡中的咖啡碱，新鲜酒花中含有的甲基苦味酸以及苦瓜和百合中的苦味等。这些苦味赋予这些食物以特有的风味，并具有一定的促进食欲的作用。

4.酸味与酸味物质

酸味是溶液中的氢离子作用于舌黏膜而引起的一种刺激。一般说来，有机酸的酸味大于无机酸的酸味。这是因为酸味受体是味蕾中的磷脂，而有机酸根，即负离子对磷脂受体表面的吸附性较强，从而减少受体表面的正电荷，降低其对质子的排斥力，有利于质子与磷脂的作用，所以有机酸的酸味强于无机酸。

酸味食物可刺激唾液的分泌，调节胃液 pH，增进人体食欲，特别在夏天，天热汗多，体内水分蒸发，体液量下降，大量饮水会冲淡胃液，引起食欲下降。这时具有酸味的食物对调节人体食欲则有着明显的作用。食物中有很多营养素还可溶解于酸味溶液中，如无机盐、钙等。水溶性维生素在有氢离子存在时，稳定性增加，不易被氧化破坏。食物中的酸味物质包括无机酸、有机酸以及酸性盐，常见的有食醋、柠檬酸、乳酸等。酸味在舌的两侧最敏感，随温度的上升而增加，所以酸味食物或饮料热时吃会感到更酸。

5.非基本味及其呈味物质

由于四种基本味觉(酸、甜、苦、咸)还不能完全描述人类对食物丰富的味感觉，加上基本味之间也有相互作用，因此，还有基本味以外的味觉，如辣味、鲜味、涩味和金属味等。

辣味包括辛味，故常称辛辣味。一般辣味物质是两亲物质，既亲水又亲油。辣味物质不仅刺激舌头上的味觉受体，还刺激咽喉、鼻腔的感觉受体，从 而产生辣味感觉。辣味物质或调料在烹饪中有除腥、解腻和增香的作用，但用量要合适，否则会抑制其他香味，适当的辣味能增加食欲，促进消化液分泌，有利于消化，但辣味过浓会刺激胃肠，引起不良效果。常见的辣味物质，如辣椒中的辣椒素，胡椒面中的胡椒碱，芥末籽中含有黑介子素和白介子素等。

鲜味是鸡、鸭、牛、猪肉类、贝肉类、鱼肉类等食物的熟制品或汤汁的鲜美味道的总称。鲜味剂的第一个商品是味精，其主要成分是谷氨酸钠。除谷氨酸钠有鲜味外，5'-肌苷酸、5'-鸟苷酸、5'-黄苷酸等也有明显的鲜味。其中肌苷酸广泛存在于肉类中，以瘦肉含量较多，所以瘦肉具有可口的鲜味，当有适量食盐存在时鲜味更强。当肌苷酸与味精同时存在时，其鲜味可增强数十倍。

尽管食物的涩味不是基本味，但它也是食物风味的品质之一。它是由强碱性离子(氢氧根离子)刺激口腔中的神经末梢的效应及黏膜上蛋白质凝固，引起的收敛、干燥的感觉，并非刺激味蕾的感觉。茶水中的涩感是茶的风味特征之一，主要由可溶性的单宁形成。红葡萄酒是同时具有涩、苦和甜味的酒精饮料，其涩味和苦味都是由多酚物质产生。由于很多人不大了解涩味的本质，故两者常被人混淆。

金属味是由金属盐引起的，如汞盐、银盐，还有铁盐、铜盐、锡盐等。金属罐装食物很容易吸收或通过离子交换得到超过阙值浓度的金属离子，而产生金属味。

思考题

1.影响味觉的因素有哪些?

2.掌握对比、相乘、相消、转化四个概念。

3.简述食品中味的种类。

4.了解各种呈味物质。

知识链接

世界上最苦的物质

已知目前人类接触到的最苦的化学物质:苯甲地那铵,又叫“苦精”。若以苦味出名的奎宁设置苦味的强度,以此作为基准为1,那么“苦精”的苦度则为1000,也是截止到目前世界上已知最苦的物质。“苦精”(苯甲地那铵)其实是在1958年,苏格兰科学家麦克法伦·斯密斯在研究麻醉剂过程中,无意中发现的。

苦精即苯甲地那铵、苯甲酸变性托宁、苯酸苄铵酰胺。其为白色结晶性粉末，熔点为163℃~170℃,有强烈苦味,无臭，极易溶于水、乙醇、乙二醇等极性溶剂,其水溶液呈中性。

可是问题来了,苦的东西谁都不喜欢,那么“苦精”又有何用处呢?自然界中大多数对人类致命或是有害的东西是苦的,而人类恰恰会排斥“苦味”使之成为一种“保护味”。但若善用这种物质,使其作为添加剂而加到一些不能吃的物质中,如工业酒精、动物驱散剂、防冻剂等;还有一些日化产品,如指甲油、洁厕剂、油漆等。另外,日本知名电子游戏和玩具厂商——“任天堂”在2017年时,推出了一款添加了此类化合物的Switch游戏卡带,主要就是为了避免小朋友误食,还有戒掉一部分游戏玩家舔卡的“怪癖”。

知识链接

无"辣"不欢，是强烈的味道还是刺痛的感觉？

甜、苦、酸、咸、鲜，这五味都是通过作用于味觉细胞上的受体蛋白，激活味觉细胞以及相连的神经通路。而辣的感觉是通过辣椒素等作用于舌头中的痛觉纤维上的受体蛋白而产生的，这条通路同时也是痛觉的传导通路。所以，辣的味道并不属于这五味之一，它是一种口感，一种辛辣的感觉。如果从神经科学的角度来说，辣更类似于痛觉。

这种痛感的罪魁祸首——辣素，是辣椒中的一种化合物，其能够刺激人体的神经末梢，引发疼痛的感觉。辣素与人体上的 TRPV1 通道相互作用，这些通道负责传递疼痛信号。当辣素进入嘴巴后，它就开始刺激这些通道，让我们不时地会有刺痛感。但是，不同的人对辣的感知和接受程度还存在差异，这与个人的痛感阈值和饮食习惯有关系。与此同时，吃辣还会引发一系列连锁的生理反应，如大汗淋漓、鼻涕涟涟等，这是因为人体为调节体内温度而做出的自然反应。其实，适度吃辣对人体健康有益，但过量可能会引发其他不适感。

当然，烹饪里还有一些其他的食材也有辣感，比如姜、蒜、芥末等，其也都含有辣素，我们可以将其称为"辛味"。那么在食辣的过程中应如何缓解呢？辣椒素易溶解于脂质溶剂中。制作辣椒油的过程其实就是把植物油当成有机溶剂，溶解辣椒中的辣椒素和其他芳香类物质。利用这个原理，富含脂肪类物质的牛奶、酸奶等其实就可以解辣，用牛奶漱口效果更佳。

第十章　食品安全

【教学目的】

通过本章学习，了解食品安全的概念、当前食品安全的主要问题、保障食品安全采取的措施；掌握食品污染的概念、种类、污染主要来源、污染产生的主要危害；了解食品添加剂的种类、安全使用量；了解食品包装材料的种类、特点、适用范围；了解转基因食品、辐照食品的安全性。

【学习重点】

食品安全的概念、食品的细菌污染、霉菌污染、化学农药残留、兽药残留、有害金属及其他微量元素对食品的污染、有害化合物对食品的污染、食品添加剂的种类及安全使用量。

食品安全(Food Safety)是人类社会中与人体健康密切相关的安全性问题，随着环境污染的加剧，化学物质的广泛使用，由食品污染造成的急性或慢性中毒事故也屡有发生。近年来世界范围内发生的二噁英事件、李斯特氏杆菌污染、可口可乐的二氧化碳污染、疯牛病、食品中的O157∶H7污染、禽流感、SARS病毒，均引起了全球性的食品恐慌。防范类似事件的发生，做好食品安全，保护人类健康，是我们急需重视并深入研究的课题。

第一节　食品安全概述

一、食品安全的定义

食品的基本要求是食品应具有安全卫生性、具有一定营养价值和良好的色、香、味等感官性状。其中食品的安全卫生是最基本的要求。

1996年世界卫生组织在《加强国家级食品安全计划指南》中把“食品安全”与“食品卫生”作为两个不同概念：“食品卫生”指“为了确保食品安全性和适用性在食物链的所有阶段必须采取的一切条件和措施”；“食品安全”被定义为“对食品按其原定用途进行制作和/或食用时不会

使消费者健康受到损害的一种担保”。《中华人民共和国食品卫生法》规定“食品应当无毒无害”“防止食品污染和有害因素对人体健康的危害，保障人民身体健康，增强人民体质”。因此食品安全是以食品卫生为基础，食品安全包括了食品卫生的基本内容。

食品安全是指食品能提供人类必需的营养物质而不产生任何急、慢性毒性或其它危害。

《食品工业基本术语》将“食品卫生（食品安全）”定义为：为防止食品在生产、收获、加工、运输、储藏、销售等各个环节被有害物质（包括物理、化学、微生物等方面）污染，使食品有益于人体健康，所采取的各项措施。

食品安全涉及所生产食品的原料，食品原料种植、养殖过程接触的物质和环境，食品制作过程添加的物质，所有直接或间接接触食品的包装材料、设施以及影响食品原有品质的环境等领域。现实生活中，食品总会有一些有害于人体健康的成分。有些有害成分是食品本身所固有的，如发芽马铃薯中的龙葵素、扁豆（四季豆）中的皂素和植物血球凝集素等，若在加工中处理不当就会引起食物中毒。更多的有害成分是食品在生产、加工、储存、运输、销售、烹调等整个过程的各个环节中被一些有毒、有害因素所污染而产生的。

二、食品安全的主要问题

原卫生部卫生监督中心提出我国食品安全的五大问题：

1.微生物引起的食源性疾病是影响食品安全的主要因素。当前食物中毒中由细菌造成的达 98.5%，由化学物质和自然毒素造成的只占 0.7%和 0.8%。

2.种植业和养殖业源头污染对食品安全的威胁。农药、兽药是主要问题，剧毒农药、高残农药，抗生素、激素等兽药，以及瘦肉精等饲料添加剂，动物疫病的威胁。

3.食品生产经营中使用不合格原料生产加工食品的问题。包括使用变质原料、添加非食用成分，如用硫黄及其他非食品防腐剂、添加剂。

4.食品工业应用新原料、新工艺带来的食品安全问题。如转基因食品、新添加剂、包装材料等。

5.环境污染对食品安全构成严重威胁。目前比较突出的如二噁英和有机氯的污染问题。

6.2021 年 4 月 29 日第十三届全国人民代表大会常务委员会第十八次会议又通过修订二次修订的《中华人民共和国食品安全法》，其详细介绍各类对食品、食品添加剂、食品相关产品、食品经营、管理规章制度。

三、食品安全管理及控制

世界各国越来越重视加强食品安全管理，竭尽全力改进食品安全，寻求并推广科学的食品安全管理方法。我国也采取了一系列的措施来解决食品安全领域的重要问题。全面贯彻食品卫生有关法规，加强食品卫生监督管理是保障食品安全最根本的措施。

我国新的食品安全法已开始正式实施，新食品安全法是为了控制和消除食品污染和食品中有害因素对人体的危害，防止食源性疾病，保证食品安全，保障公众生命安全和身体健康，促进食品产业发展。

原国家质检总局于 2002 年 7 月首先在全国对大米、小麦粉、食用植物油、酱油、食醋 5 类食品实施了食品质量安全市场准入制度，于2003年7月，国家质检总局再次对肉制品、乳制品、饮料、调味品(糖、味精)、方便面、饼干、罐头、冷冻饮品、速冻面米食品、膨化食品等10类食品，实施了食品质量安全市场准入制度。

积极推广采用科学、经济、造用的预防性食品安全质量控制体系，也是目前最有效的保障食品安全的方法。食品安全控制技术包括食品良好生产规范(GMP)、卫生标准操作程序(SSOP)、危害分析与关键控制点(HACCP)，它们对食源性疾病的发生具有有效的预防作用。

第二节　食品污染

食品在生产、加工、储存、流通和消费过程中，都有可能受到有毒有害物质的污染，进而造成食品安全问题。食品污染是指食物受到有害物质的侵袭，造成食品安全性、营养性和感官性状发生改变的过程。

按有害物质的性质不同，食品污染可分为:生物性污染、化学性污染和放射性污染三大类。

1.生物性污染:指微生物及其毒素(主要是细菌及细菌毒素、霉菌及霉菌毒素)病毒、寄生虫及其虫卵(如囊虫、绦虫、蛔虫、蛲虫、肝吸虫、肺吸虫)、昆虫造成的食品污染。我国最常见的细菌性食物中毒是沙门氏菌污染鸡蛋、肉类造成的沙门氏菌食物中毒;O157∶H7食物中毒是一种致病性大肠埃希氏菌引起的食物中毒;疯牛病是由病毒传染。寄生虫污染主要通过病人、病畜的粪便污染水源，再污染食品。食品和粮食储存时卫生条件不良，容易滋生各种害虫，如甲虫、螨虫、蚂蚁、蟑螂、蝇蛆及蛾类。

2.化学性污染:有害化学物质污染食品，危害较严重的有化学农药、有害金属、多环芳烃类如苯并(a)芘、N－亚硝基化合物等污染物。化学性污染的主要来源有:

(1)工业“三废”(废水、废气、废渣)通过水、土壤甚至空气，造成的有害元素(如铅、汞、镉、砷等)和工业化学品(二噁英、多氯联苯等)的污染。

(2)化学农药、化肥、兽药等造成的残留污染。

(3)食品容器、包装材料及其涂料所含有不稳定的有害物质，与食品接触时污染食品。

(4)食品在烹调、加工中产生的有害物如N－亚硝基化合物和杂环胺类化合物有致癌性，对人体健康危害极大。

(5)食品添加剂除少数为天然物质外，多数为人工合成的化合物，不正确使用会构成食源性危害。

3.放射性污染:食品可以吸附或吸收外来的放射线核素，引起食品污染。主要以半衰期较长的^{139}Cs和^{90}Co最具卫生学意义。

食品污染的危害主要有:

1.直接造成食源性疾病。食品中生物性污染和化学性污染能直接造成人体的食源性疾病，全国每年因为食品污染造成的食源性疾病可达数千起，典型的为食物中毒案件。

2.食品污染造成慢性危害。由于食品中生物性污染和化学性污染，可对人体造成长期的危害，如肿瘤、慢性肠炎、肝、肾损害。有些食品污染可影响婴幼儿智力发育。许多污染还会造成人类的致畸、致突变和致癌。

3.食品污染造成的经济损失。每年因食品污染造成的粮食损失，全球估计达数百亿元。

控制和防止有害物质对食品的污染，必须采取以下措施：

1.对饮食业从业人员进行经常性的食品安全卫生知识培训，使他们了解食品污染的危害，自觉地做好防止食品污染的工作。

2.根据国家食品安全有关法规，有关部门应对食品企业、饮食企业进行卫生管理与监督，对不符合卫生要求的，应找出污染源并进行及时处理。

3.加强对“三废”的管理。凡不符合排放标准的“三废”禁止排放，杜绝“三废”对食品的污染。

4.加强对食品包装材料和容器的卫生管理及食品添加剂的使用管理，防止在加工过程中造成的污染。

5.卫生检疫部门应做好肉品检验工作，严禁病死禽肉进入市场。

6.采用高效、低毒、低残留的化学农药或其他防治方法，以取代高残毒农药，严格管理和控制兽药的使用，减少它们对环境的污染和在生物体内的残留。

一、食品的生物性污染

因微生物及其毒素、病毒、寄生虫及其虫卵等对食品的污染造成的食品质量安全问题为食品的生物性污染。这里所说的微生物及其毒素，主要是细菌及细菌毒素、霉菌及霉菌毒素等。在我国由细菌及细菌毒素所造成的污染危害较大。以下我们主要介绍食品的细菌和霉菌污染。

(一)食品的细菌污染

细菌是一类具有细胞壁的单细胞生物，形体很小，结构简单，一般以 μm 表示其大小，须用显微镜放大几百倍才能看见。污染食品的细菌有致病菌、条件致病菌和非致病菌三类。致病菌污染食品后能使人致病，如伤寒杆菌、痢疾杆菌等；条件致病菌在通常条件下并不致病，当条件改变时，特别当机体抵抗力下降时，就有可能致病，如变形杆菌、大肠杆菌等；非致病菌一般不引起疾病，但它们与食品腐败有密切关系，是评价食品卫生质量的重要指标，这些细菌往往使食品出现特异的感官性状，如假单胞菌属、微球菌属等。另外，有的细菌如金黄色葡萄球菌可产生葡萄球菌毒素、肉毒杆菌可产生肉毒杆菌毒素，这些毒素毒性很强，能使人产生呕吐和神经中毒症状，严重的会致人死亡。

细菌对食品的污染通过以下几种途径：一是对食品原料的污染：食品原料品种多、来源广，细菌污染的程度因不同的品种和来源而异；二是对食品加工过程中的污染；三是在食品储存、运输、销售中对食品造成的污染。

食品的细菌污染指标：

1.细菌总数

是指每克固体或每毫升液体或每平方厘米面积上食品所含的细菌数量。因不考虑分类，只计总数，故又称为杂菌总数，以个/g、个/mL或个/cm^2表示。食品细菌总数有两方面的卫生学意义：一方面作为食品被污染程度的标志，对此我国的食品卫生标准中已经规定了“食品细菌总数”指标；另一方面可用来预测食品耐存放的程度或期限。

2.大肠菌群

大肠菌群一般都是直接或间接来自人或温血动物粪便，因大肠菌群的来源与肠道致病菌相同，在外界环境条件下生存的时间也基本一样，故大肠菌群是肠道致病菌污染食品的指示菌，大肠菌数的高低，表明粪便污染的程度，也反映了对人体健康危害性的大小。

食品中大肠菌群的数量我国是采用相当于100g或100mL或100 cm^2食品中的可能数来表示，简称大肠菌群最近似数(MPN)。

3.致病菌

我国食品中致病菌的污染主要是指能造成食品中毒的污染，即通常所说的细菌性食物中毒。在国家标准中，致病菌一般指“肠道致病菌和致病性球菌”，主要包括沙门氏菌、志贺氏菌、金黄色葡萄球菌、致病性链球菌等四种，致病菌不允许在食品中检出。

(二)食品的霉菌污染

霉菌是真菌的一部分，是菌丝体比较发达而又没有较大子实体的一部分真菌。霉菌毒素是指霉菌在其所污染食品中产生的有毒代谢产物。霉菌在自然界中分布广，种类多。目前研究发现主要产毒霉菌有曲霉菌属、青霉菌属、镰刀菌属。

霉菌和霉菌毒素污染食品后，引起的危害主要有两个方面，即霉菌引起的食品变质和霉菌产生的毒素引起人类的中毒。霉菌污染食品可使食品的食用价值降低，甚至完全不能食用，造成巨大的经济损失。据统计，全世界每年平均有2%的谷物由于霉变不能食用。霉菌毒素引起的中毒大多通过被霉菌污染的粮食、油料作物以及发酵食品等引起，而且具有地方性和季节性。

影响霉菌生长繁殖及产毒的因素是很多的，主要有食品水分、温度、营养成分、通风条件等，通过控制这些条件，可以减少霉菌和毒素对食品造成的危害。

大多数霉菌在20℃～28℃环境均能生长，最适宜温度为25℃～30℃，0℃几乎不能生长，但个别霉菌能耐受高、低温。不同食品所含的营养成分及其他成分不同，易产生的霉菌种类不同，如花生、玉米易被黄曲霉及其毒素污染；大米易被青霉菌污染；小麦、玉米易被镰刀菌及其毒素污染。

1.黄曲霉毒素

黄曲霉毒素是强致癌物质，在人体内蓄积，损害肝脏，诱发肝癌。1974年在印度西北部两个邦的200个村庄暴发急性中毒性肝炎，致使397人发病，106人死亡，经调查证实，与食用严重污染的霉变玉米有关。

黄曲霉毒素是黄曲霉和寄生曲霉中的代谢产物，是一类结构相似的化合物，其中具致癌作用的是黄曲霉毒素B_1、B_2、G_1、G_2。其耐热性强，在一般烹调温度下不被破坏，280℃时才发生裂解；不耐碱，在碱性条件下受破坏生成溶于水的盐；黄曲霉毒素不溶于水，溶于油和一些有机溶剂。

黄曲霉和寄生曲霉的代谢产物主要污染粮油及其制品，如花生、花生油、玉米、大米、棉籽。为此我国食品卫生标准（GB2761－81）中对黄曲霉毒素 B_1 方面做出了限量规定：

玉米、花生仁、花生油≤20μg/kg

玉米及花生仁制品≤20μg/kg

大米、其他食用油≤10μg/kg

其他粮食、豆类、发酵食品 ≤5μg/kg

婴儿代乳食品不得检出。

预防黄曲霉及其毒素对食品的污染措施：

（1）防霉。预防食品被黄曲霉毒素及其他霉菌毒素污染是最根本措施，可采用物理、化学等方法。

①采取减少食品所含水分的措施，如晾晒、风干、烤干或加入吸湿剂（生石灰）、密封等措施，使食品水分达到安全水分以下。如控制粮谷含水量 12%以下，花生含水量 8%以下。

②控制储藏时温度（低温，10℃）、湿度（相对湿度 70%），并定期通风。

除上述方法外，还可采用防腐剂（无毒）、杀虫剂（无毒）以及 γ 射线照射等方法。颗粒完整的谷物不易被防霉菌污染。

（2）去毒

①拣霉粒法。黄曲霉毒素常集中在破损、皱皮、变色和虫蛀的颗粒中，可将这些颗粒拣出，使谷物含毒量降低。此法适用于大颗粒的花生、玉米等。

②碾轧法。用于大米、玉米等。一般受污染的大米，米糠中毒素含量高，因此，通过碾轧去糠，是减少米中毒素的有效方法。玉米中有 54%～72%的毒素集中在谷皮及胚芽中，如碾去谷皮和取出胚芽，则可除去大部分毒素；或先将玉米用水浸泡，再碾轧去毒效果更好。

③加水搓洗法。在淘洗大米时用手搓洗，随水倾去悬浮物，如此反复 5～6 次，直致水洗液澄清为止，蒸煮熟后可除去大部分毒素。

④植物油加碱炼法。油料种子被黄曲霉毒素污染后，榨出的油中也含有一定量毒素，一般可用碱炼法去毒。因黄曲霉毒素与碱（NaOH）作用生成溶于水的钠盐，故加碱后再用水洗即可将毒除去。

2.黄变米毒素

大米在储存过程中，由于自身水分含量高，在米中所含酶的作用下生热，易使霉菌繁殖，使大米发霉呈现黄色，称为黄变米。黄变米毒素是由青霉菌属真菌产生的，对肝脏有毒害作用，致使肝脏损害、肝硬化、诱发肝癌，也会损害肾脏和中枢神经。

要预防黄变米毒素污染，应控制储藏时大米的水分含量在安全水分（12%）以下，以防止霉变。饮食企业不应使用黄变米为原料制作食物。

3.镰刀菌毒素

赤霉病是麦类、玉米被镰刀菌污染引起的一种病害，是一种世界性的禾谷类病害，在我国流行也很广，除新疆外，全国均有流行。谷物中若存在镰刀菌的有毒代谢物会引起人、畜中毒。镰刀菌繁殖的适宜温度为 16℃～24℃，相对湿度为 85%。赤霉麦呈灰红色，谷皮皱缩，并有胚芽发红等特征。镰刀菌毒素主要侵害人的中枢神经系统，可出现恶心、头晕、腹痛、呕吐、腹泻、乏力等现象。

预防镰刀菌及其毒素对食品污染的措施：首先，要做好粮食储藏中的防霉工作；其次，可采取一些方法将有毒颗粒除去，如可采用1∶18的盐水分离小麦，一般病麦粒上浮，将上浮麦除去，还可用清水或石灰水浸出去毒。

二、食品的化学性污染

(一)化学农药污染与残留

化学农药在保护农作物，确保农作物稳产、高产及控制人畜共患传染病方面起着重要作用。目前世界各国的化学农药品种有1400多种，作为基本品种使用的有40种左右，按其用途不同可分为杀虫剂、杀菌剂、除草剂、杀鼠剂、植物生长调节剂、粮食熏蒸剂等；按其化学成分不同分为有机氯类、有机磷类、有机氟类、有机硫类、有机砷类、有机汞类、氨基甲酸酯类、沙蚕毒素类、拟除虫菊酯类等；按其毒性可分为高毒、中毒、低毒3类；按杀虫效率可分为高效、中效、低效3类；按农药在植物体内残留时间的长短可分为高残留、中残留、低残留3种。

农药除了可造成人体的急性中毒外，绝大多数会对人体产生慢性危害，并且都是通过污染食品的形式造成的。农药污染食品的主要途径有以下几种：

(1)为防治农作物病虫害，使用农药喷洒作物而直接污染食用作物。

(2)来自环境的污染。使用农药喷洒作物时，大部分农药落入土壤被作物从根部吸收。部分进入空中随雨水降落于江河湖海被动植物吸收。

(3)通过食物链富集造成水产品、畜禽肉、乳类、蛋类中某些稳定性农药的蓄积。

(4)运输储存过程中为防止粮虫和为水果、蔬菜保鲜，使用杀虫剂、杀菌剂造成在食品上的药物残留。

(5)错用、乱放农药而造成的事故性污染。

对食品造成污染的农药品种主要有：

1.有机氯农药

有机氯农药作为杀虫剂为烃类、碳环或杂环化合物。主要有二氯二苯三氯乙烷(即“滴滴涕”“DDT”)、六氯环己烷(即“六六六”、“HCH”)，还包括艾氏剂、狄氏剂、氯丹、七氯、灭蚁灵、毒杀芬等。有机氯农药的特点是具有高度的化学、物理和生物学稳定性，在自然界极难分解，如“六六六”在土壤中的半衰期为2年，DDT为3～10年、氯丹为2～4年，属高残留农药。

有机氯农药脂溶性强，主要蓄积于动植物脂肪组织和谷物外壳富含蜡质的部分，在食品加工中经单纯的洗涤不能去除，长期食用被污染的食物，农药在人体内蓄积会造成慢性中毒。主要表现在侵害肝、肾及神经系统，动物实验证实有致畸、致癌作用，甚至影响生殖能力。

在我国1983年已停止生产六六六滴滴涕，1984年禁止使用。近年来主要使用有机磷农药、氨基甲酸酯类农药、沙蚕毒素类农药及拟除虫菊酯类农药等。2001年5月，联合国环境会议通过的《关于持久性有机污染物的斯德哥尔摩公约》中规定，在全世界范围内禁用或严格限用艾氏剂、狄氏剂、异狄氏剂、氯丹、七氯、灭蚁灵、毒杀芬、六氯苯、滴滴涕等9种有机氯农药。

一些有机氯农药虽已被禁用，但由于其化学性质极为稳定，成为环境污染物，从而再次在食品中形成残留。为控制这类农药残留对食品的污染，国家标准制定了其在食品中的再残留限量，见表 10-1：

表 10-1　我国规定六六六和 DDT 在食品中再残留限量标准

食物	再残留限量(mg/kg)	
	DDT	六六六
原粮	0.05	0.05
豆类	0.05	0.05
薯类	0.05	0.05
蔬菜	0.05	0.05
水果	0.05	0.05
茶叶	0.2	0.2
蛋品	0.1	0.1
肉及其制品 脂肪含量 10%以下(以原样计)	0.2	0.1
水产品	0.5	0.1
牛乳	0.02	0.02
乳制品 脂肪含量 2%以下(以原样计) 脂肪含量 2%及以上(以脂肪计)	0.01 0.5	0.01 0.5

2.有机磷农药

有机磷农药是继有机氯农药以后被广泛使用的一类农药，因品种不同毒性差异很大。目前使用的大多为高效低毒低残留的品种，如乐果、敌百虫、杀螟松、倍硫磷，还有毒性极低的马拉硫磷、双硫磷、氯硫磷等；一些高毒的有机磷农药如甲胺磷、对硫磷、甲拌磷等，禁止在蔬菜、水果、茶树上使用。

有机磷农药化学性质不稳定，在自然界极易分解，生物体内也能迅速分解而解毒，在食物中残留时间短，慢性中毒较少，对人体的危害以急性毒性为主。有机磷是神经毒物，主要抑制血液和组织中胆碱酯酶的活性，引起神经功能紊乱，出现出汗、震颤、共济失调、神经错乱、语言失常等症状。

由于有机磷农药易分解，因此在使用时严格按照合理的施药量和次数，遵守安全间隔期，运输或储存中避免接触食品，就可避免对人体造成危害；在烹饪过程中，经认真洗涤和去皮可以减少残留的农药，有机磷遇高温易分解，经充分蒸煮也可以达到食用安全的目的；粮食经碾磨加工后，农药残留也会大幅下降。

3.有机氮类农药

有机氮类农药包括氨基甲酸酯类和其他含氮有机农药，如杀虫脒、多菌灵、托布津等。

氨基甲酸酯类农药广泛用于杀虫、杀螨、杀菌、除草等方面，主要有西维因、速灭威、叶蝉散等，除草剂如敌草隆、敌稗也属于此类农药。不同氨基甲酸酯类农药急性毒性范围从剧毒到低毒甚至近于无毒，其残留毒性问题与有机磷农药相似，也是对胆碱酯酶活性有抑制作用，不过所形成的复合体易分解，中毒症状消失快，无迟发性神经毒性，因此较有机磷农药安全。

多菌灵、托布津属杀菌剂。多菌灵在哺乳动物胃内能发生亚硝化反应，形成亚硝基化合物；托布津在植物体内的代谢物质之一对人体甲状腺有致癌作用。

4.有机汞农药

有机汞农药具有高效、高残留、高毒的特性，多为杀菌剂，在土壤中的半衰期长达10～30年。我国曾使用过的主要有西力生(氯化乙基汞)和赛力散(乙酸苯汞)等。有机汞农药进入人体后，主要蓄积在肾、肝、脑等组织，很难排出。我国已于1972年禁用有机汞农药。由于土壤内的有机汞农药长期不能降解，残留物被植物吸收，人体长期食用被污染的食物，会造成头痛、失眠、噩梦等慢性中毒症状，甚至会通过母乳及胎盘影响婴儿神经系统和智力发育。

5.拟除虫菊酯类农药

人工合成拟除虫菊酯类农药是高效的广谱杀虫农药，残效较长，对鱼类毒性高。我国使用的主要品种有溴氰菊酯、杀灭菊酯，属中等毒性农药。合成拟除虫菊酯类农药在动物体内可水解、代谢，不会造成蓄积；在土壤和植物中也能迅速降解。一般在田间施用量小，在农作物残留低，因此，合理使用不会对人造成危害。拟除虫菊酯类农药吸附性强，难以用水洗脱。

6.沙蚕毒素类农药

沙蚕毒素是存在于海生环节动物异足索沙蚕体内的一种具有杀虫活性的神经毒物。我国1974年研制出杀虫双，是一种沙蚕毒素衍生物，它对水稻、小麦、玉米、果树、蔬菜等多种虫害具有防治效果，已成为我国杀虫剂的主要品种。杀虫双在空气和光照下易降解成毒性低的物质，对土壤吸附性低，吸附率仅为1.3%，在土壤中只有少量残留。

7.熏蒸剂

熏蒸剂用于防止粮食和部分干菜类、干海味、腊味食品在仓储过程中产生虫害，我国使用的主要品种有磷化氢、溴甲烷、氯化苦、二硫化碳等。熏蒸剂对人的毒性都比较大，由于易挥发，残留期短，一般不会造成过高的残留。

8.除草剂

除草剂使用广泛，主要品种有2，4－滴、除草醚、敌稗等，一般用量较小，一年只用一次，多在作物发芽出土前施用，作物吸收量少。多数除草剂对人畜急性毒性较低，但其致畸、致突变、致癌性以及代谢物和所含杂质毒性问题已引起重视。残留在土壤中的除草剂主要通过植物吸收，并进行降解和蓄积，造成对食品的污染。

食品在加工过程中经一系列处理，可使食品中残留的农药有不同程度的消减：

(1)洗涤。洗涤可除去食品表面的残留农药，热洗和烫漂处理比冷洗有效，加入洗涤剂后效果可能更佳。

(2)去壳、剥皮。大多数直接喷洒在农作物上的杀虫剂和杀菌剂，其残留物基本在作物的表皮上，经去壳、剥皮可除去部分农药残留。因此水果和果实类蔬菜最好去皮后食用。谷类在加工时去除了外壳部分，也使残留物大大减少。

(3)烹调。在烹调时通过煎、炒、蒸、煮、炸、腌等操作，可使残留农药有不同程度的消减。对稳定性强的农药，一般的烹调过程作用不大。

(二)兽药残留污染动物源性食品

在畜牧生产上使用的主要兽药有抗微生物制剂(包括抗生素和化学治疗剂)、驱寄生虫剂和激素类以及其他生长促进剂等。这些药物主要用于防止动物疾病，促进动物生长，改善饲料转化效率和提高畜禽繁殖性能等，是在动物性食品中产生残留的主要因素。

动物性食品中兽药残留的来源有：

① 为防治畜禽疾病，通过口服、注射、局部涂药等方法给动物使用的抗生素及其他化学药物，因用药不当或不遵守停药期，造成动物体内药物超过标准污染动物源性食品。

② 为预防动物疫病在饲料中加入一些药物，或以低于治疗剂量作为添加剂加入抗生素和其他化学药物(如动物促生长激素)用来促进畜、禽生长，残留在动物体内使食品受到污染。

③ 为使食物保鲜，在经济利益驱使下某些人甚至将抗生物制剂直接加到食品(如牛奶、咸鱼)中抑制微生物的生长繁殖，不可避免地造成食品污染。

④ 在食品加工过程中造成的污染。如在我国的虾加工过程中某些人使用氯霉素眼药水擦手，用来预防虾壳刺激造成手的糜烂，致使我国出口虾仁中检出氯霉素。

1.抗微生物药残留

抗微生物药包括抗生素和抗菌药物。抗生素是由微生物经过培养而得到的，对某些微生物有抑制或杀灭作用；一些化学合成的药物(如磺胺类和呋喃类)也具有抑菌和杀菌作用，属于抗菌药物。

抗微生物药主要用于防治动物传染性疾病和改进动物生产性能。曾经使用的抗生素有：①青霉素类(如青霉素、氨苄青霉素、阿莫西林等)；②头孢菌素类(如头孢氨苄)；③四环素类(如四环素、金霉素、土霉素等)；④氨基糖苷类(如链霉素、庆大霉素等)；⑤大环内酯类(如红霉素、螺旋霉素等)；⑥多肽类(如维吉尼亚霉素)；⑦氯霉素、磺胺类(如磺胺嘧啶、磺胺甲基嘧啶等)；⑧呋喃类等。

抗生素是治疗畜禽疾病常使用的兽药，有些还被添加到饲料中。如抗生素用于治疗奶牛乳腺炎在许多国家十分普遍，引起牛奶中抗生素的残留。畜牧、家禽和水产养殖生产中，曾经将金霉素和土霉素作为动物饲料药物添加剂使用，以预防动物感染性疾病和促进动物生长，这类药物在动物体内需要一定时间才能排出，如果没有按规定在休药期停药，就会造成残留量超标。近年来，在蜂蜜中抗生素残留问题也在增加。磺胺类药物常与一些抗菌增效剂共同使用，用于注射治疗动物急性细菌感染，也被添加在饲料或饮水中防治畜禽的细菌感染，它们能够被动物迅速吸收，在动物食品如肉、蛋、奶中残留；这类药物大多以原形从动物体内排出，在环境中降解慢，因此又会对环境造成污染。

抗微生物药残留对人体健康的危害主要有以下几个方面：

(1)被污染的动物食品对某些抗生素过敏体质人会引起有害的过敏反应。如氯霉素会导致人的再生障碍性贫血；链霉素可以引起药物性耳聋等。

(2)长期使用抗生素作为畜禽饲料添加剂，使某些细菌发生突变产生抗药性。当人、畜被这些致病菌感染后，使用抗生素治疗的效果大大减弱甚至失效，从而给人、畜的某些感染性疾病的预防和治疗带来困难。

(3)改变人体肠道菌群的微生态环境。长期使用含有抗生素的食品，会抑制甚至杀死肠道内的有益菌。人体肠道菌群具有抑制其他细菌生长的作用，还能产生许多对机体有益物质(如维生素 K)，这些正常菌群的缺失会造成人体生理功能紊乱导致疾病发生。

2.抗寄生虫药

抗寄生虫药包括驱虫药和抗球虫药，多用于高密度集约化养殖中。如果长期使用，会在动物的肉和内脏中残留，食用这些畜禽产品就有可能影响人体健康。如曾经常用的苯并咪唑类和硝基呋喃类驱寄生虫药剂，可持续地残留于动物肝脏内，并对动物具有潜在的致畸性和致突变性。

我国还使用某些有机磷农药(如敌百虫、敌敌畏等)、氨基甲酸酯类及拟除虫菊酯类作为驱寄生虫剂，也可能造成动物性食品的有机磷残留和其他农药残留问题。

3.激素和其他促生长药物

在养殖业中使用激素，可以促进畜禽和水产类的生长，提高饲料转化率。促进生长的激素主要有：①生长激素；②性激素(如己烯雌酚、雌二醇、丙酸睾丸素等)；③甲状腺素，类甲状腺素和抗甲状腺素；④人工合成的蛋白质同化激素。其中，性激素和甲状腺素类激素对人类危害最大，而且目前在实际中使用较多。儿童食用含有促生长激素和己烯雌酚的食品可导致性早熟，激素通过食物链进入人体还会导致生长发育障碍，出生缺陷和生育缺陷，以及内分泌相关肿瘤等。

20 世纪 90 年代，曾发生多起因食用“瘦肉精”残留量过高的猪肝导致的食物中毒。“瘦肉精”的化学名称为盐酸克仑特罗，是一种人工合成的同化激素，被用作饲料添加剂使猪肉的精瘦肉增加、脂肪减少。盐酸克仑特罗可引起心率加速，导致心律失常，引起代谢紊乱，对心脏病、高血压、糖尿病等病人危害极大，可能会加重病情，导致意外。它的化学性质较稳定，需加热到 172℃时才开始分解，在油温 260℃时破坏一般需要 5 分钟，因此普通的烹调加热方法不能将其破坏。目前我国严禁在动物的饲养过程中使用促生长激素和盐酸克仑特罗。

(三)有害金属与其他微量元素对食品的污染

食品内含有能维持人体正常生理功能所必需的金属元素，如钙、铁、钾、镁、锌等，而另外一些元素则是对人体有害的，如铅、砷、汞、镉等，在食品中不应存在。这些元素污染食品以后对人体的危险性较大，它们在环境中不能被微生物分解，通过直接蓄积在农作物上，或者经过生物富集与食物链的富集作用，转化为更强的有机金属化合物，最后对人体健康产生危害。

食品中有害金属的主要来源于三个方面：

(1)某些地区特殊自然环境中的高本底含量 。有些地区自然地质条件特殊，因为地层有毒金属的高含量而使动植物有毒金属含量高于一般地区。

(2) 由于人为的环境污染(如工业“三废”、化学农药)而造成有毒有害金属元素污染食品。

(3)食品加工、储存、运输和销售过程中使用或接触的金属机械、管道、容器，以及添加剂不纯，使食品含有有毒有害金属元素。

由于环境中普遍存在这些有害物质，而且较难除去，因此不可忽视其长期危害性，在国家食品卫生标准中都将这类指标作为强制性标准列出。

1.汞(Hg)

汞是污染食品的主要有害元素。1956 年在日本水俣湾附近的居民因食用被汞污染的水产品，发生了震惊世界的水俣病事件。汞的污染主要来自汞矿开采、冶炼和氯碱生产、造纸、塑料、电子等工业的“三废”，以及含汞农药与医药等。含汞废水灌溉直接造成植物的污染，进而使畜、禽污染;水体中的汞可以被水生生物转化为甲基汞，并通过食物链逐级提高生物体中的汞含量，因此使鱼体中的甲基汞含量比其他食物高得多。

虽然含汞农药在我国已宣布禁止生产和使用，但是之前使用的含汞农药仍可在土壤中长期残留(有机汞在土壤的半衰期为 10～30 年)，使食用作物受到污染。

食品中的无机汞吸收率很低，但有机汞的吸收率高，随食物进入人体后排泄甚慢。吸收的甲基汞随血液分布到各组织器官，以肝、肾、脑组织器官的含量最高。甲基汞中毒会导致脑和神经系统损伤，主要表现为:运动失调、语言和听力障碍、视野缩小、感觉障碍及精神紊乱，严重的会出现全身瘫痪，甚至死亡。

表 10－2　我国规定食品中汞限量标准

食品品种	指标(mg/kg)
粮食(成品)	≤0.02
薯类、蔬菜、水果	≤0.01
牛乳	≤0.01
乳制品	按牛乳计算
肉、蛋(去壳)、油	≤0.05
蛋制品	按蛋折算
鱼和其他水产品	≤0.3

2.镉(Cd)

镉的污染主要是来自冶炼、电镀、塑料、油漆、镉电池等工业的“三废”。不同的食物被镉污染的情况差异较大，一般在海产食品、动物内脏(特别是肝、肾)含量较高;植物性食品，以谷物、洋葱、豆类、萝卜等最易受污染。

长期摄入含镉食物，可引起慢性中毒，主要损害肾脏、骨骼和消化系统。1955 年神通川流域富山县境内，因上游有一炼锌厂排出含镉废水致使河水污染，当地居民长期饮用含镉的水、食用镉污染的稻米和水产品，体内蓄积了大量的镉，患上严重的“痛痛病”。该病的特征是腰背疼痛，出现蛋白尿、骨质疏松症和多发性假性骨折。

此外，国内外也有不少研究表明，镉及镉化合物对动物和人体有一定的致畸、致癌和致突变作用。

表 10－3　我国规定食品中镉限量标准　　GB15201－1994

食品品种	指标(mg/kg)
大米	≤0.2
薯类、其他谷物、豆类	≤0.05
面粉	≤0.1
肉、鱼	≤0.1
蛋类	≤0.05
蔬菜	≤0.05
水果	≤0.03

3.铅(Pb)

因为环境污染的加剧，大气中铅的含量增加，使食品中铅的污染也逐渐成为一种公害。环境中铅污染主要来自冶炼、印刷、塑料、橡胶等工业“三废”；含铅汽油中的四乙基铅随汽车尾气扩散污染到公路边的农田。此外，接触食品的用具、容器(如劣质陶瓷)、操作设备、管道以及有些食品添加剂(如加工皮蛋添加的色素黄丹粉)含铅，而造成的铅污染。

食物和饮水中的铅摄入后可被吸收10%左右，已被吸收的约90%沉积在骨骼中，当重新进入血液时可引起铅中毒，使人体神经系统、造血系统和消化系统发生病变。症状为食欲不振、口有金属味、失眠、头痛、头昏、肌肉关节痛、腹痛腹泻或便秘、贫血等。铅还损害人体的免疫系统，使抗体产生明显下降。幼儿的大脑受铅的损害要比成人敏感，可造成儿童智力低下。

表 10－4　我国规定食品中铅限量标准　　GB14935－1994

食品品种	指标(mg/kg)
粮食、薯类	≤0.4
豆类	≤0.8
牛乳	≤0.05
蔬菜、水果	≤0.2
肉、鱼、虾类	≤0.5
蛋类	≤0.2

4.砷(As)

随着工农业的发展，砷已成为食品污染的重要因素之一，尤其水生生物特别是海洋生物对砷有很强的富集能力，可富集高达3300倍。砷污染主要来源：砷矿石的广泛开采、冶炼、制造产生的“三废”；含砷农药的使用；食品加工过程中使用的原料、添加剂及包装材料含砷(如曾经有报道用工业盐酸制备的酱油中含砷量高达190mg/L)；畜牧业生产中含砷制剂的使用造成的兽药残留(如为促进动物生长和防治肠道传染，一些五价砷常常作为鸡和猪的生长促进剂添加到动物饲料中)。曾在日本发生的森永奶粉事件，就是由于奶粉中添加的稳定剂磷酸氢二钠被砷污染，以致数万名婴儿中毒，死亡多达130名。1973年日本把砷中毒列为第四公害。

砷的化合物均有毒性，如三氧化二砷(砒霜)有剧毒。砷的慢性中毒主要表现为植物神经衰弱症，皮肤色素异常(白斑或黑皮症)，皮肤过度角化和末梢神经炎症状。砷及其化合物已被确认为致癌物，诱发皮肤癌、肝癌、肺癌、膀胱癌和肾癌等疾病。

表10-5 我国规定食品中砷限量标准 GB14801-1994

食品品种	指标(mg/kg)
粮食	≤0.7
蔬菜、水果	≤0.5
牛乳	≤0.2
肉类、蛋类、淡水鱼	≤0.5

(四)有害化合物对食品的污染

1.二噁英

自1999年1月中旬起，西欧的比利时、荷兰、法国和德国等相继发生因饲料被二噁英污染，导致畜、禽产品及乳品含有高浓度二噁英的污染事件。

二噁英(dioxin)是多氯取代的平面芳烃类化合物，包括多氯代二苯并一对一二噁英(PCDD)和多氯代二苯并呋(PDCF)。二噁英是已经确定的除有机氯农药以外的环境持久性有机污染物。

二噁英无色、无嗅，沸点与熔点较高，具有亲脂性而不溶于水。二噁英在环境中热稳定性极高，在温度超过800℃时才会分解。在一般环境下，其氧化和水解的速率极低，因而可以在环境中持续存在，它的挥发性极低，在大气中在地面可以持续存在;具有亲脂性，能通过食物链富积。

自然界中产生的二噁英主要是由于环境污染造成的，继而造成食品污染。环境污染来源主要有:①含氯化学品的合成。如含氯杀虫剂的制备。我国为预防血吸虫病每年生产大量五氯酚钠用于消灭钉螺，生产过程中产生大量二噁英，造成长江流域水质严重污染。②纸浆漂白过程产生二噁英。我国小型造纸厂遍布各地，排放的废水、废渣含有的二噁英造成江河湖泊严重污染。③城市固体垃圾焚烧。聚氯乙烯塑料、医院废物、废旧家具等不完全燃烧都会产生二噁英污染物。④汽油的不完全燃烧产生二噁英，随汽车尾气排放到环境中。

由于二噁英的生物累积效应非常强，在水体中通过水生植物、浮游动植物——食草鱼——食鱼鱼、鹅、鸭等这一食物链过程，在鱼、水禽、蛋中累积;畜牧业主要由植物——草料、饲料产生的食物链，使畜禽肉类及其蛋类和乳类成为污染食品。

二噁英是一种有极强毒性的物质，其致死率极高，是氰化钾的300倍、砒霜的900倍。二噁英可以通过人体的胃肠道吸收，然后在肝脏、脂肪、皮肤或肌肉中蓄积，造成人体的免疫系统、肝脏、肾脏、骨骼、皮肤的病理损害，表现为胸腺萎缩、氯痤疮、肝毒症以及免疫性疾病等。二噁英还对人体有很强的致癌和致畸作用，是一个比黄曲霉毒素还要强200倍的致癌物质，因此世界卫生组织国际癌症研究中心将其列入一级致癌物名单。二噁英属于环境内分泌干扰物，具有生殖毒性，可使雄性动物雌性化。此外它还具有神经毒性，对儿童智力发育影响尤为严重，可损害儿童认知功能。

二噁英在人体的半衰期长达5～10年，因此，一次中毒可在体内长期存在，如果长期接触二噁英还可造成体内蓄积，产生上述危害。

2.多氯联苯(PCB)

多氯联苯与二噁英的理化性质相似，具有良好的绝缘性、阻燃性、耐腐蚀性，在工业中广泛应用。曾被作为抗燃剂、抗氧剂加在油漆中，作为软化剂加到塑料、橡胶、油墨、复写纸及包装材料中，作为特殊传热介质用于电缆、变压器、电容的绝缘体等。

多氯联苯不易降解，难溶于水，易溶于脂肪、有机溶剂，具有高度稳定性和亲油性，可通过各种途径富集在鱼类、禽、畜体内。人食用后出现皮疹、色素沉积、浮肿无力、呕吐等中毒症状。

20世纪70年代，大多数国家已经禁止多氯联苯的生产和使用，但因为这些系统的毁坏和渗漏，多氯联苯已经进入了人类生活环境。在日本发生的米糠油事件和我国台湾地区的的食用油病事件，就是由于采用多氯联苯作为无火焰加热介质，加热时产生二噁英，管道渗漏使多氯联苯和二噁英进入食用油造成污染，发生了大规模食物中毒。

3.N一亚硝基化合物

N一亚硝基化合物按其结构可分为两大类，即N一亚硝胺和N一亚硝酰胺。亚硝胺比亚硝酰胺稳定、不易分解破坏。两者都是强致癌物并有致畸作用和致突作用。

形成亚硝基化合物的前体包括硝酸盐、亚硝酸盐和可以硝化的含氮有机化合物类(其中研究较多的是二级胺——仲胺)。

(1)前体胺的来源

新鲜食品中胺的含量很低。胺类是蛋白质代谢的中间产物，当蛋白质分解成氨基酸后，再脱羧即形成相应的胺类。鱼和肉制品中的胺含量随着其新鲜程度、加工过程和储藏的变化而增加。胺在鱼类、肉类、谷类等都有较高水平的检出，特别是在发酵食品、咸鱼中含量较高。红辣椒、胡椒等香辛料及其制成的调味料中含胺量也很高。

(2)硝酸盐和亚硝酸盐的来源

硝酸盐和亚硝酸盐广泛存在于环境中，是自然界最普遍的含氮物，膳食中含有多种硝酸盐和亚硝酸盐。

人食用的蔬菜本身含有大量硝酸盐，这是由于植物能够从土壤中富集硝酸盐，硝酸盐含量较高的蔬菜有莴苣、生菜、菠菜、芹菜、茴香、韭菜、萝卜等。在蔬菜的腌制过程中，由于硝酸盐还原菌的作用，可将硝酸盐还原成亚硝酸盐，一般腌制半月左右亚硝酸盐的含量达到最高峰。此外，储藏时间长也会增加蔬菜中亚硝酸盐的含量。

硝酸盐和亚硝酸盐常被作为防腐剂和发色剂加入肉制品中，使腌鱼、腌肉、火腿、罐头食品中含有亚硝酸盐。亚硝酸盐能够与肉中肌红蛋白结合产生红色，并抑制某些腐败菌和致病菌的生长。

硝酸盐在人体内和食品中能够被还原成为亚硝酸盐，当亚硝酸盐和胺类同时存在时，在一定条件下(37℃，酸性)即可合成亚硝胺。人体内也能够合成亚硝胺，称为内源性合成。唾液中的硝酸盐可以被口腔细菌还原为亚硝酸盐。人体胃内的酸性环境也有利于亚硝胺的合成。目前认为内源性合成亚硝胺是重要的来源。

我国食品添加剂使用卫生标准规定在肉质品中硝酸盐的使用量不得超过0.5g/kg，亚硝酸盐的使用量不得超过0.15g/kg。在肉制品中的最终残留量不得超过50mg/kg，肉罐头中的最终残留量不得超过30mg/kg。

食品中亚硝胺的含量以腌制海产品如咸鱼、虾皮为最高；咸肉、腊肉、香肠、火腿次之；豆制品、酱油也很高。酸菜也是一种亚硝胺高含量的食物。霉变食品中也有亚硝胺。

N－亚硝基化合物能诱发多种动物的各种器官和组织的肿瘤，为尽量减少膳食中N－亚硝基化合物的含量可采取以下措施：

①防止食品的微生物污染。主要是霉菌对食品的污染及某些细菌的污染。

②做好食品保藏工作。对鱼、肉、蔬菜等食品应低温保存，并避免过久存放，以减少产生前体物质。

③改进食品加工及烹调方法 。尽量减少使用硝酸盐和亚硝酸盐，严格按国家标准控制其使用量；避免过长时间腌制鱼、肉。

④阻断食品中亚硝胺的生成。在食品加工过程中加入维生素C，可抑制和减少亚硝胺的合成。

在烹饪中也可加入天然原料阻断亚硝胺合成，指导合理膳食，防止在体内形成亚硝胺。可选用的天然原料有豆类及其制品(尤其大豆)、乳制品、茶、咖啡、槟榔、某些蔬菜(大蒜、大葱、萝卜、十字花科类等)、野菜、野果(猕猴桃、棘梨、沙棘等)。

4.多环芳烃类

多环芳烃是煤炭、石油及木炭等不完全燃烧或工业中利用这些燃料进行热加工处理时产生的一类化合物，目前已发现200多种，很多具有致癌性，其中苯并(a)芘是典型代表，它是一种强致癌物。苯并(a)芘由5个苯环构成，性质稳定，熔点178℃，沸点310℃～312℃，是脂溶性化合物，在烹调过程中不易被破坏。苯并(a)芘在体内吸收快，很快进入血液并分布全身，可导致皮肤癌、肺癌、胃癌及腺体癌等。

环境中的多环芳烃主要来自木材、煤和石油的燃烧，在柴油机、汽油机、炼油厂、煤焦油加工厂及沥青加工厂等所排放的废气和废水中都含有多环芳烃类化合物；森林大火、垃圾焚烧、熏制食品和吸烟烟雾也是其重要来源。

食品可被空气直接污染，也可由熏烤等加工造成污染。空气污染的大叶菜如菠菜、绿甘蓝，一般比熏肉制品中的多环芳烃物质含量还高得多。在熏制、烘烤类食品(如熏鱼、熏肉、熏豆腐干、烤肉、烤鸭或鹅)制作时，食品多直接与烟火接触，多环芳烃类物质可附着在食品表面，并可逐渐渗入食品内部；同时在烧烤过程中，油滴入火焰上，肉类脂肪燃烧和其他含碳、氢、氧化合物的热解也会产生多环芳烃；某些食品包装材料如蜡纸中的石蜡、废报纸中的油墨等含有多环芳烃类物质，用来包装食品可造成污染。

经食品检测发现，用煤、碳等烧烤的食品中，苯并(a)芘含量达50μg/kg(PPb)，若已烤煳的食品其含量可高达数百毫克以上。

预防多环芳烃类物质污染食品，应改进食品烹调加工方法，烧烤食品时应避免使食品直接接触焰火，控制温度不要高于400℃，不要离火太近，不要让油脂滴入火内。国外在熏制食品时有用熏烟装置(设有熏烟洗净剂)，可使熏制的食物内苯并(a)芘的含量平均由0.5PPb降为0.003PPb。另外，还可以选用电热远红外烤炉烘烤食品。

我国食品卫生标准规定，烧烤肉类、熏制肉类、鱼类、肠类食品中苯并(a)芘限量为5μg/kg。

5.杂环胺类化合物

杂环胺是在食品加工、烹调过程中烹调食品，由于蛋白质经高温(190℃以上)，使蛋白质食物中的色氨酸、谷氨酸等发生裂解而产生一类化合物。

杂环胺对人具有致癌性，活化后则具有致突变性。杂环胺环上的氨基在人体内代谢成N－羟基化合物，是致癌、致突变的活性物质。

鱼和肉类食品是膳食杂环胺的主要来源。杂环胺的污染程度受食品烹调方法、烹调温度和烹调时间的影响较大。因此，可采取一些措施减少杂环胺的危害：①改进烹调方法，如不要使用过高的温度烹调畜、禽肉和鱼等制品，特别是要防止烧焦，尽量少用油炸和明火烧烤方式；②在配菜时增加蔬菜、水果的用量，因为蔬菜、水果中的膳食纤维能吸附杂环胺，并降低其生物活性，而且蔬果中的很多成分能抑制和破坏其致突变性；③微波炉加热产生的杂环胺较其他方法烹调的食品杂环胺含量低，因此要多开发微波炉加工食品的方法。

三、食品的放射性污染

食品的放射性污染指食品吸附、吸收外来的放射性核素所引起的食品质量安全问题。

天然放射性物质在自然界中分布很广，它存在于矿石、土壤、天然水、大气及动植物的所有组织中，特别是鱼类、贝类等水产品对某些放射性核素有很强的富集作用，使食品中放射核素的含量可能显著地超过周围环境中存在的该核素含量。放射性物质的污染主要是通过水及土壤污染农作物、水产品、饲料等，经过生物圈进入食品，并且可通过食物链转移。

环境中人为的放射性污染主要来源于核电站和核工业废物的排放的污染、医疗及科研单位排放到环境中的废物及意外事故核泄漏造成局部性污染。

食品中的天然放射性核素主要是^{40}K和少量的^{226}Ra、^{228}Ra、^{210}Po以及天然钍和天然铀等；人为污染食品的放射性核素主要有^{131}I、^{90}Sr、^{89}Sr、^{137}Cs等。

环境和食品一旦被半衰期长的放射性物质污染后很难清除，放射性污染物对体内各种组织、器官和细胞产生的低剂量长期内照射效应。对人体危害主要表现为对免疫系统、生殖系统的损伤和致癌、致畸、致突变作用。

随着放射性核物质的应用越来越普遍，食品受到放射性污染的危险性增大，因此在食品安全上将愈加重要，应加强对污染源的卫生防护和经常性卫生监督以控制食品放射性污染。

第三节　食品添加剂的使用安全

食品添加剂是指为改善食品品质和色、香、味以及为防腐和加工工艺的需要而加入食品中的化学合成或者天然物质。

食品添加剂的种类很多，按来源不同可分为两大类，即天然食品添加剂和化学合成食品添加剂，后者又可分为一般化学合成品与人工合成天然类似物两类。按用途不同，我国将食品添加剂大致分为22类。主要包括：为增强食品营养价值而加入的营养强化剂；为保持食品新鲜，防止变质而加入的防腐剂、抗氧化剂；为改良食品品质(包括感官性状)加入的色素、香料(香精)、漂白剂、增味剂、甜味剂、疏松剂等；以及作为生产辅助材料的，如碱、盐类、载体溶剂等。

目前使用的食品添加剂绝大部分是化学合成食品添加剂，它们在分子结构上与天然物质没有差别，但由于它们是用化学方法生产出来的，其纯度达不到100%，会含有某些不纯杂质，其中有些具有潜在危害性。如果不按一定标准要求采用甚至滥用化学合成食品添加剂，就会造成人体食物中毒。如1955年在日本发生的万名婴儿食物中毒事件，其中130名婴儿死亡，就是由于食用添加混有砷的磷酸盐奶粉造成的。

食品添加剂有助于加工、改善食品品质，如果合理使用一般对人体无害，但若长期大量摄入则可能产生一定的毒害作用，因此其安全性不容忽视。一般来说天然食品添加剂比化学合成的添加剂更安全一点，但事实上，某些天然添加剂的毒性远较合成添加剂大。在使用食品添加剂时，应是经国家卫生部门鉴定并批准使用的，并在规定的适用范围内应用，食品添加剂一般无害。

我国《食品添加剂卫生管理办法》规定，“鉴于有些食品添加剂有毒性，应尽可能不用或少用，必须使用时，应严格控制使用范围和使用量”。食品添加剂在使用时应注意以下原则：

(1)食品添加剂的使用应在于保持和改进食品营养质量，而不得破坏和降低营养质量。

(2)不得以掩盖食品腐败变质或伪造、掺假为目的而使用食品添加剂，不得使用变质的食品添加剂。

(3)使用添加剂在于减少消耗、改进储存条件、简化工艺，而不能因使用添加剂降低良好的加工措施和卫生要求。

(4)婴儿食品不得使用人工甜味剂、色素、香精等不适宜的食品添加剂。

(5)应注意食品添加剂的使用方法，在加工过程中若使用不当，也可能产生一些不良变化。

以下我们主要对与烹饪有关的食品添加剂的用途和毒性作介绍。

一、防腐剂

防腐剂是为防止食品或其原料腐败变质而加入的食品添加剂，具有抑制微生物生长或杀灭微生物的作用。食品中添加的化学防腐剂价格低廉、使用方便，在规定使用的范围内和剂量下一般无毒。防腐剂只能对一定量的微生物产生抑制作用，因此在使用防腐剂的同时，也要注意良好的卫生条件及原料的新鲜度，不应加大防腐剂使用量来降低原料的新鲜度及卫生条件。

目前使用较多的防腐剂主要有苯甲酸和苯甲酸钠、山梨酸和山梨酸钾。

(一)苯甲酸和苯甲酸钠

苯甲酸为白色片状或针状结晶，性质稳定，有吸湿性，溶于热水、乙醇、油，杀菌最佳pH值为2.5～4.0。苯甲酸难溶于常温水，因此在水相食品中大多使用苯甲酸钠。

苯甲酸钠为白色颗粒或结晶性粉末，极易溶于水，溶于乙醇，对细菌、霉菌和酵母菌的抑菌活力很强，是我国目前最常用的食品防腐剂。在pH值为3.5、浓度为0.05%时可完全抑制酵母菌。一般pH越低，效果越好。需注意的是，在使用时不要与酸性物质同时溶解，否则会产生絮状沉淀。

苯甲酸钠的急性毒性较弱，但在胃的酸性条件下可转化为苯甲酸。苯甲酸的急性毒性较强，慢性毒性很低，可在人体完全降解排出体外，不在人体蓄积。研究表明，苯甲酸无致畸、致癌、致突变作用。

(二)山梨酸和山梨酸钾

山梨酸为无色针状结晶或白色结晶性粉末，难溶于水，溶于乙醇、花生油。在空气中易吸湿而氧化分解。山梨酸为酸性防腐剂，在0.1%浓度时对酵母、霉菌有效，pH为4.5以下时对乳酸菌、杆菌效果最佳。

山梨酸是不饱和脂肪酸，可参加人体正常代谢，最后分解为二氧化碳和水排出体外。山梨酸被认为是基本无毒的，使用时要注意在溶解过程中不要接触铜、铁器具，可先将其溶解在乙醇中，再加入食品中。

山梨酸钾为白色或浅黄色结晶状粉末，易溶于水，对腐败菌、酵母和霉菌有较强的抑制作用，但对细菌较弱。山梨酸钾比山梨酸水溶性好，使用方便，因此多被采用。

苯甲酸及其钠盐、山梨酸及其钾盐均为酸性防腐剂，食品的pH值对其防腐效果影响较大，一般pH越低，防腐效果越好。在不影响食品品质范围内，适当调低食品的pH值，可显著增强防腐效果。在我国食品添加剂使用标准中规定其最大使用量：用于碳酸饮料，最大使用量为0.2g/kg；用于酱菜、酱类，最大使用量为0.5g/kg；用于酱油、食醋、果酱类、罐头的最大使用量为1g/kg。

二、发色剂

发色剂是一类本身没有颜色的化学物质，但当加入食品后与其中的某些成分作用而产生鲜艳的红色，以达到改善色泽，调整感官指标的效果。发色剂常用于肉及肉制品中，主要有硝酸钠和亚硝酸钠。

（一）硝酸钠

硝酸钠为无色透明结晶或白色结晶性粉末，可稍带颜色，味咸，微苦，易溶于水(90g/100mL)，水溶液呈中性。

硝酸钠在食品中经亚硝化菌的作用可还原成亚硝酸钠，亚硝酸钠与肉制品中血红蛋白、肌红蛋白结合生成亚硝基血红蛋白或亚硝基肌红蛋白，在加热时可形成稳定的红色，使肉色美观并可产生腊肉的特殊风味。

因硝酸钠需转变成亚硝酸钠才能起作用，为降低亚硝酸盐在食品中的残留量，我国已规定不再将硝酸钠直接用于肉类罐头，用于肉类制品中的最大使用量为0.5g/kg。

（二）亚硝酸钠

亚硝酸钠为白色至淡黄色结晶性粉末或颗粒，味微咸，在空气中易吸湿，且能缓慢吸收空气中的氧变为硝酸钠。室温100mL水可溶解66g，沸水可溶解166g。

亚硝酸钠是食品添加剂中毒性最强的物质之一。摄入后可与人体血液中红细胞的血红蛋白结合形成高铁血红蛋白，使血红蛋白失去携氧功能，导致组织缺氧，严重时可窒息而死。对人的致死量为4～6g/kg体重。在正常使用量下，亚硝酸钠不会引起急性中毒，但其在食品中能转化成强致癌物亚硝胺。

我国规定亚硝酸钠用于肉类罐头和肉类制品的最大使用量为0.15g/kg。

三、甜味剂

甜味剂是能赋予食品甜味的食品添加剂。按来源分为天然甜味剂和合成甜味剂两大类。天然甜味剂又分为糖和糖的衍生物及非糖天然甜味剂两类，通常所说的甜味剂是指人工合成的非营养甜味剂（如糖精钠、甜蜜素）、糖醇类甜味剂（如麦芽糖醇、木糖醇）和非糖天然甜味剂（如甜叶菊糖苷）三类。

（一）糖精钠

糖精钠为无色至白色结晶或结晶性粉末，无臭，稍有苦味，甜度约为蔗糖的500倍。耐热、耐碱性差，酸性条件下，水溶液长时间加热甜味消失。

糖精钠在人体内不分解，可直接排出体外。其急性毒性不强，对其致癌性长期以来一直有争议，大量研究表明糖精钠是不致癌的，但也有一些致癌报道。我国关于糖精钠的毒性问题也进行了大量的论证，我国原卫生部于1998年关于此事再次正式确认其使用的安全性，允许使用糖精钠，但在婴儿食品中不允许使用。我国允许用于酱菜类、调味酱汁、浓缩果汁、蜜饯类、冷饮类、配制酒、糕点等的最大使用量为0.15g/kg。

（二）甜蜜素

甜蜜素又名环己基氨基磺酸钠，为白色结晶或结晶性粉末，无臭，甜度为蔗糖的30～50倍，对热、酸、碱稳定。甜蜜素的急性毒性不强，其致癌性有一定争议，目前多个国家承认其安全性，研究表明甜蜜素在生物体内可转化成毒性强的环己基胺，有致癌性。我国允许使用于酱菜、调味酱汁、配制酒、糕点、饼干、面包、冷食、饮料等，最大使用量为0.65g/kg。

（三）甜叶菊糖苷

甜叶菊糖苷也称甜菊糖，是从距科草本植物甜叶菊叶子中提取出来的一种糖苷。甜叶菊糖苷味极甜，似蔗糖，略带后涩味，甜度约为蔗糖的200倍。它的热值仅为蔗糖的1/300，适于制作肥胖症、糖尿病、心血管病患者食用的保健食品。我国《食品添加剂使用卫生标准》中规定甜菊糖可用于糖果、糕点、饮料中。甜菊糖与蔗糖混用，可提高其甜度，改善口味。用20g甜菊糖代替3.2kg蔗糖制作面包，其外形、色泽、松软度均佳，且口感良好。

四、着色剂

着色剂及食用色素，是使食品直接着色，以改善食品感官色泽的呈色物质。分为天然色素（如焦糖色、天然β—胡萝卜素、姜黄色素、红曲米等）和合成色素（如苋菜红、胭脂红、柠檬黄、靓蓝、日落黄、亮蓝等）。

一般天然色素对人安全，色泽自然，有些还具有营养价值或药理作用，但稳定性一般不强；人工合成色素着色力强且稳定、价格低、色泽鲜艳、溶于水、使用方便，但有一定毒性，使用时应严格按照标准规定添加。婴幼儿食品不得使用合成色素。

五、食用香料

香料是用以改善或增强食品香气的食品添加剂。按来源不同可分为天然香料、天然等同香料和人造香料。香精是由各种香料和辅料（包括载体、溶剂、添加剂）调和而成，用于食品调香或增香的物质。

天然香料是从芳香原料中用物理方法分离出的呈香材料，如甜橙油、桂花浸膏等；天然等同香料是用合成的方法模拟呈香物质制作的合成品和单离成分（天然物中分离的纯品），如香兰素；人造香料是在天然制品中不存在，完全由人工合成的香料，如乙基麦芽酚。

天然香料中能提供食品调味的植物叫香辛料，如八角、茴香、花椒、薄荷、桂皮、橙皮、丁香等。从芳香植物中提取的天然香料有精油、浸膏、酊剂等制品。

香料尤其是一些天然香料在食品中使用广泛，人们在使用时往往容易忽视其安全问题，而事实上，所使用的香料大多没有经过全面的毒性试验。许多证据表明过多摄入后会产生不良后果，因此应严格控制其使用量。

第四节 食品包装材料、容器的使用安全

食品在加工过程中的生物性、化学性已经引起人们的广泛重视，还有一些污染是来自食品包装材料、容器以及涂料等，如塑料制品、橡胶制品、接触食品的涂料、油墨等，如果这些材料质量不良或选用不当，使其中的某些原料成分、单体、助剂等溶入食品，也会对人体健康造成危害，带来食品安全问题。

一、塑料容器和塑料包装材料的使用安全

塑料是以合成树脂的单体为主要原料，再加入某些增塑剂、稳定剂、抗氧化剂、色素等助剂制成的一种高分子聚合物。塑料制品的主要安全问题是某些单体、聚合过程中添加的助剂及裂解产物对人体构成的危害，此外塑料包装容器的无菌程度对食品的卫生质量也会有影响。

国家规定凡生产塑料食具、容器、包装材料及其原材料的单位，必须经食品卫生监督机构认可后方能生产，且不得同时生产有毒化学物品。凡生产塑料食具、容器、包装材料使用的助剂应符合食品容器、包装材料用助剂使用卫生标准，不得利用回收塑料加工食品用塑料制品。

(一)聚乙烯(PE)

聚乙烯是乙烯($CH_2=CH_2$)的聚合物，化学性质稳定，耐腐蚀、不透明，一般无毒或低毒。其分为高密度聚乙烯和低密度聚乙烯两种。低密度聚乙烯质地柔软，大多用来制成薄膜、食品袋；高密度聚乙烯质地较硬，可制成成型容器如塑料桶。

聚乙烯塑料容器不宜用来盛油脂或含油脂高的食品，因其含有乙烯低聚体，易溶于油脂，如长期接触油脂可将其低分子聚乙烯溶出，使食品产生蜡味。聚乙烯包装袋不耐热，盛装刚出锅的食物(油条、包子、油饼等)易露底，也不宜用于需高温消毒的食品。

(二)聚丙烯(PP)

聚丙烯是以丙烯($CH_2=CH_2—CH_3$)为主体的聚合物。具有耐热性(100℃以上)，能高温消毒，耐油脂，透明度好，耐一般酸碱，耐受曲折，透气性小。广泛应用于食品包装。聚丙烯可燃烧，其火焰尖端略带黄色，底部呈蓝色，有类似石蜡燃烧时的臭味。

其缺点是耐低温差，易老化，所以要添加抗氧化剂、抗老化剂，要求添加剂稳定无毒；长期储存油类和油脂会发生溶胀和软化；与铜制品接触会发生老化；热封性差，主要制成各种食具。

以上两种塑料组成中C∶H为1∶2，燃烧时不冒烟，而且比重小（15％NaCl溶液上浮），可以此与其他塑料相鉴别。

（三）聚苯乙烯（PS）

聚苯乙烯无色透明、质轻、较脆、无弹性，在常温下对油脂不稳定，不耐热，75℃～80℃则变形。聚苯乙烯除含有苯乙烯单体外，还含有甲苯、乙苯、异丙苯等挥发性物质，这些成分都有一定毒性。用聚苯乙烯塑料制成的容器盛装奶、肉汁、糖液、酱油等，在常温下放置24h可产生异味。所以不适宜用作食具，一般用作透明小餐盒或食品包装袋用覆盖薄膜。

聚苯乙烯加入发泡剂可制成发泡聚苯乙烯，用于加工一次性餐盒，不仅造成白色污染，而且用来盛装60℃以上的食物会产生有害物污染食物，所以现在餐饮业用植物纤维纸制品代替发泡聚苯乙烯作一次性餐具。

聚苯乙烯比重较大，燃烧时冒黑烟，可与前面两者相区别。

（四）聚氯乙烯（PVC）

聚氯乙烯是氯乙烯（$CH_2=CH_2—Cl$）单体的聚合物，具有透明、有光泽、透气性小、防潮、耐油性和加工性好等优点。

聚氯乙烯的卫生安全性在于其聚合体无毒，但加工时需要添加的稳定剂和增塑剂等辅料具有一些毒性，另外当其接触含油食品或遇较高温度时，氯乙烯单体会溶出。资料表明氯乙烯单体对人具有致癌性和致畸性，因此这种塑料不能直接接触食品，可与其他材料制成复合包装材料用于食品包装。

聚氯乙烯比重较前几种大，鉴别时可用比重法相区别。

（五）聚酯（PET）

聚酯具有无毒、耐油脂特点，透明度高，光泽性好。能在较宽的温度范围内保持优良的物理机械性能，正常使用的温度范围为－70℃～120℃。聚酯薄膜因其具有良好的强度和耐油性，可用于禽肉类包装。聚酯具有很高的阻隔性，聚酯瓶被大量用于饮料和植物油包装。

聚酯卫生安全性好，符合食品包装要求，故被广泛用于食品包装。

二、其他容器和包装材料的使用安全

（一）橡胶

橡胶可分为天然橡胶和合成橡胶两种。主要用于制作瓶盖垫圈、罐盖、高压锅密封圈及食品生产用橡胶管等。

天然橡胶一般无毒。橡胶制品的主要卫生安全问题是加工过程中所使用的各种助剂、添加剂，以及裂解产物，在使用过程中可迁移到食品中造成污染。如在橡胶制品中使用的防老剂——乙苯基β－萘胺能引起膀胱癌，我国已明令禁止使用；使用的填充剂——炭黑，常含有苯并（a）芘致癌物。

用来包装食品的橡胶制品，要求采用无毒或低毒的原料，所用助剂必须符合我国食品容器、包装材料用助剂使用卫生标准。

（二）包装纸

接触食品的包装纸是食品专用纸，不能用其他纸代替。因为一些普通包装用纸，生产原料不洁、霉变，使纸制品常带有大量细菌和霉菌；有些为增加纸张的洁白度而使用对人体有害的荧光增白剂，所含荧光物质大都具有致癌性。这些有害物会污染食品。此外，制造蜡纸所用的石蜡应是食用级石蜡，不得使用工业级石蜡，以防多环芳烃等致癌物的污染。印刷包装材料的油墨、颜料均应符合卫生要求，包装食品时油墨、颜料的印刷面不得直接与食品接触。

国家卫生标准规定食品包装用纸必须符合：铅≤5mg/kg、砷≤1mg/kg，不得检出荧光物质和致病菌，大肠杆菌不超过 30 个/100g。

（三）陶瓷制品

陶瓷制品多在坯底涂上陶釉、瓷釉、彩釉等经烧结制成。釉中尤其是彩釉大多为金属盐类，主要含有铅、镉等有毒物质。彩釉分为釉上彩、颜色釉和釉下彩，其中后两种都被经高温烧制的釉层所覆盖，色彩中的有害物质不易溶出，所以一般不会对人体健康产生影响；而釉上彩是在釉层上面上色，彩料中的有害金属易溶出危害人体健康。尤其是陶瓷容器在盛装酸性食品和酒时，易使铅、镉等金属溶入食品中造成污染。

（四）金属制品

1.铝制食具容器

铝在空气中表面会形成一层致密的氧化铝膜，有一定的抗腐蚀能力，用作炊具、食具一般是安全的。但若长期使用铝制品盛放盐、碱、酸类食物，容易使其表面的氧化铝保护膜受到腐蚀和破坏，铝制容器表面变黑，部分铝进入食品使人增加铝的摄入量，对人体造成危害。研究发现，铝是老年性痴呆症的主要致病因素之一。

2.铁制炊具

铁极易氧化，其氧化产物为氧化铁和四氧化三铁（铁锈），但其氧化物的毒性极低。铁的氧化物渗入食品会使食品略带黄褐色并产生不愉快的铁锈味，因此用铁锅盛装食品时间不宜过长。

马口铁罐内壁的镀锡层在硝酸盐或亚硝酸盐的作用下可缓慢溶解，称“溶出锡”。大量的“溶出锡”会引起中毒，少量的可使食品中的天然色素变色。盛装高酸性食品会造成液汁浑浊、沉淀，并产生金属罐臭。肉类罐头中蛋白质含量高，蛋白质中高硫成分与罐壁接触可产生黑色金属硫化物。因此，当罐头内容物被污染产生浑浊、变黑、有金属罐臭等，则不能食用。

3.不锈钢食具容器

不锈钢具有很强的抗腐蚀能力，是较合乎食品卫生要求的材料，广泛用作食具、容器、炊具和厨房设备。

(五)涂料

为了防止食品容器受到食品腐蚀，往往在内壁涂有涂层，其中常见于罐头。罐头内壁涂料主要成分是环氧树脂，而生产这种涂料时，为使其化学性质稳定，多加入胺类固化剂。目前对各种化工原料如树脂、稳定剂、固化剂的毒性还不够了解，而这些涂料的渗出或脱落，有可能造成食品的污染。因此，使用时要加以注意。

第五节　转基因食品及辐照食品的安全性

食品工业新技术给食品供应带来很大的益处，同时也带来了质量安全问题，如辐射食品、转基因食品、真空包装食品等。这些食品工业的新技术多数采用生物以及其他的生产技术。采用这些技术生产加工出来的食品对人体有什么影响，需要一个认识过程，不断发展的新技术也会不断带来新的食品安全问题。

一、转基因食品的安全

转基因食品是指采用转基因技术开发的食品或食品添加剂，它是通过一定的遗传学技术将有利的基因转移到另外的微生物、植物或动物细胞内而使它们获得有利特性，如增强动植物的抗病虫害能力、提高营养成分等。由此可增加食品的种类、提高产量、改进营养成分的构成、延长货架期等。这样产生的新的动植物或微生物，称为基因修饰生物体(GMO)。通俗地说，就是将植物、动物或微生物的基因从细胞中取出并插入另外的生物细胞中去，以获得某些有利特性，由这些生物制成的食品或食品添加剂就是转基因食品。

目前与食品有关的国际或国家的组织如联合国粮农组织(FAO)、世界卫生组织(WHO)都对此高度重视。目前转基因食品已被很多实验证明是安全的。目前已有美国、日本、加拿大、欧盟等10余个国家和地区同意转基因食品上市。

(一)转基因食品给人类带来的益处

1.改善农业品质。如增加农作物产量、增强耐热或耐寒冷的能力、抗干旱能力、耐受盐碱地的能力。

2.改进农作物的抵抗力。如增强动植物的抗病虫害能力、增强农作物耐受除草剂的能力。

3.改进农作物的营养成分。如增加豆类、谷物蛋白质中所缺少的必需氨基酸的含量，使之能被人体完全吸收;增加产油植物重油的含量或改进其组成成分(减少饱和脂肪酸的含量)。

4.改变食物的外观、味道和口感。

5.延长食品的货架期。如延熟西红柿。这种转基因西红柿可以抵抗软化和微生物感染，采摘后仍然保持青色，这样就可以保持较长货架期，在需要销售时用乙烯催熟使其变红。

目前国际上美国的农产品转基因食品最多，大约是 65%，其大豆都是转基因的，由于这类产品价格低，大概要比国产的大豆低 30%，另外它的出油率高，所以它的产品受欢迎。

(二)转基因食品存在的潜在食品安全问题

从食品安全性角度上看，转基因食品有以下几个问题：

1.引起食品过敏症。转基因食品中所引入的蛋白质，有可能引起食品过敏，特别是儿童和过敏体质的成人。

2.标记基因传递。在某些情况下抗药性标记基因有可能传递给人畜肠道微生物，从而影响口服抗生素的药效。

3.影响人肠道的微生态环境。转基因食品中的标记基因有可能传递给人肠道正常微生物群，通过菌群影响消化道的正常功能。

4.含有天然毒素或含量增高。如芥酸、黄豆毒素、番茄毒素、棉酚、龙葵素、甾醇、组胺等。

目前，某些国家拒绝转基因食品。科学家除了担心转基因作物对人体健康的影响之外，还担心它对环境有影响。

1.使传统的物种改变，造成物种变异。

2.使环境中的生态平衡改变。

3.对人体的遗传基因造成危害。

欧盟、日本、加拿大、澳大利亚等国家要求在销售转基因食品时必须在标签上予以标明，使消费者有知情权，能够自愿选择转基因食品。我国农业部也规定，转基因食品要有标记。

国际科学联合会理事会代表 100 个科学研究所，包括美国国家科学院和英国皇家学会，经过对各种转基因作物进行调查，然后综合所有证据，寻找共同点并得出报告。该报告指出：(1)转基因食品可安全食用，自 1995 年投入市场以来尚无不良后果报道。但报告提出警告："这并不保证随着越来越多的食品经过改造具备新的特点之后不会遇到危险。"(2)尽管随着花粉传播转基因食品将改变环境，但目前尚无证据表明已有的转基因品种已经造成危害。不过，关于转基因食品对环境的长期影响问题，科学家们分歧较大。随着转基因品种越来越多，今后尚需进行更有力的安全性测试。

二、辐照食品的安全

食品辐照处理技术是利用放射性同位素产生的 β 射线或 γ 射线照射食品，灭菌、杀虫、抑制鲜活食品的生命活动，达到防霉、防腐、延长食品保藏期的目的。研究表明，食品的辐照保藏技术不但不会对人体健康有危害，而且比其他许多传统的食品保藏方法更安全可靠。它能有效杀灭寄附在食品上的病原体，使食品变得更安全卫生。食品的辐照技术有以下特点：

1.不会留下残留和污染。辐照技术是采用物理方法，不加任何添加剂和化学药品，因此无药物残留，也无射线残留，不会对食品和环境造成任何污染。

2.保持了食品原有的色、香、味。食品的辐照加工可在低温和冷冻温度下进行，加工过程中不会引起食品内部温度的增加。

3.可达到多种加工目的。通过控制辐照剂量可以进行巴士杀菌、抑制蔬菜发芽、水果保鲜及对熟肉制品杀菌等。

4.可用于各种形态的食品及包装后的食品。

辐照处理技术操作方便，成本相对较低，对于其卫生安全性人们经过了反复研究试验。1980年联合国粮农组织(FAO)、世界卫生组织(WHO)、国际原子能机构(IAEA)联合专家委员会在关于辐照食品卫生会议上指出:任何商品食物辐照总平均剂量高达10KGy水平时，不具有毒理学上的危害性，也不需进行毒理学检查。用10KGy剂量辐照过的食品不会引起特殊的营养或卫生问题。

美国FDA于1997年12月批准了各种红肉类食品用辐照灭菌的工艺。我国也颁发了《辐照食品卫生管理办法》等规定。目前，我国发布的辐照食品国家标准涉及辐照熟禽肉类、辐照花粉、辐照干果果脯类、辐照香辛料类、辐照新鲜水果蔬菜类、辐照猪肉、辐照冷冻包装畜禽肉类、辐照豆类谷类及其制品、辐照薯干酒等共11类食品，规定平均吸收剂量最高不超过10KGy。

思考题

1.什么是食品安全？当前食品安全的主要问题有哪些？

2.什么是食品污染？食品污染分为哪几类？食品污染造成的危害有哪些？

3.为了控制和防止有害物质污染食品，应该采取哪些有效措施？

4.黄曲霉菌毒素主要产生在哪些食品中？对人体有什么危害？应怎样预防？

5.对食品造成污染的农药主要有哪几种？如何减少残留化学农药对人体的危害？

6.动物性食品中兽药残留的来源有哪些？残留的兽药主要有哪几类？

7.污染食品的有害金属及微量元素有哪些？对人体有哪些主要危害？

8.什么是二噁英？二噁英对人体会造成哪些危害？其污染来源是什么？

9.N－亚硝基化合物对人体有何危害？减少膳食中N－亚硝基化合物的含量可采取哪些措施？

10.烧烤为什么会造成食品污染？怎样减少多环芳烃对食品的污染？

11.常用的食品添加剂有哪些？它们的安全使用量各为多少？硝酸钠、亚硝酸钠在腌肉制品中起什么作用？对人体有哪些危害？

12.塑料包装材料有哪些？各适用于包装哪类食品？如何安全使用？

13.什么叫转基因食品？

14.食品的辐照技术有哪些特点？

第六节　食品的腐败变质与食源性疾病

食品腐败变质一般是指食品在一定的环境因素影响下，由微生物作用而发生的食品成分与感官性状的一系列变化。引起食品腐败变质的微生物包括细菌、酵母和霉菌，微生物可产生分解食品中特定成分的酶，使食品原有化学成分发生变化，降低或失去食品的营养价值，甚至产生有毒物质，造成食源性疾病。食品腐败会直接影响食品的安全性，引起腐败变质细菌的条件往往与那些引起食物中毒的细菌的繁殖条件相同。饮食企业需要采取微生物操作以抑制或消除能引起腐败变质和有毒有害微生物的生长繁殖。

一、食品腐败变质的原因

食品的腐败变质原因很多，一般与食品本身的组成和性质、环境因素的影响和微生物污染三方面相关。

(一)食品的组成和性质

1.食品的组成

动植物食品中含有丰富的营养成分和水分，当微生物污染食品后很容易迅速生长繁殖造成食品的变质。因食品中的成分不同，各种微生物分解各类营养物质的能力不同，导致引起不同食品腐败的微生物类群也不同，如肉、鱼等富含蛋白质的食品，容易受到对蛋白质分解能力很强的变形杆菌、青霉等微生物的污染而发生腐败；米饭等含糖类较高的食品，易受到曲霉属、根霉属、乳酸菌、啤酒酵母等对碳水化合物分解能力强的微生物的污染而变质；而脂肪含量较高的食品，易受到黄曲霉和假单孢杆菌等分解脂肪能力很强的微生物的污染而发生酸败变质。

2.食品的 pH 值

各类微生物都有其最适宜的 pH 范围，因此食品 pH 值高低是制约微生物生长、影响食品腐败变质的重要因素之一。大多数细菌最适生长的 pH 值是 7.0 左右，酵母菌和霉菌生长的 pH 值范围较宽，因而非酸性食品适合于大多数细菌及酵母菌、霉菌的生长；细菌生长下限一般在 4.5 左右，pH 值 4.0 以下时只有个别耐酸细菌，如乳杆菌属尚能生长，故酸性食品的腐败变质主要是酵母和霉菌的生长。

3.食品的水分

微生物在食品上生长繁殖，能利用的水是游离水。新鲜的食品原料，例如鱼、肉、水果、蔬菜等含有较多的水分，适合多数微生物的生长，易发生腐败变质。

4.食品的渗透压

微生物在低渗透压的食品中有一定的抵抗力，较易生长，而在高渗透压食品中，微生物常因脱水而死亡。不同微生物种类对渗透压的耐受能力大不相同。大多数细菌不能在较高渗透压的食品中生长，只有少数细菌能在高渗透压环境中生长，如盐杆菌属，通常为了防止食品腐败变质，在食品中加入的糖或盐形成一定的渗透压，因此盐腌和糖渍方法使食品能较长时间保存。

5.食品的存在状态

完好无损的食品，一般不易发生腐败，如没有破碎和伤口的马铃薯、苹果等，可以放置较长时间。如果食品组织溃破或细胞膜碎裂，则易受到微生物的污染而发生腐败变质。

(二)环境因素

环境中温、湿度，阳光紫外线，空气中氧等，对腐败微生物生长均有一定影响。

1.微生物适宜生长的温度在20℃～30℃，当食品处于这种温度的环境中，各种微生物都可生长繁殖而引起食品的变质。在5℃左右或更低的温度(－20℃以下)下只有少数微生物能生长繁殖，使食品发生腐败变质，这类微生物称为低温微生物。低温微生物是引起冷藏、冷冻食品变质的主要微生物。在高温条件(特别在45℃以上)下，微生物体内的酶、蛋白质、脂质体发生变性失活，细胞膜也易受到破坏，加速微生物细胞的死亡。

2.在有氧的环境中，微生物进行有氧呼吸，生长、代谢速度快，食品变质速度也快。

3.细菌所要求的湿度较酵母和霉菌高，其最适相对湿度为92%或更高;酵母菌的最适相对湿度为90%;霉菌的最适相对湿度为85%～92%。

(三)微生物污染

引起食品腐败变质的微生物主要是细菌，其次是霉菌，酵母菌再次。

二、几种重要的细菌性食源性疾病

在全国所有的食源性疾病暴发的案例中，66%以上为细菌性致病菌所致。上述适宜腐败菌生长的许多因素也支配着食物中毒细菌的生长，同时某些造成食物中毒细菌(如沙门氏菌)并非腐败微生物。因此，下面我们主要介绍由细菌引起的食源性疾病。

(一)沙门氏菌属食物中毒

沙门氏菌属食物中毒是细菌性食物中毒中最常见的一种，我国城乡都有发生，是食物中毒中预防的重点。

1.沙门氏菌属属肠杆菌科，分布很广，种类繁多，其中最常引起食物中毒的沙门氏菌有鼠伤寒沙门氏菌、猪霍乱沙门氏菌和肠炎沙门氏菌等。该菌的致病力较弱，不产生外毒素，要摄入大量细菌才能致病。

沙门氏菌在外界的生活力较强，在水中可生存2～3周，潮湿的土壤中可越冬不死，在蛋和蛋制品以及含12%～9%的咸肉中也可存活数日。生长温度为10℃～42℃，在18℃～20℃

时就能大量繁殖，达 37℃时繁殖最快，但在 pH4.5 以下可抑制其生长；在 100℃时可立即死亡，70℃经 5 分钟、60℃经 15～30 分钟可杀灭。

2.中毒食品和传染源。引起沙门氏菌属食物中毒最常见的食品主要是动物性食品，特别是肉类、蛋类食品，也可由鱼、虾、家禽、奶类等食品引起。

沙门氏菌属广泛分布于自然界，人和动物都可带菌，但其传染源主要为家禽、家畜及鼠。畜禽肉中沙门氏菌的来源有生前感染和宰后污染两个方面。

生前感染：一般情况下，畜禽肠道带菌率较高，当动物在生病、疲劳、衰弱、消瘦以致机体抵抗力降低时，肠道内的沙门氏菌可经肠系淋巴结和淋巴组织进入动物血液循环，侵入肌肉组织，使肉部和内脏中带有大量的沙门氏菌。加工烹调时，如未经彻底加热杀灭病原，即可引起食物中毒。

宰后污染：包括宰杀、储藏、运输、加工、烹调和售卖的各个环节中，被带有沙门氏菌的水、土壤、天然冰、不洁的容器、手、菜刀、砧板、餐具、苍蝇、蟑螂、老鼠以及人畜大便等污染。如果烹调后的熟肉，再次受到污染，存放在较高的温度环境中，食前又不再加热，则更易导致食物中毒。

3.中毒症状。沙门氏菌食物中毒一般引起胃肠炎。潜伏期一般为 12～30 小时，多数症状为先后出现头痛、恶心、倦怠、全身酸痛、腹痛、腹泻等，体温一般在 38℃以上。重症者出现脱水，如不及时抢救，可致死亡。

4.预防措施 。除按照一般细菌性食物中毒的原则，即防止污染、低温保藏、彻底加热三个基本手段外，特别要注意以下几点。

(1)严禁食用病死的或死因不明的家禽家畜。

(2)严格执行生熟食品存放加工的分开制度，以防交叉污染。

(3)水禽蛋不能作为糕点原料，因水禽蛋的带菌率比较高。

(4)食品在烹调中要烧透煮熟，剩菜食前要充分加热。

(5)彻底消灭厨房、操作间、食品储藏室和餐厅等处的老鼠、苍蝇、蟑螂及其他昆虫。

(二) 致病性大肠杆菌食物中毒

1.大肠杆菌。为人和动物的正常肠道菌，通常并不致病，但有些致病性大肠杆菌污染食品后能引起食物中毒。该菌的抵抗力较弱，煮沸数分钟或使用一般消毒剂即被杀灭。

2.中毒食物和传染源。大肠杆菌食物中毒主要发生于热季。引起中毒的食品以熟肉和凉拌食品为多见。传染源是人和动物的粪便经手、蝇和不洁用具等污染食物，食物在适宜细菌大量繁殖的条件下放置时间较长时，即可引起中毒。

3.中毒症状。致病性大肠杆菌引起食物中毒的症状可分为急性胃肠炎型和急性菌痢型两种。急性胃肠炎型多见于婴幼儿，潜伏期一般为 10～24 小时，主要症状为食欲不振、腹泻、呕吐，粪便呈米苷样，发烧 38℃～40℃；重度脱水者可发生循环症状。另一类急性菌痢型，主要症状为腹泻、腹痛、发热、便血。

4.预防措施。大肠杆菌食物中毒的预防基本同沙门氏菌属食物中毒。但应注意以下三点：

(1)防止动物性食品被人群中带菌者、带菌动物、污水、容器和用具等污染。

(2)防止发生生熟食品的交叉感染和熟食再污染。

(3)要做到低温保存熟食，吃时彻底加热。

(三) 变形杆菌食物中毒

1.病原变形杆菌属。包括普通变形杆菌、奇异变形杆菌、莫根氏变形杆菌、雷极氏变形杆菌和无恒变形杆菌5种，前3种能引起食物中毒，后一种能引起婴儿腹泻。变形杆菌抵抗力较弱，煮沸数分钟即死亡，55℃经1小时，或在1%的石碳酸中30分钟均可被杀灭。

2.中毒食物和传染源。引起变形杆菌食品中毒的主要是动物性食品和以熟肉和内脏制品的冷盘最为常见。此外，豆制品、凉拌菜和剩饭等间有发生。变形杆菌在自然界分布很广，人和动物的肠道中也经常存在。食物中的变形杆菌主要来自外界的污染。环境卫生不良、生熟交叉污染、食品保藏不当以及剩余饭菜食前未充分加热，是引起中毒的主要原因。

3.中毒症状。变形杆菌食物中毒的临床表现为三种类型,即急性胃肠炎型、过敏型和同时具有上述两种临床表现的混合型。过敏型潜伏期较短,一般30分钟～2小时,主要表现为面颊潮红、荨麻疹、醉酒感、头痛、发烧;混合型中毒症状既有过敏型中毒症状,又有急性胃肠炎症状。

4.预防措施

(1)必须按卫生操作规程进行。熟食品，如酱肉、熟肉、杂样、凉拌菜和剩饭剩菜的妥善保管;在吃前加热。

(2)凡接触过生肉和生内脏的容器、用具等要及时洗刷消毒，严格做到生熟分开，防止交叉感染。

(3)生肉、熟食及其他动物性食品，都要存放在10℃以下，防止高温环境使细菌大量繁殖。无冷藏设备时，也应尽量把食品放在阴凉通风处，存放时间不宜过长。

(4)肉类在加工烹调过程中应充分加热，烧熟煮透。剩饭剩菜和存放时间长的熟肉制品，在食用前必须回锅加热。

(四) 副溶血性弧菌食物中毒

1. 副溶血性弧菌。是一种嗜盐弧菌，该菌不耐热，80℃1分钟即被杀死，对酸敏感，在稀释一倍的食醋中经1分钟即可死亡，但在实际调制食品时，可能需10分钟才能杀死。带有少量副溶血性弧菌的食品，在适宜温度(30℃～37℃)下经过3～4小时，可急剧增加，并可引起食物中毒。

2.中毒食物和传染源。副溶血性弧菌广泛生存于近岸海水中。引起中毒的食物主要为海产品，如海鱼、海虾、海蟹和海蜇等。其他各种食品如熟肉类、腌制品、蔬菜色拉等，亦常被交叉污染而引起食物中毒。

3.中毒症状。潜伏期短，一般为10～18小时，最短3小时。主要症状为上腹部阵发性绞痛、呕吐、腹泻、发烧(37.5℃～39.5℃)，便血，大多数经2～4天后恢复，少数出现虚脱状态，如不及时抢救会导致死亡。

4.预防措施。

(1)海产品带菌率很高，是副溶血性弧菌的主要污染源。因此，在加工、运输、销售等各个环节中严禁生熟混杂，防止海产品污染其他食品。

(2)食物在吃前彻底加热，杀灭细菌。

(3)副溶血性弧菌在食醋中半小时即可死亡，生吃食品、凉拌菜、咸菜、酱菜均可用食醋处理后再吃。

(4)控制细菌生长繁殖，做到鱼虾冷藏；鱼、虾和肉一定要烧熟煮透，防止里生外熟。蒸煮虾蟹时，一般在100℃时加热30分钟；低温保存的熟食吃前要再回锅加热；生吃海蜇洗切后用醋浸泡10分钟，以杀灭副血溶性弧菌。

(五)葡萄球菌肠毒素食物中毒

1.病原葡萄球菌是毒素型食物中毒菌。产生肠毒素的葡萄球菌可分为金黄色葡萄球菌和表皮葡萄球菌。实验证明，摄入葡萄球菌而无毒素并不引起中毒，但如果摄入葡萄球菌产生肠毒素，就能引起食物中毒。金黄色葡萄球菌在20℃～37℃环境中极易繁殖并能较多产生肠毒素，如果培养基中含有可分解的糖类，则有利于毒素形成。

葡萄球菌肠毒素耐热性很强，100℃加热2小时方能被破坏。用油加热到218℃～248℃，30分钟勉强失去活性，故在一般烹调中不能完全被破坏。

2.中毒食物和传染源。葡萄球菌肠毒素引起中毒的食品主要以剩饭、凉糕、奶油糕点、牛奶及其制品、熟肉类和米酒等。

葡萄球菌的传染源主要是人和动物。例如化脓性皮肤病和疖肿或急性呼吸道感染以及口腔、鼻咽炎等患者，患有乳房炎的乳牛的奶及其制品，正常人亦常为这类菌的带菌者。此外，葡萄球菌广泛分布在自然界，食品受污染的机会很多。被污染的食品若处于31～37℃之间，适合该菌繁殖，则在几小时之间即可产生足以引起中毒的肠毒素。

3.中毒症状。潜伏期短，在1～6小时内即发急病，首先唾液分泌增加，出现恶心、呕吐、腹痛、水样性腹泻、不发热或仅微热，有时呕吐物中含有胆汁、血液和黏液。病程较短，1～2天即可恢复。

4.预防措施。

(1)防止污染。对饮食加工、制作、销售人员要定期进行健康检查，发现带菌者或有化脓性病灶者，以及上呼吸道感染和牙根炎症者，应暂时调换工作。

(2)低温保藏食品，缩短存放时间，控制细菌繁殖和肠毒素的形成。

(3)剩饭剩菜除低温保存外，以不过夜最好，放置时间应在5～6小时内。

(4)剩饭和被污染的食品要彻底加热，一般加热100℃经2小时30分钟才能有效。如严重污染有不良气味者不能食用，以防中毒。

(六)肉毒梭状芽孢杆菌毒素食物中毒

1.肉毒梭菌毒素中毒简称肉毒中毒，是肉毒梭状芽孢杆菌外毒素引起的一种严重的食物中毒。

肉毒梭状芽孢杆菌可产生芽孢，它为专性厌氧菌。在无氧、20℃以上和适宜的营养物质条件下可大量繁殖，并产生一种以神经毒性为特征的强烈的毒素，即肉毒毒素。

肉毒毒素不耐热，一般经80℃加热30分钟即被破坏。菌体耐热性也不强，80℃加热20分钟可杀死。但其芽孢耐热性很强，需100℃湿热高温经6小时才多数死亡。

2.中毒食物和传染源。肉毒梭菌主要来源于土壤中。引起中毒的食品主要有臭豆腐、豆豉、豆酱和肉类等。

3.中毒症状。潜伏期一般2～10天，潜伏期越短死亡率越高。中毒症状为全身乏力，头痛、头晕等，继之或突然出现特异性神经麻痹、眼视力降低、复视、眼睑下垂、瞳孔放大，相继引起口渴、舌短、失言、下咽困难、声哑、四肢运动麻痹。重症则呼吸麻痹而死亡，且死亡率极高。成人摄入0.01g即可致命。

4.预防措施。

(1)防止土壤对食品的污染，当制作易引起中毒的食品时，原料要充分洗净。

(2)生产罐头和瓶装食品时，除建立严格合理的卫生制度外，要严格执行灭菌的操作规程。顶部有鼓起或破裂的罐头一般不能食用。

(3)由于肉毒毒素不耐热，对可疑食品食用前要彻底加热，以保安全。

(七)O157∶H7肠出血性大肠埃希菌食物中毒

1.肠出血性大肠埃希菌是近年来新发现的危害严重的肠道致病菌，一般寄生在牛、羊等动物的肠道内以及土壤和污水中。

2.中毒食物和传染源。O157大肠埃希菌常附在家畜的内脏表面，可通过已被污染的牛奶和肉制品，甚至蔬菜和水果传播，在暴发期间可由人与人之间的接触而传播。

3.中毒症状。引起人出血性腹泻和肠炎，而且并发溶血性尿毒综合征、血栓性血小板减少性紫癜等，严重的可致人死亡。感染者出现脱水腹泻或出血腹泻、高烧，并引起并发症，如尿血、脑功能障碍等。

4.预防措施。

(1)禁止食用被污染的食物和饮用水。

(2)防止“人—人”接触传播。

(3)防止携带O157大肠埃希菌的苍蝇、蟑螂等节肢动物将病原体传播给食物或食具，进而使人被感染。

第七节 烹饪食材安全和卫生

2014 年 3 月 26 日，记者从江西省人民医院获悉，日前，两名踏青的南昌母女，在野地里采摘了一些野菜回家食用，结果当天晚上因胃疼、恶心双双入院治疗。

"两母女刚来时症状基本一致，恶心、呕吐、手脚发冷，感觉胃部严重不适。听其家人介绍，两人同时食用了刚采摘来的一种当地人说可以食用的野菜，用开水泡了一下后凉拌吃的。"江西省人民医院门诊部主任张维新告诉记者，3 天前，医院刚刚收治了两名食用野菜中毒的母女，两人家住南昌市青山湖区，周末去鄱阳湖踏青时，在路上看到一些野菜，当地人称可以食用，两人遂采摘了一些回家食用，还送了一些给亲戚。幸好当晚只有两母女食用了该野菜，其他亲戚均未食用。

"两人入院后，医院采取了催吐、导泻、洗胃等治疗方法。幸好两人食用的野菜不多，很快就脱离了生命危险，目前已出院回家休养了。"张维新主任表示，如果中毒严重的患者，还要接受血液透析等治疗，不仅对身体损害大，治疗费用也很高，近年来每到春季就会收治一些食用野菜、毒蘑菇中毒的患者，轻微的一周之内可以恢复，严重的失去生命。

从以上案例导出食物中毒的频发率，从而引出"有毒动、植物食物中毒"。然后再导出有毒动、植物食物中毒的概念（见图 10-1）。

图 10－1　蘑菇

全球每年都有几百万人因食用被污染或携带病毒的食品而死亡。我国食品安全问题也日益突出，近年来类似上述的案例不胜枚举，重大食物中毒事件数逐年增加，中毒人数和死亡人数一直居高不下，给广大人民群众健康造成严重危害和影响。

烹饪食材的安全问题主要有环境污染、生物污染、农药和兽用药物残留、其他农用化学品残留物、自然产生的食品毒素、营养过剩或营养失衡、酗酒、食品添加剂和饲料添加剂、包装材料污染、新开发食品及新工艺食品（转基因食品、辐照处理食品等）、其他化学物质（如工业事故污染食品）、假冒伪劣食品等因素导致的食品安全问题。

而营养失控或营养素不平衡在当代食品安全性问题中越来越受到关注。因饮食结构失调使高血压、冠心病、肥胖症、糖尿病、癌症等慢性病显著增多。高能量、高脂肪、高蛋白、高糖、高盐和低膳食纤维，以及忽视某些矿物质和必要的维生素摄入，都可能给人的健康带来慢性损害。有些矿物质和维生素用量过多（如硒、维生素 A 等）也可能引起严重后果。其中毒性物质按照出现危害的时间分为急性危害、慢性危害和远期危害。急性危害是指化学毒物大剂量污染食品后，人们的摄入量也比较大，将在短期内造成中毒或死亡，即化学性急性食物中毒。慢性危害是指小剂量的化学毒物污染食品。被人们持续不断地摄入体内，毒性物质将在体内积蓄，经过相当长的时间才能表现出其危害。远期危害主要是指化学毒物的致癌、致突变、致畸作用。

一、烹饪食材安全的影响因素

1.烹饪食材中的有害物质

植物性烹饪食材中固有的有害物有有毒植物蛋白、生物碱、生氰糖苷等。动物性烹饪食材中固有的有害物分为鱼类、贝类、动物腺体中固有的毒素等。

2.烹饪食材的外来有害物

按其性质可分为生物性、化学性和物理性或者称为放射性。微生物因素由于导致烹饪食材腐败变质、微生物毒素及传染病流行，是多年危害人类身体健康的宿敌。

外来有害物根据是否主观添加，可以分为残留和污染两类。残留是人们在生产中，为了某种目的主观添加一些物质，遗留在烹饪食材中。例如农药、兽药、饲料添加剂、食品添加剂、施肥导致的硝酸盐等，这已成为当今烹饪食材安全方面关注的焦点。污染是指在生产过程中、环境中一些人们不期望的物质进入烹饪食材，例如重金属等。

环境污染物通过环境及食物链而危及人类饮食健康。无机污染物中的汞、镉、铅等重金属及一些放射性物质，有机污染物中的苯、邻苯二甲酸酯、烷基磷酸酯、多氯联苯等工业化合物及多氯代二苯并二噁英、多氯氧芴、多核芳香烃等工业副产物，都具有在环境和食物链中富集、难分解、毒性强等特点，对烹饪食材的安全性危害极大。此外还有不法分子人为地加入一些有害物质。

3.烹饪食材在加工制作中产生的有害物

烹饪食材在加工过程中产生的有害物主要有烧烤加热过程中产生的多环芳烃、杂环胺，还有在腌制食材的过程中产生的亚硝酸盐等，这些都是强致癌物。

二、烹饪食材中的天然有毒物

烹饪食材中本身就存在着许多天然有毒物，主要的有毒物质有生物碱、苷类、有毒蛋白和肽、酶、其他有毒物质。食物中天然有毒物质中毒的主要原因如下：(1)食材本身含有有毒物质，例如河豚、鲜黄花菜、毒蘑菇等。(2)引起人体不良的过敏反应，例如部分人的免疫球蛋白E会对花生蛋白质引起过敏。(3)先天性和遗传等原因，例如有些人先天缺乏乳糖酶，饮用牛奶后会发生腹胀、腹泻等症状。(4)食用过量引起中毒反应，例如一次性大量吃银杏果，过量食用甚至可毙命，尽量少食，最好不吃，若食用则可控制在10颗以内。

(一)植物性食材中的天然毒素

有的野生蘑菇是有毒的，发芽马铃薯不可以吃，白果不能多吃。这些是急性毒性，常引起严重后果，所以被人们熟知。但是实际上引起中毒的或影响营养吸收的也有一些日常的蔬菜和水果。

1.毒蕈中毒

蕈类又称蘑菇或蕈子，属真菌植物，通常分为食蕈、条件可食蕈和毒蕈三类。食蕈味道鲜美，有一定营养价值；条件可食蕈是要加热、水洗或晒干等处理后方可安全食用的蕈类；毒蕈是本身含有毒生物碱，食后引起中毒的蕈类。我国食蕈有300种，毒蕈80余种，其中含有剧毒能致死的有10余种。

1)中毒原因。蕈品种多，有毒无毒没有一定规律，难以鉴别而误食中毒。毒蕈因种类不同所含有毒物质也不相同，按毒素性质分为胃肠毒、细胞原浆毒和神经毒三类。

2)中毒表现

(1)胃肠毒含有类树脂物质。中毒后表现为恶心、呕吐、腹痛和腹泻等胃肠道症状，无生命危险。

(2)细胞原浆毒是指能使体内大部分器官发生细胞变性的毒物，多为毒肽类。主要引起溶血现象，常出现黄疸、贫血、血尿、尿闭、惊厥和昏迷等症。

(3)神经毒指毒蕈中的毒蝇碱、异恶唑衍生物、色胺取代物和幻觉原。主要致使副交感神经兴奋，常出现流涎、流泪、多汗和瞳孔缩小等。

3)预防措施

(1)不要轻信民间一般鉴别毒蕈和解毒去毒的简单方法，凡识别不清或过去未曾食用的新品种，必须经有关部门鉴定确认无毒后方可食用。

(2)掌握一般识别方法。毒蕈的一般特征是蕈盖色泽美丽，或呈黏土色，表面黏脆；蕈柄上有毒环、蕈托；多生于腐物或粪肥上；破碎后显著变色；煮时可使银器、大蒜和米饭变黑等。

(3)干燥后可以食用蕈种，应明确规定处理方法。如马鞍蕈要干燥3星期以上方可食用。或吃鲜蕈必须在沸水中煮5～7分钟，弃汁后方可制作菜肴。

(4)在采购食用蕈类时要加强检查验收，以免混入毒蕈。

2.发芽马铃薯中毒

1)中毒原因：是马铃薯储藏不当导致其发芽或部分表皮变黑绿时，食用后发生中毒。其有毒成分是龙葵碱。一般的马铃薯中含有0.005%～0.01%的龙葵碱，当马铃薯发芽后，其幼芽眼部分的龙葵碱含量可达0.3%～0.5%。含量达0.2%～0.4%以上时，就有发生中毒的可能。

2)中毒症状：主要是对胃肠黏膜刺激和对呼吸中枢麻痹作用，并能引起脑水肿、充血。此外，对红细胞有溶血作用。中毒表现为：潜伏期为0.5～3小时，患者咽喉有抓痒感及烧灼感，胃部灼痛及胃肠炎症状，可有头痛、头晕、轻度意识障碍、呼吸困难，重症可因心脏衰竭、呼吸中枢麻痹而致死。

3)预防措施：首先要将马铃薯储藏在阴凉干燥处，以防发芽；生芽较少的马铃薯，应挖芽、芽眼及芽眼周围的组织，去皮煮熟烧透；发芽马铃薯不宜炒丝或炒片；烹调时也可加少许醋，以破坏龙葵碱毒素。

3. 含氰甙植物中毒

1)中毒原因：引起含有氰甙食物中毒的往往是杏、桃、李、枇杷等果实的核仁和木薯。苦杏仁以及其他核仁中的氰甙为苦杏仁甙，苦杏仁甙在苦杏仁中的含量比甜杏仁高20～30倍。木薯和亚麻籽中含有的氰甙为亚麻苦甙。

2)中毒症状：氰甙被摄入体内，经酶的作用水解产生氢氰酸，经胃黏膜吸收而引起中毒。氢氰酸是一种活性高、毒性大、作用快的细胞原浆毒。氢氰酸被胃黏膜吸入后，氰离子与细胞色素氧化酶的铁结合，阻止此酶递送氧的作用，使细胞的呼吸不能正常进行，机体组织陷入缺氧窒息状态。氢氰酸还可损害呼吸中枢及血管运动中枢，使之麻痹，最后导致死亡。苦杏仁中毒的潜伏期为0.5～5小时，多数为1～2小时；木薯中毒的潜伏期为1～12小时，一般为6～9小时。中毒时，首先自觉口中苦涩、流涎、头晕、头痛、恶心、呕吐、心悸、全身无力等症状。重症者感到胸闷，并有不同程度的呼吸困难。严重者意识不清、昏迷、四肢冰冷、意识丧失、眼球呆视、瞳孔散大、牙关紧闭、全身痉挛，最后呼吸麻痹或心跳停止。典型病人可见嘴唇、指甲呈樱红色。

3)预防措施：最根本的是不要生吃苦杏仁。由于氢氰酸遇热挥发，故在进食杏仁前应充分加热，并敞开锅盖使其挥发失去毒性；苦杏仁经反复用水泡炒熟后亦可去毒。杏仁茶是将杏仁磨成浆再煮熟而制成的，加热可使食物中水解氰甙的酶失活，故苦杏仁茶很少中毒。

预防木薯中毒，首先应选用产量高、毒性低的品种和改良种植方法。其次木薯必须加工去毒后食用。木薯加工去毒的方法主要是去皮、水浸、煮熟。蒸煮木薯时，将锅盖打开，使氢氰酸蒸发掉。

4.菜豆中毒

菜豆，因不同地区又称为豆角、芸豆、梅豆角、四季豆，是人们经常食用的蔬菜，但因烹调时未熟透，食后就有引起中毒的可能。

1)中毒原因：近年来认为菜豆中含皂素(皂甙)毒蛋白和血球凝集素。血球凝集素具有凝集红细胞的作用，该毒素经长时间煮沸后则被破坏。

2)中毒症状：菜豆中毒潜伏期一般为2～4小时，短的1小时，长者达十几小时；恶心、呕吐、腹痛、腹泻、头晕、头痛，少数病人有胸闷、心慌、出冷汗、手脚发冷、四肢麻木等；体温正常、恢复快，大多在24小时内恢复，预后良好。

3)预防措施:菜豆在烹调时，不宜水焯后作凉拌菜，炒食不要过于贪图脆嫩，应充分加热，烧熟煮透，以便破坏其中的毒素。

5.鲜黄花菜中毒

黄花菜一般食用干品不引起中毒，如食用不经处理的鲜黄花菜，可引起中毒。

1)中毒原因:黄花菜中含有秋水仙碱，是黄花菜中毒的主要物质。常由于烹调时未经处理而造成。

2)中毒表现:一般食后0.5～4小时发病。轻者上腹不适，恶心、呕吐;重者腹痛、腹胀、腹泻。有的有发冷发热、口渴、耳鸣和麻木等现象。

3)预防措施:

(1)不吃腐烂变质的鲜黄花菜，最好食用干品。

(2)吃鲜黄花菜时先去掉长柄，用开水烫过，再用冷水浸泡，然后与其他蔬菜或肉食搭配制作，避免单炒食黄花菜，吃时要控制摄入量，避免食入过多而中毒。

(3)制作黄花菜必须彻底加热，烫泡过鲜黄花菜的水不能用来做汤，必须抛弃。

6. 各种豆类中毒

豆类中毒主要是蚕豆中毒。蚕豆含有蚕豆嘧啶葡萄糖苷和伴蚕豆嘧啶核苷水解产物造成急性溶血性贫血症。蚕豆病患者敏感,正常人不敏感。无论是吃煮蚕豆还是鲜生蚕豆后都可能发生中毒。另外,有山黧豆中毒。山黧豆属的豆类如野豌豆、鹰嘴豆和卡巴豆容易引起食物中毒。其有两种表现形式,即骨病性山黧豆中毒和神经性山黧豆中毒。

大豆、菜豆、刀豆、豌豆、小扁豆、蚕豆和花生等的种子与荚果中含有外源凝集素、消化酶抑制剂、过敏原、细胞松弛素。外源凝集素是对红细胞有凝聚作用的糖蛋白,主要造成消化管对营养成分吸收能力的下降,外源凝集素比较耐热。豆类是含有消化酶抑制剂最多的食物,其他如土豆、茄子、洋葱等也含有此类物质。主要有胰蛋白酶抑制剂、胰凝乳蛋白酶抑制剂和α－淀粉酶抑制剂,具有较强的耐热耐酸能力。花生、大豆、菜豆和马铃薯等的过敏原大多是小分子蛋白质。青少年儿童对这类物质容易过敏。他们对消化酶抑制剂也很敏感,所以不宜多食。豆类受一些真菌感染的时候会产生细胞松弛素,也会引起中毒。

7.其他

1)腐烂的甘薯产生的细胞松弛素,大多是异类黄酮或萜类化合物。从腐烂的甘薯中分离出几种毒性菇类化合物,其中两种为甘薯黑疤霉酮和甘薯黑疤霉醇。食用腐烂的甘薯导致严重的呼吸窘迫、肺水肿、充血以致死亡,食用轻微损伤的甘薯也可产生一定的毒性。这些毒性萜在普通烹调条件下表现很稳定,但在用微波炉煮或烘烤的情况下,会大量降低。腐烂的生姜中含有黄樟素。黄樟素具有致突变性,可造成人的肝细胞坏死。

2)甘蓝、大白菜、青菜、萝卜、花菜、蓝花等十字花科蔬菜含有硫代葡糖苷。其在黑芥子酶的作用下,可转化成腈类化合物、吲哚－3－甲醇、异硫氰酸酯、二甲基二硫醚和5－乙烯基噻唑－2－硫酮。如果大量食用(如每天吃900g)这类蔬菜会引起甲状腺肿。5－乙烯基噻唑－2－硫酮(也称为致甲状腺肿大素)主要抑制甲状腺素的合成,异硫氰酸酯和腈类化合物抑制甲状腺对碘的吸收。碘缺乏促进甲状腺肿大。部分异硫氰酸酯也有好的一面,可激活人体微粒体氧化酶的活性,明显提高大鼠肝细胞的谷胱甘肽S转移酶的活性,有预防癌变的作用。

此外,食用新鲜木耳,容易引起皮肤对光过敏。男子过量食用芹菜、香菜类会引起精子量下降。高血压患者食用香蕉和牛油果容易中毒。香蕉和牛油果含有天然的生物活性胺,如多巴胺和酪胺。多巴胺可直接收缩动脉血管,明显提高血压。酪胺可通过调节神经细胞的多巴胺水平间接提高血压。过量吃荔枝也会出现荔枝病,其实质是引起低血糖。

(二)鱼类等水产食材中的天然毒素

1.河豚鱼中毒

又名鲀、气泡鱼。河豚鱼是一种味道鲜美,但含有剧毒的鱼类。河豚鱼品种甚多,我国的河豚鱼种类约有40多种,在我国各大海区都有分布。

1)河豚鱼特征:该鱼体浑圆,头、胸部大,腹尾部小,背上有鲜艳的斑纹或色彩,体表无鳞,光滑或有细刺,有四颗明显的门牙;在不利的环境下腹部能鼓气(见图10-2)。

图10-2 腹部鼓气的河豚鱼

河豚鱼体内含有的毒素是河豚毒素,其含毒力的强弱因鱼的品种、部位、性别、季节不同而有差别。河豚鱼的孵巢和肝脏毒性最强,其次为肾脏、血液、眼睛、鳃和皮肤,肌肉一般无毒,但如鱼死后较久,内脏毒素可渗入肌肉内,仍不可忽视。个别种类的肌肉亦有毒。

河豚毒素是一种很强的神经毒素,在pH3以下和pH7以上时不稳定,用4%氢氧化钠处理20分钟可无毒化,一般的物理性处理方法不易破坏毒素,盐腌、日晒、加热烧煮等方法都不能解毒。据报道,0.5毫克的河豚毒素就可毒死一个体重70公斤的人。

2)中毒症状:发病急速剧烈,潜伏期一般为10分钟至3小时,病人首先感觉手指、唇和舌有刺痛,随后出现胃肠症状,恶心、呕吐、腹痛,四肢无力、发冷,口唇、指尖和肢端处知觉出现麻痹,接着四肢肌肉麻痹,失去运动能力,呈瘫痪状态,以后语言不清,瞳孔散大,意识不清,呼吸困难,血压、体温下降,最后死于呼吸衰竭。病死率40%~60%。

3)预防措施:我国规定禁止出售河豚鱼。餐饮业原料采购员应具备识别河豚鱼的技能,餐馆不能应顾客要求制作河豚鱼菜肴。

2.鱼类的组胺中毒

食用鱼类而引起的组胺中毒,国内外都有报告。中毒的发生主要是由于鱼不新鲜,含有一定数量的组胺及腐败胺类物质,同时也与个人体质的过敏性有关,故食用鱼类引起的组胺中毒也是一种过敏性食物中毒。

1）中毒原因：组胺是鱼的游离组氨酸在组氨脱羧酶的作用下，被脱羧而形成的。青皮红肉的鱼类肌肉中含有较多的血红蛋白，因此组胺酸含量也较高，当它们受到富含组胺脱羧酶的细菌污染后，在适宜的环境条件下，组胺酸就被大量脱羧而产生大量的组胺，最适合于组胺酸分解形成组胺的条件是：温度 15℃～37℃，有氧，弱酸性（pH6.0～6.2），渗透压不高（盐分含量 3%～5%）。青皮红肉的鱼类品种较多，如鲐鱼（又名青化鱼、鲐巴鱼、油筒鱼）、鲣鱼、鲔鱼、金枪鱼、鲱鱼、沙丁鱼、秋刀鱼、竹荚鱼等。其中毒量是：每千克体重 1.5 毫克。

2）中毒症状：组胺中毒发病快、恢复快。潜伏期为数分钟至数小时，症状表现为面部、胸部及全身皮肤潮红，眼结膜充血，视力模糊，脸浮肿、唇水肿，并伴有头痛、头晕、脉频、心悸、呼吸频数；有时还出现荨麻疹、喉烧灼感等。个别可出现哮喘、晕厥。

3）预防措施：

（1）购青皮红肉的鱼类时，应特别注意选择高度新鲜者，并及时烧煮，或用重盐劈背腌存，盐量不要低于 25%，切勿淡腌存放后再烧煮。

（2）烹调前可将鱼体彻底刷洗，鱼切两半后用冷流水浸泡，去除头、内脏及血块。烹调时加入雪里蕻或山楂（重量的 5%），然后进行清蒸或红烧，可使鱼中的组胺下降 65%以上。组胺是碱性物质，加醋少许也可降低其毒性。

3.贝类和螺类等中毒

大多数贝类均含有一定数量的有毒物质。贝类自身并不产生毒物，但是当它们摄取完海藻后就有可能有毒了，毒素可在贝类的中肠腺大量蓄积。这些藻类有原膝沟藻、涡鞭毛藻、裸甲藻等。这些海藻主要感染蚝、牡蛎、蛤、油蛤、扇贝、紫贝和海扇等。因此发生“赤潮”现象的水域的贝类不可以食用。

贝类中毒主要由贝类毒素引起，其中最主要的是岩蛤毒素。贝类毒素主要包括麻痹性贝类毒素和腹泻性贝类毒素两类。麻痹性贝类毒素很少量时就对人类产生高度毒性。大多数贝类在赤潮停止后 3 周内将毒素分解或排泄掉。岩蛤毒素不会因洗涤而被冲走，一般烹调加热也不能分解。扇贝是最容易引起中毒的贝类。

鲍鱼的内脏器官含有一种称为焦脱镁叶绿酸－a 的光致敏毒素，是脱镁叶绿素、海草叶绿素的一种衍生物，称为鲍鱼毒素。一般在春季聚集在鲍鱼的肝中。这种毒素是一种光敏剂，会引起皮肤的炎症。

海兔（螺类）体内有毒腺，其皮肤含的挥发油，对神经系统有麻痹作用。误食其有毒部位会引起中毒。

螺类，例如接缝香螺、间肋香螺和油螺常有毒，其唾液腺毒素的主要成分是神经毒四甲胺。

蟹类、海参类、乌贼和章鱼也会引起中毒。蟹或多或少含有有毒物质。受赤潮影响的海域出产的沙滩蟹是有毒的，其毒素是岩蛤毒素。少数海参含海参毒素。我国致毒海参有近 20 种，较常见的有紫轮参、荡皮海参等。海参毒素主要集中在与泄殖腔相连的细管状的居维叶氏器内。干品因为去掉了内脏，所以可以减少危害。可食用海参的海参毒素很少，而且少量的海参毒素能被胃酸水解为无毒的产物，是安全的。乌贼和章鱼的唾液腺含有头足毒素，是一种蛋白质，对神经有阻断和麻痹作用，但加热能减少危害。

海葵、海蜇也有毒性，毒物也是蛋白质。

(三)动物性食材中的天然毒素

1.猪甲状腺位于气管喉头的前下部,是一个椭圆形颗粒状肉质物,附在气管上,俗称“栗子肉”。人一旦误食动物甲状腺,因过量甲状腺素扰乱人体正常的内分泌活动,则出现类似甲状腺功能亢进的症状。甲状腺中毒较为多见。甲状腺素的理化性质非常稳定,耐高温,一般的烹调方法不可能做到去毒无害。

2.肾上腺左右各一,分别跨在两侧肾上端,俗称“小腰子”。肾上腺的皮质能分泌多种重要的脂溶性激素。一般都因屠宰牲畜时未加摘除或髓质软化在摘除时流失,被人误食,使机体内的肾上腺素浓度增高,引起中毒。此病的潜伏期很短,食后15～30分钟发病。

3.淋巴结分布于全身各部,为灰白色或淡黄色如粒至枣大小的“疙瘩”,俗称“花子肉”。病变淋巴结含有大量的病原微生物。鸡臀尖是淋巴结集中的地方。淋巴结还储存3,4－苯芘花等致癌物。

4.熊、牛、羊、山羊和兔子等动物肝中主要的毒素是胆酸、脱氧胆酸和牛黄胆酸,以牛黄胆酸的毒性最强,脱氧胆酸次之。猪肝并不含足够数量的胆酸,不会产生毒副作用。人类肠道内的微生物可将胆酸代谢为脱氧胆酸。脱氧胆酸对人类的肠道上皮细胞癌如结肠、直肠癌有促进作用。此外,鲨鱼、比目鱼、鲟鱼、北极熊和海豹肝中有很高的维生素A含量。成人一次摄入200g的鲨鱼肝就会引起急性中毒。一些渔民食用比目鱼肝后会导致中毒。羊和牛肝中的维生素A的含量也很高,不可一次过量食用。

三、烹饪食材的外来有害物

1. 生物性因素

微生物、寄生虫、虫卵和昆虫都可造成生物性污染。食品中毒主要是由细菌及其毒素、霉菌与霉菌毒素、病毒等引起的。

食品微生物污染是指食品在加工、运输、储藏、销售过程中被微生物及其毒素污染。主要包括细菌及细菌毒素污染和霉菌及霉菌毒素污染。

从食品卫生的角度来看,微生物对食品的污染可分为三大类:一是可以直接致病,如致病菌及其毒素;二是相对致病菌,在通常情况下不致病,只有在一定的特殊条件下才具有致病力;三是非致病性微生物,主要包括非致病菌、不产毒霉菌与常见的酵母。微生物污染食品的途径可分为两大类:一是内源性污染,指原料本身带有的微生物而造成食品的污染,也称为第一次污染;二是外源性污染,指食品在生产加工、运输、储藏、销售、食用过程中,通过水、空气、人、动物、机械设备及用具等而使食品发生微生物污染,也称为第二次污染。

2.细菌对烹饪食材的影响

在各种食物中毒类型中,以细菌性食物中毒最多,患者一般有明显的胃肠炎症状,其中腹痛、腹泻最为常见。可分为感染型食物中毒和毒素型食物中毒。食用含有大量病原菌的食物引起消化道感染而造成的中毒称为感染型食物中毒。食用由于细菌大量繁殖而产生毒素的食物所造成的中毒称为毒素型食物中毒。能引起食物中毒的细菌主要有沙门菌属、致病性大肠杆菌、肉毒梭菌、副溶血性弧菌、金黄色葡萄球菌。有很多细菌能引起人畜共患病,如炭疽病、结核病、布氏杆菌病、李氏杆菌病。而反映食品卫生质量的细菌污染指标可分为两个方面：一是细菌总数，二是大肠杆菌数量。细菌总数意味着：是食品清洁状态的标志，监督食品的清洁状态；可以预测食品的保藏期。大肠杆菌数量意味着：食品曾受到人与动物粪便的污染；作为肠道致病菌污染食品的指示菌。

四、烹饪食材相关细菌

(1)一般动物性食材

患病的畜禽动物，其器官及组织内部可能有致病细菌存在，屠宰后的畜禽即丧失了先天的防御机能，很多致病细菌能侵入组织后迅速繁殖。鲜蛋中常见的感染菌有雏沙门菌、鸡沙门菌等。刚生产出来的鲜乳主要有微球菌属、链球菌属、乳杆菌属。当乳畜患乳房炎时，乳房内还会含有无乳链球菌、化脓棒状杆菌、乳房链球菌和金黄色葡萄球菌等。患有结核或布氏杆菌病时，乳中可能有相应的病原菌存在。李氏杆菌能在低温条件下生长和繁殖，冰箱中的奶制品可能会出现该菌的危害。

(2)水产鱼类

刚捕捞上来的鱼，其所带有的细菌主要是水生环境中的细菌，细菌主要存在于鱼的体表、鳃、消化管内。主要有假单胞菌属、黄色杆菌属、无色杆菌属等。淡水中的鱼还有产碱杆菌属、气单胞菌属和短杆菌属等。近海和内陆水域中的鱼可能受到人或动物的排泄物污染，而带有病原菌如副溶血性弧菌。它们在鱼体中存在的数量不多，不会直接危害人类健康，但若储藏不当，病原菌大量繁殖后可引起食物中毒。在鱼体中可能发现的病原菌还会有沙门菌、志贺菌和霍乱弧菌、红斑丹毒丝菌、产气荚膜梭菌，它们也是由环境污染而产生的。

(3)植物性食材

粮食细菌多属于假单胞菌属、微球菌属、乳杆菌属和芽孢杆菌属等。植物体表还会附着有植物病原菌及来自人畜粪便的肠道微生物及病原菌。健康的植物组织内部应该是无菌或仅有极少数菌。

五、食物中毒常见细菌

(1)革兰阴性菌

肠杆菌科：该科中的致病菌主要属有埃希菌属(少部分菌可产生肠毒素)、志贺菌属(主要致病菌)、沙门菌属(常引起鱼、肉、禽、蛋、乳等食品中毒)、耶尔森菌属(小肠结肠炎耶尔森菌引起肠胃炎)、克雷伯菌属(粮食和冷藏食品等中毒菌)、沙雷菌属(分解蛋白质食品产生很强的腐败性气味)。肠杆菌科细菌对热抵抗力弱，可被巴氏消毒法杀死。

弧菌科：主要有弧菌属和气单胞菌属。都分布在水中，弧菌属病原菌主要是副溶血性弧菌、霍乱弧菌等。海产动物死亡后，在低温或中温保藏时，该菌可在其中增殖，引起腐败。气单胞菌属可引起海产食品的腐败变质及食用者的肠胃炎。

假单胞菌属：假单胞菌污染肉及肉制品、鲜鱼贝类、禽蛋类、牛乳和蔬菜等食品后可引起腐败变质，并且是冷藏食品腐败的重要原因菌。假单胞菌属中的有些种类对人或动物有致病性。

弯曲杆菌属：人食入含有该菌的食物后，可发生食物中毒。

(2)革兰阳性菌

梭菌属:肉毒梭菌在食品中增殖时可产生肉毒毒素,会产生食物中毒直至死亡。对亚硝酸钠和氯敏感。烹饪食材遭受细菌污染,需要符合《食品中致病菌限量》(GB29921－2013)中关于食品中致病菌限量的要求。大部分原料检测沙门氏菌、金黄葡萄球菌。肉制品还需要检测单核细胞增生李斯特氏菌,牛肉制品和生食果蔬制品要检测大肠埃希氏菌。水产制品及其调味料还需要检测副溶血性弧菌。

芽孢杆菌属:主要有蜡样芽孢杆菌、枯草芽孢杆菌。蜡样芽孢杆菌在调味料、乳及咸肉中经常发现,能引起人食物中毒。枯草芽孢杆菌污染面粉后,可以使发酵面团产生液化黏丝状现象,使烤制的面包或馒头出现斑点或斑纹,并且伴有异味。在肉类表面可产生黏液并有异味,肉制品上经常可以分离到该菌。在牛乳中生长,可以使牛乳变稠,产生甜凝乳现象。

微球菌科:金黄色葡萄球菌可产生肠毒素等多种毒素及血浆凝固酶等。人食入后可引起食物中毒。该菌耐盐,是腌制品常见的致病菌。

【霉菌及其毒素对烹饪食材的影响】

有些霉菌可产生毒素,目前已知的霉菌毒素有200多种。根据霉菌毒素作用的靶器官,可将其分为肝毒、肾毒、神经毒、光过敏性皮炎等。霉菌毒素通常耐高温,具有致癌和致畸作用。霉菌污染食品的评定:一是食品中的霉菌菌落总数,即霉菌污染度;二是食品中霉菌菌相的构成。

◎毒霉菌特点

①霉菌产毒仅限于少数的产毒霉菌,而且产毒菌种中也只有一部分菌株产毒。

②产毒菌株的产毒能力具有易变性,即产毒菌株后代可能不产毒,而非产毒菌株在一定的条件下可产毒。

③产毒霉菌所产生的霉菌毒素没有严格的专一性,即一种菌种或菌株可以产生几种不同的毒素,而同一霉菌毒素也可由几种霉菌产生。

④产毒菌株产毒需要一定的条件。

◎几种主要毒霉菌

产生毒素的霉菌大部分属于半知菌纲中的曲霉属、青霉属和镰孢菌属。

①曲霉属:黄曲霉、赫曲霉、杂色曲霉、烟曲霉、构巢曲霉和寄生曲霉等。

②青霉属:岛青霉、橘青霉、黄绿青霉、红色青霉、扩展青霉、圆弧青霉、纯绿青霉、展开青霉、斜卧青霉等。

③镰孢菌属:禾谷镰孢菌、三线镰孢菌、玉米赤霉、梨孢镰孢菌、无孢镰孢菌、雪腐镰孢菌、串珠镰孢菌、拟枝孢镰孢菌、木贼镰孢菌、粉红镰孢菌等。

④其他:交链孢霉属、粉红单端孢霉、木霉属、漆斑菌属、黑色葡萄穗霉等。

(3)黄曲霉毒素

1960年,英国一家农场发生了10万只雏火鸡突然死亡的事件。原因是食用了霉变的花生粉,含有黄曲霉毒素,造成其肝坏死和中毒死亡。黄曲霉毒素是黄曲霉和寄生曲霉的代谢产物。寄生曲霉的所有菌株都能产生黄曲霉毒素,但我国寄生曲霉罕见。黄曲霉毒素是一类结构相似的化合物,有20多种,其中具有致癌作用的是黄曲霉毒素B1、黄曲霉毒素B2、黄曲霉毒素G1、黄曲霉毒素G2。黄曲霉毒素耐热性很强,在一般烹调温度下不会被破坏,在280℃

时会发生裂解，在中性和酸性环境中稳定，在水中溶解度很低，能溶于油脂和一些有机溶剂中。在碱性条件下或在紫外线辐射时容易被降解。黄曲霉是我国粮食和饲料中常见的真菌，并非所有的黄曲霉都产毒菌株。黄曲霉常在湿度为80%～90%，温度为25℃～30℃，氧气为1%的条件下产毒。黄曲霉在水分为18.5%的玉米、稻谷、小麦上生长时，第三天开始产毒素。如果在两天内进行干燥，粮食水分降至13%以下，即使污染黄曲霉也不会产生毒素。首先是玉米、花生、花生油和棉籽油最易受到黄曲霉毒素污染，其次是稻谷、大米、面粉、小麦、大麦，而豆类很少受到污染。花生和玉米在收获前就可能被黄曲霉污染，成熟的花生和玉米果穗可能带有黄曲霉毒素。我国长江以南地区黄曲霉毒素污染要比北方地区严重。控制仓储粮食的含水量，防止其发霉是基础工作。另外，化学去毒是使用氨水、过氧化氢、臭氧和氯气。总之，防止食材受黄曲霉菌及其毒素的污染，加强食材的防霉去霉工作，是预防黄曲霉毒素中毒的主要措施。

1970年世界卫生组织规定，食品中黄曲霉毒素的限量味15～20μg/kg。我国在国家标准(《食品中真菌毒素限量》GB2761—2017)中也规定了各种主要食品的黄曲霉毒素B1的允许含量：

玉米、花生油、花生及其制品≤20μg/kg；

大米及其他食用油≤10μg/kg；

其他粮食、豆类和发酵食品≤5μg/kg；

婴儿代乳食品≤5μg/kg。

(4)青霉毒素

发霉稻谷脱粒后会形成"黄变米"或"沤黄米"，这主要是由于岛青霉污染所致。黄变米在我国南方比较普遍。大米水分为14.6%，在12℃～13℃也可形成黄变米。黄变米毒素可分为以下3类。

①橘青霉毒素：橘青霉污染的米粒呈黄绿色。精白米易受此污染。除了橘青霉外，暗蓝青霉、黄绿青霉、扩展青霉、点青霉、变灰青霉、土曲霉等霉菌也能产生这种毒素。该毒素难溶于水，为一种肾毒。

②岛青霉毒素：岛青霉污染的米粒呈黄褐色溃疡性病斑。除含有岛青霉毒素外，还可能包括黄天精、环氯肽、红天精。岛青霉毒素和黄天精均有较强的致癌活性，环氯肽为含氯环结构的肽类，有很强的急性毒性。

③黄绿青霉毒素：黄绿青霉污染的米粒上有淡黄色病斑，该毒素不溶于水，加热至270℃失去毒性，为强神经毒性。

青霉中其他主要毒素有展青霉毒素和青霉酸。展青霉毒素主要由扩展青霉产生，可溶于水、乙醇，在碱性溶液中不稳定，易被破坏。扩展青霉可使苹果腐烂。青霉酸由软毛青霉、圆弧青霉、棕曲霉等产生，极易溶于热水、乙醇。青霉酸有致突变作用。在玉米、大麦、豆类、小麦、高粱、大米、苹果上均检出青霉酸。青霉酸是在20℃以下形成的，所以低温储藏食品霉变可能污染青霉酸。

(5)镰刀菌毒素

镰刀菌毒素是由镰刀菌产生的，已发现十几种，主要有单端孢霉烯族化合物、玉米赤霉烯酮、丁烯酸内酯、伏马菌素等毒素。镰刀菌大部分是植物的病原菌，并能产生毒素。

单端孢霉烯族化合物是引起人畜中毒最常见的一类镰刀菌毒素。我国粮食和饲料中常见的是脱氧雪腐镰刀菌烯醇（DON）。DON主要存在于麦类赤霉病的麦粒中，玉米、稻谷、蚕豆等感染赤霉病也含有DON。麦粒如在前期感染，则麦粒皱缩、干瘪，并有灰白色和粉红色霉状物；如在后期感染，麦粒饱满，但胚部呈粉红色。DON又称致吐毒素，易溶于水、热稳定性高。在烹调过程中不易破坏。另外有一种T－2毒素，会引起食物中毒性白细胞缺乏症；主要污染田间过冬的玉米、大麦、小麦、燕麦和饲料等；具有致畸性和致突变性，但致癌活性较弱。

玉米赤霉烯酮：玉米赤霉烯酮又称为F－2毒素，是一种雌性发情毒素，主要作用于生殖系统。妊娠期的人食用含玉米赤霉烯酮的食物可引起流产、死胎、畸胎、中枢神经系统中毒。玉米赤霉烯酮主要污染玉米，也可污染小麦、大麦、燕麦和大米等粮食作物，其不溶于水，溶于碱性水溶液，耐热性较强，110℃下处理1小时才被完全破坏。

伏马菌素：伏马菌素是最近受到发达国家极大关注的一种霉菌毒素。其是致癌剂和神经鞘脂类生物合成的抑制剂。主要污染玉米及玉米制品，具有水溶性，对热稳定，不易被蒸煮破坏。

丁烯酸内酯：丁烯酸内酯在黑龙江省和陕西省的大骨节病区所产的玉米中发现。其易溶于水，在碱性水溶液中极易水解。

（6）杂色曲霉素

杂色曲霉素主要由杂色曲霉和构巢曲霉等真菌产生，其急性毒性不强，慢性毒性主要表现为肝和肾中毒，致癌性仅次于黄曲霉毒素。其中的杂色曲霉毒素Ⅳa是毒性最强的一种，不溶于水。杂色曲霉和构巢曲霉有80%以上的菌株产毒。糙米中易污染杂色曲霉毒素，糙米经加工成精米后，毒素含量可以减少90%。杂色曲霉主要污染玉米、花生、大米和小麦等谷物。

（7）赭曲霉素

赭曲霉素的产毒菌株有赭曲霉、硫色曲霉、纯绿青霉、圆弧青霉和产黄青霉等。赭曲霉素的急性毒性较强，致死原因是肝、肾的坏死性病变，其具有致畸性，但未发现其具有致癌和致突变作用。其易溶于碱性溶液。赭曲霉的适宜基质是玉米、大米和小麦。

（8）麦角中毒

食用含有麦角的谷物可引起中毒。麦角是麦角菌侵入谷壳内形成的黑色和轻微弯曲的菌核。在收获季节如碰到潮湿和温暖的天气，谷物很容易受到麦角菌的侵染。麦角中毒可分为两类，即坏疽性麦角中毒和痉挛性麦角中毒。麦角毒素是以麦角酸为基本结构的生物碱衍生物。

（9）交链孢霉毒素

交链孢霉是粮食、果蔬中常见的腐败霉菌之一。交链孢霉产生多种毒素，有致畸和致突变作用。交链孢霉毒素在自然界产生水平低，一般不会导致人或动物发生急性中毒，但长期食用有慢性毒性，在番茄及番茄酱中检出过该毒素。

【病毒对烹饪食材的影响】

生吃带有肠道病毒的食品易患病毒性腹泻。贝类能够浓缩海水中肠道病毒的浓度高达900倍。特别是贝类中的诺沃克病毒是吃海鲜的旅游者腹泻的主要原因，常造成饭店顾客群发性食物中毒。如果水体被甲肝或乙肝患者的排泄物污染，贝类就可将肝炎病毒浓缩并滞留于其组织中。如果生食此种贝类（如毛蚶、牡蛎、蛏子、蛤蜊），就有感染肝炎病毒的可能，进而发展成肝炎，危害健康。另外，病毒可引起其他人畜共患病，如狂犬病、口蹄疫病、慢病毒病、疯牛病。

【寄生虫、昆虫对烹饪食材的影响】

该种污染主要是寄生虫及其虫卵。畜肉中常见的寄生虫病有猪囊尾蚴病、旋毛虫病、肝吸虫病、弓形体病。水产品中常见的寄生虫病有华支睾吸虫病、并殖吸虫病、裂头蚴病等，农产品中常见的寄生虫病有猪姜片吸虫病、钩虫病、蛔虫病。由两种寄生虫所引起的人类疾病受到最广泛的关注。一种是由隐孢子虫污染生水、未消毒牛奶、生菜和凉菜引起的胃肠道疾病；另一种是由圆孢子虫污染生水、水果等引起的疾病。

昆虫污染主要有粮食中的甲虫、螨类和蛾类等虫卵，以及动物性食品和某些发酵食品中的蝇蛆等。昆虫可作为传播疾病的媒介。如蝇类、蟑螂，它们可将各种病原菌从污染源带到食品中，造成食品污染，人们食用受污染的食品会引起食物中毒及其他疾病的发生。

【化学性有害因素】

1.农药

按用途可将农药分为杀虫剂、杀菌剂、除草剂、杀线虫剂、杀螨剂、杀鼠剂、杀螺剂、落叶剂和植物生长调节剂等类型。按化学组成及结构可将农药分为有机磷、氨基甲酸酯、拟除虫菊酯、有机氯、有机砷、有机汞等多种类型。其中使用最多的是杀虫剂、杀菌剂和除草剂三大类。

在 20 世纪 70 年代之前使用有机氯农药的量比较大，现在主要是有机磷农药和除草剂。目前一半以上食品可检出杀虫剂的残留。农药残留是指农药使用后残存于生物体、食品（农副产品）和环境中的微量农药原体、有毒代谢物、降解物和杂质的总称。农药通过大气和饮水进入人体的仅占 10%，通过食物进入人体的占 90%。

而农药污染食品的途径主要有以下几方面：

施用农药后对作物或食品的直接污染。

空气、水、土壤的污染造成动植物体内含有农药残留，而间接污染食品。

来自食物链和生物富集作用，如从水中农药→浮游生物→水产动物→高浓度农药残留食品，如饲料污染农药而导致肉、奶、蛋的污染，含农药的工业废水污染江河湖海进而污染水产品等。

运输及储存过程中由于和农药混放而造成食品污染。

一般内吸性农药在植物内部农药残留量高于植物体外部，而渗透性农药在外表的农药浓度高于内部。施药次数越多，农药浓度越高，残留在植物中的农药量也越高。在最后一次施药至作物收获所允许的间隔天数（安全间隔期）内施用农药，农药残留检出也较高。叶菜类植物的农药残留量一般高于果菜和根菜类。

（1）有机氯农药

有机氯农药常用的包括 DDT、六六六、林丹、艾氏剂、狄氏剂、氯丹、七氯和毒杀酚等。绝大部分有机氯农药因其残留严重，并具有一定的致癌活性而被禁止使用。但由于这类农药在环境中具有很强的稳定性，不易降解，所以易于在生物体内蓄积和通过食物链的生物富集，目前仍是食品中重要的农药残留物质。该类农药多储存在动植物体脂肪组织或含脂肪多的部位，在各类食品中普遍存在，但含量在逐步减少，目前基本上处在 μg/kg 的水平。对人的危害主要是由于蓄积性所造成的慢性毒性。

(2)有机磷农药

有机磷农药早期发展的大部分是高效高毒品种，如对硫磷、甲胺磷、毒死蜱和甲拌磷等。而后逐步发展了许多高效、低毒、低残留品种，如乐果、敌百虫、马拉硫磷、二嗪磷和杀螟松等。有机磷农药主要在植物性食品中残留，尤其是水果和蔬菜最易吸收有机磷，且残留量高。有机磷酸酯类农药有水溶性和脂溶性两种。有机磷农药虽然蓄积性差，主要为急性毒性，目前我国的急性农药中毒事件多由有机磷农药引起中枢神经中毒，但其也具有一定的慢性毒性，长期反复摄入可造成肝损伤。一般要求施药后7～10d采收。

(3)除草剂

◎氯酚酸酯：氯酚酸酯是目前广泛使用的除草剂，其模仿植物的生长激素——吲哚乙酸。2,4－D(2,4－二氯苯氧乙酸)和2,4,5－T(2,4,5－三氯苯氧乙酸)是此类除草剂的代表。2,4－D和2,4,5－T对哺乳动物具有相对较低的急性毒性。摄入较低剂量可造成肌肉虚弱。大剂量摄入可引起肢体僵硬和昏迷。其在人体中的蓄积性较差，故慢性中毒并不常见。美国已经禁止2,4－D在果蔬保鲜上使用，原因是可能含有二噁英杂质。我国国标还允许在柑橘保鲜、豆芽催芽上使用。

◎TCDD(氯化氧撑萘类化合物)：TCDD是一类重要的除草剂，其中最重要的化合物是4－氯－2苯－p－二噁英(TCDD)。TCDD具有亲脂性，其热稳定性高，在超过700℃的温度下才发生化学分解。TCDD中毒最常见的症状是氯痤疮和肾功能出现异常。长期摄入低剂量的TCDD可能使人致癌。

(4)氨基甲酸酯农药

氨基甲酸酯类杀虫剂的使用量已超过有机磷农药，销售额仅次于拟除虫菊酯类农药，位居第二。使用量较大的有速灭威、西维因、涕灭威、克百威、叶蝉散和抗蚜威等。其在酸性条件下较稳定，遇碱易分解，暴露在空气和阳光下易分解，在土壤中的半衰期为数天至数周。主要通过消化道被吸收。1985年，在美国加州由于涕灭威污染西瓜造成281人生病入院。涕灭威具有高度水溶性，可以在含水分多的食物中富集至危险的水平。氨基甲酸酯对人的毒性不强，但具有致突变、致畸和致癌作用。

(5)拟除虫菊酯农药

拟除虫菊酯农药对人的毒性很低。目前，有近20种拟除虫菊酯杀虫剂投入使用，约占世界杀虫剂市场总份额的25%。主要品种有氯氰菊酯、氰戊菊酯、溴氰菊酯和甲氰菊酯等。拟除虫菊酯在生物体内基本不产生蓄积效应，其为中枢神经毒。拟除虫菊酯在作物中的残留期为7～30天。因此，作物喷该类农药后一般要求30～35天后采收。

食品储藏一般可以降低农药残留。谷物在仓储过程中农药残留量缓慢降低，但部分农药可逐渐渗入内部而致谷粒内部残留量增高。常用的食品加工过程一般可不同程度地降低农药残留量，但特殊情况下亦可使农药浓缩、重新分布或生成毒性更大的物质。植物的烹饪原料应按照《食品安全国家标准：食品中农药最大残留限量》(GB2763－2019)中关于食品中农药最大残留限量的要求。

【食物中的兽药残留】

兽药残留是指动物产品的任何可食部分所含兽药的母体化合物或其代谢物，以及与兽药有关的杂质的残留。兽药对食品的污染途径有畜禽疾病用药、饲料添加剂、保鲜使用药物。兽药残留物主要有两大类，即抗生素残留和激素类残留。残留兽药没有急性毒性，但会慢慢蓄积而导致各种器官的病变。药物或其代谢产物与内源大分子共结合产物称为结合残留。动物组织中存在结合残留。主要残留兽药有抗生素类、磺胺药类、呋喃、抗球虫药、激素药类和驱虫药类。

◎兽药的危害

(1)一般毒性。如磺胺类药物可引起肾损害，氯霉素可以造成再生障碍性贫血，氨基β—糖苷类的链霉素可以引起药物性耳聋等。一些兽药具有急性毒性，如β—受体阻断剂、β—受体激动剂、镇静剂、血管扩张剂以及致敏药物如青霉素等。

(2)过敏反应和变态反应。例如青霉素、四环素、磺胺类药物以及某些氨基糖苷类抗生素等。

(3)增加细菌耐药性。当人体发生疾病时，会给临床上的治疗带来困难，导致人体内菌群失调，对人体造成危害。

(4)致畸、致癌、致突变作用。苯并咪唑类药物有潜在的致畸性和致突变性。苯咪唑、阿苯达唑和苯胺硫酯有致畸作用。同时，洛硝达唑有很高的致突变性，残留于食品中的克球酚和某些雌激素具有致癌作用。

(5)儿童食用给予促生长激素的食品导致性早熟。一些属于类甲状腺素药物的β—受体激动剂，如盐酸克伦特罗，可导致嗜睡等不良反应。

◎兽药残留污染的主要原因

(1)不遵守休药期规定。休药期是指畜禽停止给药到其产品允许上市或制成为食品的间隔时间。

(2)未正确使用兽药和滥用兽药。

(3)使用未经批准的药物。例如为了使动物改变肌肉和脂肪比例，多长瘦肉而使用盐酸克伦特罗。为了使甲鱼和鳗鱼长得肥壮而使用己烯雌酚等。

(4)饲料在加工、生产过程中受到污染。1985年，美国兽医中心的调查结果则是不遵守休药期的占51%，使用未经批准的药物占17%，未做用药记录的占12%。肝、肾中兽药浓度比较高。在鸡蛋中，与蛋白质结合率高的脂溶性药物容易在卵黄中蓄积。使用了激素或抗生素的乳牛可将其代谢产物通过泌乳过程而排到牛奶中。一般说来，各种畜禽、鱼类的肌肉、脂肪组织、肝、肾、奶、蛋、蜂蜜等都可成为抗生素和激素的污染对象。

◎兽药残留的种类

(1)抗生素类药物残留。美国曾检出12%的肉牛、58%的犊牛、23%的猪、20%的禽肉有抗生素残留。日本曾有60%的牛和93%的猪被检出有抗生素残留。但是抗生素残留很少超过法定的允许量标准。近几年来，抗生素使用在蜜蜂中逐渐增多。因为在冬季蜜蜂常发生细菌性疾病，抗生素治疗致使蜂蜜中残留抗生素，主要的抗生素残留有四环素、土霉素、金霉素等。

(2)磺胺类药物的残留。磺胺类药物可在肉、蛋、乳中残留。其主要发生在猪肉中，其次是小牛肉和禽肉中残留。

(3)呋喃类药物的残留。呋喃西林毒性太大，我国已经不允许使用。

(4)重组牛生长激素。牛生长激素是动物脑垂体分泌的内源性激素，1993年美国FDA允许在奶牛中使用重组牛生长激素，以提高牛奶产量。但荷兰、英国等欧洲国家认为牛生长激素的摄入会降低牲畜免疫力，使动物易于受到病毒和细菌的侵袭，并会摄入更多的抗生素。我国未允许这类促泌乳激素的使用。

(5)盐酸克伦特罗。盐酸克伦特罗又称为瘦肉精，它是一种β—受体阻断剂。其毒性中等，毒性作用有嗜睡、心动过速以及强直性惊厥。盐酸克伦特罗是世界上许多国家包括中国都明令禁用的药物。除以上药物的残留问题外，激素类药物残留主要是己烯雌酚、己烷雌酚、双烯雌酚和雌二酚。1993年以前，湖北省在出口香港的鸡中均检出以上4种激素残留。这4种激素可使儿童患肥胖症。

目前，农业农村部严禁使用的促生长作用的激素和兽药包括以下几种：

β—受体激动剂，如盐酸克伦特罗、沙丁胺醇等。

性激素，如己烯雌酚。

促性腺激素。

同化激素。

具有雌激素样作用的物质，如玉米赤霉醇等。

催眠镇静药，如安定、安眠酮。

拟肾上腺素药，如异丙肾上腺素、多巴胺等。控制动物性食品中的兽药残留措施主要是加强药物的合理使用规范，严格规定休药期和制定动物性食品药物的最大残留限量，加强监督检测工作。另外，消费者可通过烹调加工、冷藏等方法减少食品中的兽药残留。世界卫生组织估计肉制品中的四环素类兽药残留经加热烹调后，5～10mg/ kg 的残留量可降低至 1mg/ kg 。氯霉素经煮沸30分钟后，至少有85%失去活性。

动物烹饪原料按照《食品安全国家标准—食品中兽药最大残留限量》(GB31650－2019)中关于食品中兽药最大残留限量的要求。

【食物中的工业污染】

工业生产排出的废水、废气和废渣中含有各种有毒物质，可污染水中生物、农作物、牧草等，进而污染各种烹饪原料。例如 SO_2、Cl_2、HCl、氟化物、汽车尾气、氧化剂、粉尘等。其中最突出的是工业生产和垃圾焚烧中产生的二噁英。无机有毒物，包括各类重金属(汞、镉、砷、铅、铬等)和氰化物、氟化物等。有机有毒物主要为苯酚、多环芳烃和各种人工合成的具有积累性的稳定的有机化合物，如多氯联苯。对全球的大气、土壤和水源造成污染的工业污染物主要是多环芳烃、多氯联苯和二噁英等。其他如铅、汞、镉等重金属也是比较主要的工业污染物。

◎多氯联苯

多氯联苯是一大类含不等量氯的联苯化合物，种类有210多种。目前全世界年产多氯联苯超过100万吨，在美国每年有400吨以上的多氯联苯以废弃的润滑液、液压液和热交换液的形式排入江河，使河床沉积物中的多氯联苯含量达到13mg/ kg ，而日本近海的多氯联苯蓄积残留总量在25～30万吨。这种化合物具有极强的稳定性，很难在自然界降解，其主要通过对水体的大面积污染，通过食物链的生物富集作用污染水生生物，因此这类物质最容易集中在海洋鱼类和贝类食品中。以美国和加拿大交界的大湖地区为例，受污染的湖水中的多氯联苯含量为0.001mg/ L ，而湖中鱼的该物质含量达到10～24mg/kg 。此外，水生生物不同部位中的多氯联苯含量也有差异。例如，海洋鱼类可食部分（肌肉）的多氯联苯含量一般为 1～10mg/kg，但鱼肝中的多氯联苯含量可高达 1000～6000mg/kg。

非鱼类食物中多氯联苯的含量一般不超过 15μg/kg，但有些食物油的多氯联苯含量可达 150μg/kg。这是因为在食用油精炼过程中，传热油和润滑油渗入食品，从而导致多氯联苯污染。1978 年，在日本九州发生的米糠油精炼过程中加热管道的多氯联苯渗漏，有 14000 人中毒，124 人死亡。另外，食品储罐的密封胶和废纸板中的多氯联苯含量也很高，可污染食品。

多氯联苯对人类具有急性毒性和致癌性，但多氯联苯是相对较弱的致癌物。

◎二噁英

二噁英是在有机氯化合物（如农药等）的合成过程中作为微量不纯物而生成的副产品。有机氯化合物燃烧时产生二噁英。因此，含氯固体垃圾的焚烧处理是城市二噁英污染的主要来源。其他来源有造纸工业的漂白过程、金属精炼等。因其毒性极高，故世界卫生组织规定人体暂定每日允许摄入量为 1～4pg/ kg（皮克/千克）。

二噁英确切的术语应为多氯代二苯并—对—二噁英（ PCDDs ）和氯代二苯并呋喃（ PC—DFs ）。PCDDs 有 75 个异构体，而 PC—DFs 有 135 个异构体。二噁英中毒性最强的是 2，3，7，8－ TCDD。其为固体，沸点与熔点较高，加热到 800℃才降解，具有亲脂性而不溶于水。在食物链中，其可以通过脂质发生转移和生物富集。人体接触的二噁英 90％以上是通过膳食接触的，而动物性食品是其主要来源。二噁英对食物的污染主要是由于农田里各种沉积物、废弃的溢出物、淤泥的不恰当使用，奶牛、鸡和鱼食用污染的饲料。由于食物链的浓缩作用，在鱼类、贝类、肉类、蛋类和乳制品中可达到较高的浓度。二噁英在蔬菜类等农产品中含量甚少。纸张在氯漂白过程中产生二噁英，可以发生迁移造成食品污染。二噁英的主要吸收途径有消化道和肺。2，3，7，8－ TCDD 可能无遗传毒性。它不是癌症直接的引发剂，而是强烈的促进剂，有致畸作用，免疫毒性大。农药 2，4，5— 三氯苯氧基乙酸（2，4，5－ T ）容易产生 2，3，7，8－ TCDD。

有害金属元素主要通过食物和饮水摄入，一些金属元素在较低摄入量时就有明显的毒性作用。如铅、镉、汞等，常称为有毒金属。另外，许多金属元素如铬、锰、锌、铜等，如摄入过量时也有毒或潜在的危害。

食品中的有害金属主要来源于以下几方面：自然环境中的高本底含量；人为的环境污染；食品加工器械等导致食品的污染。

食品中有害金属污染的毒作用特点为：强蓄积性，进入人体后排出缓慢；可通过食物链的生物富集作用而在生物体及人体内达到很高的浓度，如鱼、虾等水产品富集汞和镉等金属毒物的含量可能高达环境浓度的数百倍；有毒、有害金属污染食品对人体造成的危害常以慢性中毒和远期效应为主。

（1）汞：甲基汞等有机汞是最具有毒性的汞成分，是人类汞中毒的主要原因。1953 年，日本发生水俣病。受害人达 20000 多人，严重中毒 1000 人，其中有 50 多人死亡。熊本县水俣镇有多个生产乙醚和氯乙烯的化工厂，这些工厂均以汞作为催化剂，工厂的废水中金属汞在水体的淤泥中转化为甲基汞，然后通过食物链富集在鱼体中，从而导致了灾难的发生。1972 年，伊拉克发生因食用汞杀虫剂处理过的小麦而出现中毒事件，有 6530 人被送入医院,有 459 人死亡。

大多数植物性食物中汞水平通常很低。鱼和贝类是被汞污染的主要食品,对人体的危害最大。水生生物对汞有很强的蓄积能力。我国目前规定鱼和贝类的汞含量不得超过 0.3mg/kg,其中甲基汞不超过 0.2mg/kg,肉、蛋、油为 0.05mg/kg,乳制品为 0.01mg/kg,谷物为 0.02mg/kg,水果和蔬菜为 0.02mg/kg。胃肠道对金属汞的吸收率低于 0.01%。但胃肠道对有机汞的吸收率很高。无机汞中毒主要影响肾,造成尿毒症。甲基汞有高度脂溶性,甲基汞中毒主要影响神经系统和生殖系统。

(2)铅:地表水和地下水中的铅浓度分别为 0.5μg/L 和 1~60μg/L。石灰地区的天然水中铅的含量可高达 400~800μg/L。世界卫生组织建议饮用水中的最大允许限量为 50μg/L。在远洋鱼中铅的自然含量为 0.3μg/kg。生长在城市郊区、交通干线、大型工业区和矿山附近的农作物往往有较高的含铅量。例如,生长在高速公路附近的豆荚和稻谷含铅量为 0.4~2.6mg/kg,是种植在乡村区域的同种植物的 10 倍。

使用含铅的铅锡金属管道和劣质上釉陶瓷器皿,可造成铅对食品的直接污染。铅锡焊罐是食品重要的铅污染源,例如在青鱼罐头生产中,其含铅量升高几十倍到几千倍。而电阻焊罐可降低铅的污染。我国传统食品松花蛋由于在加工过程中曾使用黄丹粉(Pb_3O_4),往往有很高的含铅量。我国规定一般食品中的含铅量不得超过 1mg/kg 或 1mg/L。人每天摄入铅大多数来自食品中。食物中植物油增加,可促进对铅的吸收。

急性铅中毒现象比较少见。铅的毒性主要是由于其在人体的长期蓄积所造成的神经性和血液性中毒。儿童对铅特别敏感,儿童对食品中铅的吸收率要比成人高很多。

(3)镉:镉主要通过对水源的直接污染以及通过食物链的生物富集作用造成危害。日本的富山县神通川在 1946—1955 年发现了骨痛病。该病主要是因人食用了镉污染的大米所致。

一般食物中含镉量很低。被镉污染的食物主要是鱼类、贝类等水生生物。鱼和贝类可从周围的水体中富集镉,其体内浓度比水高出 4500 倍。在镉污染严重的海域中捕获的牡蛎体内含镉比鱼还高几千倍。在通常情况下,饮食中的镉水平并未引起人的健康损害。

大多数肉类含镉量比较低,吸收的镉大约有 50%分布在肾和肝中。特别是氧化镉的毒性非常大。急性中毒症为中枢神经中毒。镉的慢性毒性主要表现在使肾中毒和骨中毒,并对生殖系统造成损害,镉还有致癌活性。

【硝酸盐和亚硝酸盐】

N—亚硝基化合物是对动物具有较强致癌作用的一类化学物质,有 300 多种亚硝基化合物,其中 90%具有致癌性。根据分子结构不同,N—亚硝基化合物可分为 N—亚硝胺和 N—亚硝酰胺。

◎亚硝胺

亚硝胺在中性和碱性环境中较稳定,在酸性环境中易破坏。加热到 70℃~110℃,N—N 之间可发生断裂。

◎亚硝酰胺

亚硝酰胺的化学性质活泼,在酸性和碱性条件下均不稳定。

一般蔬菜中的硝酸盐含量较高,而亚硝酸盐含量较低。但腌制不充分的蔬菜、不新鲜的蔬菜、泡菜中含有较多的亚硝酸盐(部分硝酸盐在细菌作用下,转变成亚硝酸盐)。腌制动物性食品如腊肠、肉肠、灌肠、火腿和午餐肉中常加硝酸盐和亚硝酸盐作为防腐剂和发色剂。在适宜的条件下，亚硝酸盐可与肉中的氨基酸发生反应，生成亚硝基化合物，生成 N—亚硝胺和亚硝酰胺致癌物。同时，食用亚硝酸和有机胺，胃可能是合成亚硝胺的主要场所，口腔和感染的膀胱也可以合成一定量的亚硝胺。亚硝胺是一种很强的致癌物质，并具有较强的致畸性，使胎儿神经系统畸形。

由于大量使用氮肥，一些蔬菜如卷心菜、花椰菜、胡萝卜、芹菜和菠菜通常有很高的硝酸盐含量（1000～3000mg/ kg），一般成年人每天摄入约 100mg 硝酸盐。其中 70%～90% 的硝酸盐来自叶类和根类蔬菜，而腌肉仅占 9%。硝酸盐在人体的口腔和肠道中可由细菌还原形成亚硝酸盐。亚硝酸盐在大多数食物中的含量不是很高，成人每天摄入亚硝酸盐为 2.0～11.2mg，主要来自腌制食品。蔬菜在腌制过程中，亚硝酸盐含量在 7～15 天时会升高，20 天后明显下降，食用比较安全。腌制蔬菜中有一种浮在液体表面的霉菌——白地霉菌，可将蔬菜中的硝酸盐转变为亚硝酸盐。大量摄入硝酸盐和亚硝酸盐可诱导高铁血红蛋白血症，可致死亡。该病经常发生在饮用水中硝酸盐含量较高的地区，而且多发于婴儿。硝酸盐的摄入也能减少人体对碘的消化吸收，从而导致甲状腺肿大。硝酸盐也有致畸性。

海产品、肉制品、啤酒及不新鲜的蔬菜等含有比较高的亚硝酸盐。腌制的肉类、熏肉和咸鱼含有亚硝胺。腌制食品如果再用烟熏，则亚硝胺化合物的含量将会更高。鱼类在经亚硝酸盐处理后会自然形成亚硝胺化合物。对用亚硝酸盐处理过的食物进行加热或油煎也可产生亚硝胺。经亚硝酸盐处理的腌肉（咸肉）在油煎时，可产生含量高达 100mg/ kg 的强致癌物一亚硝基吡咯烷。

预防方面应该减少其前体物的摄入量，应该限制食品加工过程中的硝酸盐和亚硝酸盐的添加量，尽量食用新鲜蔬菜等。在腌制肉类食品时加入异抗血酸盐或抗坏血酸盐等还原剂，可大大减少腌制食品中亚硝胺的形成。通过增加新鲜蔬菜和水果的摄入量来阻断亚硝基化反应，能有效地预防由亚硝胺诱发的肿瘤的发生。

烹饪原料需要符合《食品安全国家标准一食品中污染物限量》（GB2762－2017）中关于食品中污染物限量的要求。广泛测定的有铅、镉、汞砷、铬。也有一些特别测定：锡（镀锡版包装的婴幼儿食品和饮料）、镍（氢化植物油及其产品）、亚硝酸盐（蔬菜及其制品，乳及其制品，包装饮用水，特殊膳食食品）、硝酸盐（矿泉水，特殊膳食食品）、苯并（a）芘（谷类、油脂、肉和水产熏烧烤类）、N—二甲基亚硝胺（肉和肉制品，水产动物及其制品）、多氯联苯（水产动物及其制品）、3－氯－1，2－丙二醇（酸水解植物蛋白调味品）。

【食品添加剂】

联合国粮食及农业组织与世界卫生组织推荐使用的食品添加剂有 400 多种（不包括香精、香料）。香精、香料占总食品添加剂的 80%左右。一般认为有安全（GRAS）标志的添加剂相对比较安全。此外，要严格控制使用量。

国内外因为添加剂毒性问题，不断地禁止使用一些原来一直使用的食品添加剂，例如甲醛、硼酸、硼砂、β—紫酚、水杨酸、吊白块、硫酸铜、黄樟素、香豆素等。但是目前还有一些不良商人违法使用。

食品添加剂的毒性如下。

急性和慢性中毒：天津市、江苏省、新疆维吾尔自治区等地，皆发生过因使用含砷的盐酸、面碱及过量使用添加剂如亚硝酸盐、漂白剂、色素而发生急性、慢性中毒。

引起变态反应：糖精可引起皮肤瘙痒症、日光性过敏性皮炎，苯甲酸及偶氮类染料皆可引起哮喘，香料中的很多物质可引起呼吸道器官发炎，柠檬黄引起支气管哮喘、荨麻疹等。

体内蓄积：国外在儿童食品中加入维生素 A 作为强化剂，如在蛋黄酱、奶粉、饮料中加入这些强化剂，经摄食后 3～6 个月总摄入量达到 25～84 万单位量时，出现慢性中毒。维生素 D 过多摄入也可引起慢性中毒。食用油和肉制品抗氧化剂二丁基羟基甲苯(BHT)如过量也可在体内蓄积。

食品添加剂转化产物问题：糖精中的邻甲苯磺酰胺杂质，用氨法生产的焦糖色中的 4—甲基咪唑，赤癣红色素转化成荧光素，焦碳酸二乙酯转化成强烈致癌物质氨基甲酸乙酯，亚硝酸盐形成亚硝基化合物，偶氮染料形成游离芳香族胺等。

(1)防腐剂

苯甲酸及钠盐：苯甲酸钠能够改变细胞膜的透性，抑制细胞膜对氨基酸的吸收，抑制脂肪酶等酶的活性，使 ATP 合成受阻。苯甲酸没有慢性毒性。大量摄入苯甲酸导致肝、胃严重病变，甚至死亡。

对羟基苯甲酸乙酯：对羟基苯甲酸乙酯有明显的膜毒性，它可破坏细胞膜的结构，对细胞的电子传递链有抑制作用。大量摄入对羟基苯甲酸乙酯类将影响发育。

(2)抗氧化剂

丁基羟基茴香醚(BHA)、二丁基羟基甲苯(BHT)和没食子酸丙酯(PG)是目前食品工业中最常用的抗氧化剂。BHA、BHT 和 PG 的急性毒性较弱。BHA 可导致实验动物胃肠道上皮细胞的损伤。BHA 具有致癌和防癌的双重作用，取决于癌发生的不同时期。

(3)合成甜味剂

食品工业中常用的合成甜味剂包括阿斯巴甜、糖精钠和甜蜜素等。在一些低热量软饮料及糖尿病患者的食品中往往添加合成的甜味剂。

糖精钠：糖精钠从 1884 年开始生产和使用，是最有争议的合成甜味剂。糖精钠在生物体内不被分解，由肾排出体外。其急性毒性不强，争议主要在其致癌性。动物实验表明，糖精钠除了引起肝癌、肝肿瘤、尿道结石外，还能引起中毒。美国食品药品监督管理局要求在食品中禁止使用糖精钠。我国国家标准允许使用，最大使用量为 0.15g/ kg 。

甜蜜素：甜蜜素的化学名称为环己基氨基磺酸钠。1968 年，美国食品药品监督管理局在大鼠中发现了甜蜜素的致畸、致癌和致突变性。蜜饯常存在糖精钠和甜蜜素超标的情况。甜蜜素在生物体内可转化形成毒性更强的环己胺，具有一定的致癌性。但在食品中达不到致癌性的剂量。

阿斯巴甜：阿斯巴甜又名蛋白糖、甜味素，其化学名称为天门冬酰苯丙氨酸甲酯。阿斯巴甜几乎无毒，但含有苯丙氨酸成分，对苯丙酮酸尿患儿不利。

甘草素：甘草素是从植物甘草根部提取的天然甜味剂。甘草素的甜味来自甘草酸和甘草次酸。甘草酸的苷元即甘草次酸具有细胞毒性，长时间大量食用甘草糖(100g/d)可导致严重的高血压和心脏肥大。甘草次酸对体内糖皮质激素受体有激活作用。因此，甘草次酸不适合加入经常和普遍食用的食品中。

(4)食用色素

苋菜红和柠檬黄:苋菜红具有致癌作用,1976 年,美国食品药品监督管理局和英国等国家禁止其在食品中使用。我国部分食品可以限量使用。致癌性方面有争议,可能致畸胎。柠檬黄有致畸性。每 1 万人中就有 1 人对柠檬黄敏感,尤其是阿司匹林过敏者,过敏症状包括风疹、哮喘和血管性水肿等。柠檬黄在我国烹饪中的添加还是非常普遍的。

焦糖色:焦糖色含有少量致癌的苯并(a)芘。用氨法制造的焦糖色还含有致惊厥的 4—甲基咪唑,对中枢神经系统有强烈的毒性。在慢性毒性实验中,发现实验动物摄入该物质后淋巴细胞和白细胞数目减少。烹饪原料需要符合《食品安全国家标准—食品添加剂使用标准》(GB2760－2014)中关于食品添加剂使用标准的要求,目前存在问题主要是超范围使用和超剂量使用。

(5)香料和风味增强剂

有的天然香料可能有一定的毒性。大茴香和生姜也含有微量的黄樟素,黄樟素有毒。香兰素和乙基香兰素大多是合成产品,广泛添加于奶粉等食品中,该物质的急性毒性不强,但具有嗜神经性,可产生麻醉作用。其他芳香醛类如苦杏仁油(苯甲醛)对中枢神经也有麻醉作用,对皮肤、黏膜和眼睛也有刺激性作用。邻氨基苯甲醛是一种具有葡萄甜香的无色液体,广泛用于制造具有葡萄香味的食品,会引起人类皮肤的过敏。

(6)烹饪原料的包装对安全性的影响

包装容器及包装材料的有害物质,主要是金属容器中的铅,塑料中的稳定剂、增塑剂、单体以及溶剂等。这些有害物质可能会转移到食品中。

塑料的安全问题。塑料的安全性主要涉及部分单体、部分塑料添加剂、溶剂残留、催化剂残留毒性,另外,其热解产物可能有毒。从塑料种类来看,主要有以下几种。

聚氯乙烯(PVC):聚氯乙烯安全性的主要问题是未参与聚合的氯乙烯单体、塑料添加剂(特别是增塑剂)、热解产物。氯乙烯单体是一种致癌物质。

聚苯乙烯(PS):聚苯乙烯的主要安全问题是苯乙烯单体及甲苯、乙苯和异丙苯等溶剂。聚苯乙烯容器储存牛奶、肉汁、糖液及酱油等可产生异味。

聚对苯二甲酸乙二醇酯(PET):在聚合中使用含锑、锗、钴和锰的催化剂容易残留。聚乙烯(PE)、聚丙烯(PP)、聚碳酸酯塑料(PC)安全性较好,基本无毒。

(1)塑料添加剂

主要有以下几种。

增塑剂:为了塑料柔软,添加量很大。邻苯二甲酸酯类是应用最广泛的一种,其毒性较低。

热稳定剂:为了塑料耐高温。大多数为金属盐类。铅盐、钡盐和镉盐对人体危害较大,不能用于食品包装,但是农用和工业用的塑料可能有这些成分。食品包装材料常用有机锡稳定剂,毒性较低。

抗氧化剂:食品包装材料上使用的有 BHA 、BHT 等,非食品包装材料有双酚 A 等抗氧化剂,对人有害。另外,抗静电剂、润滑剂、着色剂并非安全性关注的重点。最重要的是烹饪原料的包装不能使用非食品用塑料材料。

(2)橡胶制品的安全性

橡胶可分为天然橡胶和合成橡胶两大类。

天然橡胶存在添加剂残留,合成橡胶有单体和添加剂残留问题。主要有硫化促进剂、抗氧化剂和增塑剂,如二硫化氨基甲酸盐。硫化促进剂有致畸倾向。其他促进剂例如醛胺类、胍类、硫脲类、噻唑类、次磺酰胺类和秋兰姆类等大多具有毒性。防老剂中的萘胺类化合物,如8一萘胺具有明显的致癌性,能引起膀胱癌。橡胶制品可能接触酒精饮料、含油的食品或高压水蒸气而溶出有毒物质,造成烹饪原料的安全问题。

(3)涂料的安全性

溶剂挥发型成膜涂料:例如过氧乙烯漆、虫胶漆等。与烹饪原料接触,常可溶出造成食品污染。加入的增塑剂也可污染食品。严禁采用多氯联苯和磷酸三甲酚酯等有毒的增塑剂。溶剂也应选用无毒者。

加固化剂交联成膜树脂:主要为环氧树脂和聚酯树脂。常用固化剂为胺类化合物。其毒性主要是单体环氧丙烷和未反应的固化剂,如乙二胺、二乙烯三胺等。用作罐头内壁涂料时,应控制游离酚的含量。

环氧成膜树脂:不耐浸泡,不宜盛装液态食品。接触酸性食品、金属盐类或防锈漆中的红丹(Pb_3O_4)溶入食品。

高分子乳液涂料:以聚四氟乙烯树脂为代表,多涂于煎锅或烘干盘表面,以防止烹调食品黏附于容器上。其卫生问题主要是聚合不充分,可能会有含氟低聚物溶于油脂中。另外,加热超过280℃,会使其分解产生挥发性很强的有毒害的氟化物,造成烹饪加工中的安全性问题。

(4)陶瓷、搪瓷的安全性

陶瓷、搪瓷的安全性主要是由釉彩而引起的,釉的彩色主要是硫化镉、氧化铬、硝酸锰。用搪瓷容器装烹饪原料,釉料中重金属移入食品中带来危害,常见的为铅、镉、锑,特别是酸性食品。

(5)金属包装材料的安全性

铝制品:铝制品主要的卫生问题在于回收铝的制品。杂质金属常见的有锌和镉。

不锈钢:不锈钢有铅、铬、镍、镉和砷杂质,在乙酸中容易溶解出来。

(6)玻璃制品的安全性

应注意原料的纯度,在4%的乙酸中溶出的金属,主要为铅。而高档玻璃器皿(如高脚酒杯)制作时,常加入铅化合物,其数量可达玻璃质量的30%,是较突出的卫生问题。

(7)包装纸的安全性

荧光增白剂。

回收制作的纸的化学污染和微生物污染。

浸非食品级蜡的包装纸中的多环芳烃,例如苯并(a)芘。

彩色或印刷图案中油墨的污染等。彩色油墨可能含有多氯联苯,容易向富含油脂的食物中移溶。不能用非食品用纸包装烹饪原料。

(8)复合包装材料的安全性

主要是黏合剂,它常含有甲苯二异氰酸酯。蒸煮食物时,可以使甲苯二异氰酸酯移入食品,甲苯二异氰酸酯水解可以产生具有致癌作用的2,4—二氨基甲苯(TDA)是不能用非食品级材料。

烹饪食材接触的包装需要符合《食品安全国家标准一食品接触材料及制品通用安全要求》

(GB4806.1－2016),其他涉及包装的还有 GB4806.3－11—2016,都是 2016 年制定的,分别是搪瓷、陶瓷、玻璃、树脂、塑料、纸、金属、涂料、橡胶。另外还有一个《食品安全国家标准－奶嘴》(GB4806.2—2015)。其添加剂要符合《食品安全国家标准－食品接触材料及制品用添加剂使用标准》(GB9685—2016)。

【烹饪食材的物理性安全】

物理性安全主要是食品中出现金属、玻璃、石块等危害健康的物质。这些东西的危害是容易避免的。但是烹饪原料还有一种物理性安全—辐照食品的安全性困扰了很多人。

目前食品实际污染情况主要以半衰期较长的^{139}Cs 和^{90}Sr 最严重。食品放射性污染对人体的危害主要是由于摄入污染食品后放射性物质对人体内各种组织、器官和细胞产生的低剂量长期内照射效应。主要表现为对免疫系统、生殖系统的损伤和致癌、致畸、致突变作用。环境中人为的放射性核素污染主要来源于核爆炸;核废物的排放;意外事故。

环境中的放射性物质可以通过水、大气、土壤污染农作物、水产品、饲料和牧草,经过生物圈进入食品,最终进入人体。其主要的转移途径有以下几方面:向水生生物体内转移;向植物转移;向动物转移。

人为污染的放射性核素主要有以下几种,即^{131}I 、^{90}Sr、^{89}Sr 、^{137}Cs 。在核试验及和平利用原子能产生的放射性物质即人为的放射性污染,^{90}Sr 的沉降量增加,随之膳食和牛奶中含量也明显增加。浮游植物对放射性核素的浓集能力最强。某些海底动物如软体动物和鱼类能蓄积特别危险的^{90}Sr 。牡蛎能蓄积大量^{65}Zn ,某些鱼类能蓄积^{55}Fe 。

辐照食品是用^{60}Co、^{137}Cs 产生的 γ 射线或电子加速器产生的低于 10MeV 电子束辐照加工处理的食品。一般来说,经 10KGy 以下剂量的辐照处理,食品在安全性上都不存在问题。但是食品辐照是利用电离辐射照射物体,激活被照射物质中的分子形成离子或自由基。

辐照食品可能存在的安全性问题主要有以下三个方面:

1.有害物质的生成。根据过高剂量(大于 10KGy)照射有害物质生成的报道,能够带来慢性病害和致畸的问题。

2.营养成分的破坏。经辐照处理的食品,食品中的营养素受到一定的影响。特别是对维生素 A、E 和 K 及维生素 C 的破坏。在 10KGy 以上剂量的食品辐照灭菌中,辐照食品可在风味、组织结构上产生一些不良感官性状变化,出现所谓的辐照气味及褐变反应等。

3.伤残微生物的危害和毒性问题。已有实验证实,在完全杀菌剂量($4.5\times10^{-2}\sim5.0\times10^{-2}Gy$)以下,微生物出现耐放射性,而且反复照射,其耐性成倍增长。这种伤残微生物菌丛的变化,生成与原来腐败微生物不同的有害生成物有可能造成新的危害。

【生产加工过程中的毒性物质】

烹饪食材在烟熏、烧烤等烹调过程中会产生有害物质。衍生毒物(有毒反应物)是食品在制造、加工(包括烹调)或储存过程中化学反应或酶反应形成的(或潜在的)有毒物质。加工技术能引起食品成分的变化。例如,煎炸、烘烤、焙炒等食品处理方法常常引起食品成分(如氨基酸、蛋白质、糖、维生素和脂质)的化学变化,这些处理方法除了能使食品的营养素含量降低外,还随之产生一些有毒和致癌的物质,如多环芳烃、杂环胺和 N—亚硝胺等。在食品加工过程中产生的致癌物可使人患癌。例如,在喜食熏鱼的北欧国家——冰岛、芬兰和挪威,胃癌的发病率非常高。我国胃癌和食管癌高发区的居民也有喜食烟熏肉和腌制蔬菜的习惯。

1.多环芳烃类

多环芳烃是煤、石油、木材、烟草、有机高分子化合物等有机物不完全燃烧时产生的挥发性碳氢化合物，是重要的环境和食品污染物。迄今已发现有200多种多环芳烃，苯并(a)芘是已发现的200多种多环芳烃中最主要的环境和食品污染物，苯并(a)芘是一种较强的致癌物。

大多数加工食品中的多环芳烃主要源于加工过程本身，而环境污染只起到很小的作用。苯并(a)芘(B(a)P)性质稳定，沸点为310℃～312℃，熔点为178℃，稍溶于乙醇中。在难溶的水中，有致癌性和致突变性，通过水和食物进入人体。在城市及大型工厂附近生长的谷物、水果和蔬菜中的苯并(a)芘含量明显高于农村和偏远山区谷物和蔬菜中所含的量，用这些地区的谷物制成的植物油和用这一地区谷物喂养的食用动物的肉及奶制品中都有较高的苯并(a)芘含量。不过，即使在远离工业中心地区的土壤中，多环芳烃的水平也可能很高，主要是腐烂的蔬菜残留造成的。我国一些地区的农民在沥青路面上晾晒粮食，可造成多环芳烃对食物的直接污染。另外，甲壳类动物由于降解多环芳烃的能力较差，因此往往在体内积聚相当多的苯并(a)芘。

食品中的多环芳烃主要有以下几个来源：

1)食品在烘烤或熏制时往往产生大量的多环芳烃。

2)植物性食物可吸收土壤、水中污染的多环芳烃，并可受大气飘尘直接污染。

3)食品在加工过程中，受机油污染，或食品包装材料的污染，以及在柏油马路上晾晒粮食可使粮食受到污染。

4)污染的水体可使水产品受到污染。

5)植物和微生物体内可合成微量的多环芳烃。

熏制食品(熏鱼、熏香肠、腊肉、火腿等)、烘烤食品(饼干、面包等)和煎炸食品(罐装鱼、方便面等)中主要的毒素和致癌物是多环芳烃，主要是苯并(a)芘。在烤制过程中动物食品所滴下的油粒中苯并(a)芘的含量高于动物食品本身的量达10～70倍。烟熏时产生的苯并(a)芘直接附着在食品表面，随着保藏时间的延长而逐步深入食品内部。一般烧烤油和熏红肠的苯并(a)芘含量要高于烤肉和腊肠。用煤炭和木材烧烤的食品往往有较高的苯并(a)芘含量。烧烤和熏制食品的苯并(a)芘含量一般在0.5～20μg /kg的范围内。熏鱼的苯并(a)芘含量更高，一盒油浸熏鱼的苯并(a)芘含量相当于60包香烟或一个人在一年内从空气中呼吸到的苯并(a)芘量的总和。苯并(a)芘在人体中有累积效应，而且也有极强的致癌性。

煎炸油经常反复使用。方便面和罐装鱼等食品的煎炸温度一般可高达185～200℃或更高。煎炸油产生一系列酮环氧化物、过氧化物、脂肪杂环化合物及大量的脂质自由基。脂肪酸和氨基酸在高温下反应形成苯并(a)芘。面包和饼干的烘烤温度一般高达400℃，也会产生苯并(a)芘。淀粉在加热至390℃时产生0.7μg/kg的苯并(a)芘。淀粉在650℃产生17μg/kg的苯并(a)芘，每百克葡萄糖产生0.7mg苯并(a)芘，每百克脂肪酸产生的苯并(a)芘含量高达8.8μg。另外，油料种子在榨油前一般要进行烘烤，产生多环芳烃。咖啡和茶叶在炒制过程中也可形成类似的多环芳烃。防止苯并(a)芘危害的预防措施包括防止污染、去毒和制定食品中最高允许限量标准。

2.美拉德反应的产物

1912年，法国化学家美拉德发现葡萄糖和甘氨酸溶液共热时可产生褐变反应，并证明蛋白质(氨基酸)的氨基与葡萄糖的羰基发生了聚合反应，这一反应称为美拉德反应或羰氨反应。在面包、糕点和咖啡等食品的烘烤过程中，美拉德反应能产生诱人的焦黄色和独特风味。美拉德反应除形成褐色素、风味物质和多聚物外，还可形成许多杂环化合物。美拉德反应形成的一些产物具有较强的致突变性，可能形成致癌物。

3.杂环胺

20 世纪 70 年代末，人们发现从烤鱼或烤牛肉炭化表层中提取的化合物具有致突变性。这类物质主要是复杂的杂环胺类化合物，主要是咪唑哇啉(IQ)、甲基咪哇啉(MelQx)和咪唑吡啶(如 PhIP)。是在高温下由肌酸、肌酐、某些氨基酸和糖形成的带杂环的伯胺。PhIP 是烹饪食品中含量最多的杂环胺。含 IQ 和 MelQx 的牛肉提取物在人体肝组织中被代谢转化为活性致突变物。IQ 化合物和 PhIP 可诱发肿瘤，而其他氨基酸的热解产物也可以诱发肿瘤。在烹调富含蛋白质的食物时，蛋白质的降解产物—色氨酸和谷氨酸首先形成一组多环芳胺化合物，如色胺热解产物(Trp－p－1 和 Trp－p－2)和谷胺热解产物(Glu－p－1)。色胺和谷胺的热解产物有致突变性，能够提高肿瘤的发生率。氨基酸和蛋白质的热解对实验动物的消化管表现为致癌性。但是其他富含蛋白质的食品如牛奶、奶酪、豆腐和各种豆类在高温处理时，虽然严重炭化但仅有微弱的致突变性。

防止杂环胺危害的措施有以下几方面：

1)改进烹调方法，尽量不要采用油煎和油炸的烹调方法，避免过高的温度，不要烧焦食物。

2)增加蔬菜和水果的摄入量。膳食纤维可以吸附杂环胺，而蔬菜和水果中的一些活性成分又可抑制杂环胺的致突变作用。

3)建立杂环胺的检测方法，尽早制定食品中的允许含量标准。

【转基因食品及其安全性】

转基因食品是指利用生物技术，将有利于人类的外源基因转入受体生物体内(动物、植物、微生物)改变其遗传特性，获得原先不具备的品质与特性，这种以转基因生物为直接食品或为原料加工生产的食品就是转基因食品。转基因食品又称为基因工程食品或基因修饰食品。目前我国采用转基因农产品的标识管理办法。

根据转基因食品的来源，可以将转基因食品分为以下 3 类：

◎转基因微生物食品直接用作食品的转基因微生物，市场上还未曾出现，但利用转基因微生物发酵生产的产品却并不鲜见，如葡萄酒、啤酒、酱油、食品用酶以及食品添加剂等。

◎转基因植物食品主要有转基因大豆、玉米、番茄、马铃薯、油菜及其产品。

◎转基因动物食品主要用于医药领域，而在食品方面较少。目前国外的转基因的番茄、水稻、马铃薯、大豆、西葫芦、芦笋都是安全的。但也有报道转巴西坚果 2S 清蛋白基因的大豆中，新增加了蛋白质，其很可能是过敏原。这是迄今已知的唯一拒绝批准商业应用的例子。现已培育出生长加速的红鲤、镜鲤、普通鲫鱼和白鲫等转基因鱼。全球普遍关注的转基因食品存在的安全性问题主要包括以下 3 个方面。

◎食品本身的安全性：

(1)可能有食品毒性。因为未进行较长时间的安全性试验。

(2)食品过敏性。存在食品过敏性可能。

(3)抗生素的抗性。目前在基因工程中运用的标记基因大多数为抗生素抗性基因(如抗卡那霉素、氨苄西林、新霉素、链霉素等)来标识转基因化的农作物,它们进入食物链,可能会进入人和动物体内的微生物中,从而产生耐药的细菌或病毒。

(4)食物的营养价值下降或降解食品中重要的成分。例如具有芳香、有光泽的红色番茄能储藏几周,但营养价值较低。

◎生态环境的安全:

(1)基因扩散——所转基因向野生植物漂移。

(2)食物链的破坏、打破物种的动态平衡和多样性。

(3)出现新的病毒和毒素。

◎国家经济安全发达国家凭借先进的生物技术水平,在专利权方面导致新的垄断,如"终止子技术"专利就使农民无法留种,使遗传工程技术公司能够谋取高额利润。

第八节　科学安全的烹饪食品

一、绿色食品

绿色食品是遵循可持续发展原则,按照特定的生产方式生产,经中国绿色食品发展中心认定,许可使用绿色食品标志商标的无污染的安全、优质、营养类食品。绿色食品是从普通食品向有机食品发展的一种过渡产品。绿色食品种类繁多,它涉及酒、肉、菜、奶、罐头、水果、饮料、粮食、蛋品、调料等。

绿色食品分为A级绿色食品和AA级绿色食品。A级绿色食品标志许可使用的期限为3年,AA级绿色食品标志有效使用期为1年。绿色食品按技术分级分为A级绿色食品标准和AA级绿色食品标准。AA级绿色食品的要求实际就是有机食品的要求。AA级食品标准要求生产地的环境质量符合《绿色食品产地环境质量》标准,在生产过程中不使用化学合成的农药、肥料、食品添加剂、饲料添加剂、兽药及有害于环境和人体健康的生产资料。在AA级绿色食品生产过程中禁止使用基因工程技术。A级绿色食品标准要求,生产地的环境质量符合《绿色食品产地环境质量》标准,在生产过程中严格按绿色食品生产资料使用准则和生产操作规程要求,限量使用限定的化学合成生产资料,并积极采用生物学技术和物理方法,保证产品质量符合绿色食品产品标准要求。AA级产品标准应达到或优于国家标准、部颁行业标准或地方标准。A级产品标准采用原农业部(现农业农村部)的行业标准,例如,《绿色食品－苹果》(NY/T268—1995)至《绿色食品－西番莲果汁饮料》(NY/T292—1995)。

绿色食品必须同时具备以下条件。

(1)产品或产品原料产地必须符合绿色食品生态环境质量标准。

(2)农作物种植、畜禽饲养、水产养殖及食品加工必须符合绿色食品的生产操作规程。

(3)产品必须符合绿色食品质量和卫生标准。

(4)产品外包装必须符合国家食品标签通用标准，符合绿色食品特定的包装、装潢和标签规定。

如图10-3所示，绿色食品标志由特定的图形来表示。它包括绿色食品标志图形、中文“绿色食品”、英文“Greenfood”及中英文与图形组合共4种形式。绿色食品标志图形由三部分构成，即上方的太阳、下方的叶片和蓓蕾。标志图形为正圆形，意为保护、安全。整个图形描绘了明媚阳光照耀下的和谐生机，告诉人们绿色食品是出自纯净、良好生态环境的安全、无污染食品，能给人们带来蓬勃的生命力。

图10-3　绿色食品标志

AA级绿色食品标志与字体为绿色，底色为白色。A级绿色食品标志与字体为白色，底色为绿色。

图10-4　A级绿色食品标志(左)　　图10-4　AA级绿色食品标志(右)

无公害食品产品标准与绿色食品产品标准的主要区别是二者卫生指标差异很大，绿色食品产品卫生指标明显严于无公害食品产品卫生指标。以黄瓜为例，无公害食品黄瓜卫生指标11项，绿色食品黄瓜卫生指标18项；无公害食品黄瓜卫生要求敌敌畏≤0.2mg/kg，绿色食品黄瓜卫生要求敌敌畏≤0.1mg/kg。另外，绿色食品蔬菜还规定了感官和营养指标的具体要求，而无公害蔬菜没有。绿色食品有包装通用准则，无公害食品则没有。

二、有机食品

南京国际有机产品认证中心(OFDC)认证标准中，有机食品的定义是来自有机农业生产体系，根据有机认证标准生产、加工并经独立的有机食品认证机构认证的农产品及其加工品等，包括粮食、蔬菜、水果、奶制品、禽畜产品、蜂蜜、水产品、调料等。有机食品原料产地无任何污染，在生产过程中不使用任何化学合成的农药、肥料、除草剂和生长素等，在加工过程中不使用任何化学合成的食品防腐剂、添加剂、人工色素和用有机溶剂提取等，在储藏、运输过程中不能受有害化学物质污染，必须符合国家食品卫生法的要求和食品行业质量标准。国际有机农业运动联盟(IFOAM)给有机农业下的定义为：根据有机食品种植标准和生产加工技术规范而生产的、经过有机食品颁证组织认证并颁发证书的一切食品和农产品。其在动植物生产过程中不使用化学合成的农药、化肥、生长调节剂、饲料添加剂等物质，以及基因工程生物及其产物，而是遵循自然规律和生态学原理，采取一系列可持续发展的农业技术，协调种植和养殖业的平衡，维持农业生态系统持续稳定的一种农业生产方式。至今，经 OFDC 认证的有机食品有茶叶、蜂蜜、奶粉、大豆、芝麻、荞麦、小麦、核桃、松子、向日葵子、南瓜子、八角、中药材等近100 个品种。

1.有机食品的必备条件

1)原料必须来自已建立的或正在建立的有机农业生产体系，或采用有机方式采集的野生天然产品。

2)在整个生产过程中必须严格遵循有机食品生产、采集、加工、包装、储藏、运输标准。

3)生产者在有机食品的生产和流通过程中，有完善的质量控制和跟踪审查体系，有完整的生产和销售记录档案。

4)必须通过独立的有机食品认证机构的认证。

2.有机食品生产的基本要求

1)生产基地在最近 3 年内未使用过农药、化肥等违禁物质。

2)种子或种苗来自自然界，未经基因工程技术改造过。

3)生产基地应建立长期的土地培肥、植物保护、作物轮作和畜禽养殖计划。

4)生产基地无水土流失、风蚀及其他环境问题。

5)作物在收获、清洁、干燥、储存和运输过程中应避免污染。

6)从常规生产系统向有机生产转换通常需要两年以上时间，新开荒地、撂荒地需至少 12 个月才有可能获得颁证。

7)在生产和流通过程中，必须有完善的质量控制和跟踪审查体系，并有完整的生产和销售记录档案。

3.有机食品加工的基本要求

1)原料必须是来自已获得有机认证的产品和野生(天然)产品。

2)已获得有机认证的原料在终产品中所占的比例不得少于 95%。

3)只使用天然的调料、色素和香料等辅助原料及《OFDC 有机认证标准》允许使用的物质，不用人工合成的添加剂。

4)有机产品在生产、加工、储存和运输的过程中应避免污染。

5)加工、贸易全过程必须有完整的档案记录，包括相应的票据。

6)从常规生产系统向有机生产转换通常需要两年以上时间，新开荒地、撂荒地需至少 12 个月才有可能获得颁证。

原国家环境保护总局有机食品发展中心检查认证部，2003 年改称为“南京国际有机产品认证中心”，简称 OFDC 。同年，OFDC 获得 IFOAM 的国际认可。2004 年，OFDC 获得中国认证认可监督管理委员会(CNCA)批准，2005 年通过了中国国家合格评定国家认可委员会(CNAS)的认可，成为中国第一个同时获得国内和国际认可的有机认证机构。2006 年，

OFDC 获得国际有机认可委员会(IOAS)的国际认可证书,同时 OFDC 标准也被确认为等同于欧盟 EEC2092/91 的标准。

认证标志如图 10-5、图 10-6 所示,图案由两个同心圆、图案以及中英文文字组成。内圆表示太阳,其中的既像青菜又像绵羊头的图案泛指自然界的动植物;外圆表示地球。整个图案采用绿色。

图 10-5　“有机认证”标志

图 10-6　“有机(天然)食品”认证标志

如图 10-7 所示,农业农村部中绿华夏有机食品认证中心有机食品图形标志采用人手和叶片为创意元素。

图 10-7　有机食品标志

国家市场监督管理总局发布的有机产品标志，如图 10-8 所示。

图 10-8　有机产品标志

考虑到某些物质在环境中会残留相当一段时间，土地从生产其他农产品到生产有机农产品需要 2～3 年的过渡，早期阶段可以对这个过渡期生产的食品申请有机转换食品标志，2014 年 4 月 1 日后，取消了有机转换食品标志。

有机食品标志有机食品与绿色食品、无公害食品的区别：根据我国目前有关法规与标准，有机食品、绿色食品与无公害食品都属于安全食品，但在生产、加工及产品质量等要求和标准上有一定的区别，以满足不同消费层次的需求。有机食品的安全要求最高，在生产、加工和消费中以生态为目标，更强调环境的安全性，突出人类、自然和社会的持续与协调发展。有机食品在其生产加工过程中绝对禁止使用农药、化肥、激素等人工合成物质，并且不允许使用基因工程技术。而无公害农产品、绿色食品则允许有限使用这些技术，且不禁止基因工程技术的使用。有机农产品在土地生产转型方面有严格的规定。考虑到某些物质在环境中会残留相当一段时间，土地从生产其他农产品到生产有机农产品需要 2～3 年的转换期。AA 级绿色食品对应于有机食品。A 级绿色食品兼顾了可持续农业和有机农业的特点并结合我国国情，追求的是经济效益和生态效益相结合的双重效应，如在生产、加工过程中允许有限制地使用化学合成物，但与国际标准尚无法接轨。无公害食品在生产、加工过程中的要求与标准，低于 A 级绿色食品，但符合现行国家卫生标准。

三、无公害食品

无公害农产品是指产地环境、生产过程、产品质量符合国家有关标准和规范的要求，经认证合格获得认证证书并允许使用无公害农产品标志的未经加工或初加工的食用农产品。无公害食品标准主要包括无公害食品行业标准和农产品安全质量国家标准，二者同时颁布。无公害食品行业标准由农业农村部制定，是无公害农产品认证的主要依据。农产品安全质量国家标准由国家质量技术监督检验检疫总局制定。

无公害农产品认证分为产地认定和产品认证，产地认定由省级农业行政主管部门组织实施，产品认证由农业农村部相关部门组织实施，获得无公害农产品产地认定证书的产品方可申请产品认证。

无公害农产品认证是由农业农村部相关部门依据认证认可规则和程序，按照无公害农产品质量安全标准，对未经加工或初加工的食用农产品产地环境、农业投入品、生产过程和产品质量等环节进行审查验证，向经评定合格的农产品颁发无公害农产品认证证书，并允许使用全国统一的无公害农产品标志。

无公害农产品要求有一个无污染的良好生态环境的生产基地，产品的卫生品质标准严于国家颁布的食品卫生标准。

无公害农产品生产技术的核心是通过优化的无公害栽培技术、施肥技术，以及无公害的病虫防治等技术，允许限量、限品种、限时间使用化肥、农药。这类无公害农产品是以农业的初级产品为主，以农产品加工品为辅。

1.无公害食品行业标准

原农业部从 2001 年开始制定、发布了无公害食品标准。包括产地环境标准、产品质量标准、生产技术规范和检验检测方法等，标准涉及 120 多个(类)农产品品种，大多数为蔬菜、水果、茶叶、肉、蛋、奶、鱼等。无公害食品标准以全程质量控制为核心，主要包括产地环境质量标准、生产技术标准和产品标准 3 个方面，无公害食品标准主要参考绿色食品标准的框架而制定。按照国家法律法规规定和食品对人体健康、环境影响的程度，无公害食品的产品标准和产地环境标准为强制性标准，生产技术规范为推荐性标准。如图所示，无公害农产品标志图案主要由麦穗、对钩和“无公害农产品”字样组成，麦穗代表农产品，对钩表示合格，金色寓意成熟和丰收，绿色象征环保和安全。

图 10－9　无公害农产品标志

2.农产品安全质量国家标准

国家市场监督管理总局制定农产品安全质量标准GB18406和GB/T18407,以提供无公害农产品产地环境和产品质量国家标准。农产品安全质量分为两部分,即无公害农产品产地环境要求和无公害农产品产品安全要求。如图所示,无公害农产品标志以一棵象形的大白菜为底,意指农产品的纯净安全,白菜的上面是中文“无公害农产品”6个黑体字,中间是大写的英文字母“GB”,是“国家标准”汉语拼音的缩写,下面是英文单词“safecrop”,即“安全农作物”。

知识链接

越臭越香的蓝纹奶酪

就像咱中国的臭豆腐一样,在法国也有着2000多年历史有“世界之臭”之称的蓝纹奶酪是一款令人回味无穷的神秘存在。据说很久以前,有人把吃了一半的黑麦面包片扔到奶酪桶中,很久之后他再回来的时候,发现面包上的霉菌已经转移到了奶酪上,这位创造者并没有扔掉奶酪,而是首先尝了尝,无与伦比、口味绝伦的蓝纹奶酪被发现了。

说到蓝纹奶酪,它是一种半柔软状的奶酪,质地疏松,易融易碎。易碎也是人们更多喜欢使用这种奶酪的原因。传统的蓝纹奶酪,无硬皮,带白色母体,上面分布着蓝霉,其味道比起一般奶酪来说略显辛香浓郁,口味激烈刺激。制作蓝纹奶酪的核心就是将霉菌引入奶酪,通常人们会使用天然的青霉菌或者曲霉菌,其皆具有独特的香气。而青霉菌的繁殖使奶酪形成了漂亮的蓝色花纹,与其他奶酪不同之处就是蓝纹奶酪是由中心向外趋渐成熟的。而蓝霉菌是一种真菌,它要求要有足量的氧气存在,所以整个奶酪都要用针扎满孔,以便使空气能进入奶酪中,使奶酪的里面和外面都能形成均匀的蓝色霉纹。

大多数的霉菌发酵食品是安全的,甚至还有某些保健功能。如黄酒、米酒中就含有根霉菌;还有数种霉菌参与发酵的国酒茅台;而南方人喜食的酒酿就是以根霉菌发酵的。另外,烹饪中用到的酱料则是由野生霉菌发酵的;而上面提到的臭豆腐就是有霉菌参与而成熟。

【相关贴士】

对青霉素过敏者可以吃蓝纹奶酪吗?

答:青霉有很多亚种,并不是所有的青霉都会产生青霉素。而在不同的条件下,青霉的代谢方式也不尽相同。蓝纹奶酪的制作中,湿度、温度、空气中的氧气等不一定会有青霉素生成。

怎么吃蓝纹奶酪最美味?

答:搭配面包、葡萄酒是最简单传统的吃法。很多的干果蜜饯与蓝纹的咸鲜则是天作之合,如无花果、洋梨、葡萄都是蓝纹奶酪的好搭档。而用它制作酱汁、烤比萨、做沙拉、汉堡更会增添无穷的风味。食用蓝纹奶酪的时候比较适合搭配甜酒,如贵腐、波特酒、雪利酒等,甜咸味相融,对比强烈而鲜明。

第十一章　饮食企业食品安全控制体系

【教学目的】

本章的重点内容包括食品良好生产规范(GMP)基本的原理、GMP的主要内容。饮食企业卫生标准操作程序(SSOP)的含义、包括的内容、具体要求。食品生产中危害分析与关键控制点的基本原理和基本操作程序。

【学习重点】

通过重点内容的学习、理解和掌握,了解饮食企业食品安全控制体系中的较为先进的三项技术,掌握其基本原理和基本的操作内容及如何在饮食企业中运用。

第一节　饮食企业良好生产规范

食品良好生产规范(Good Manufacturing Practice,GMP)是为了保障食品安全和质量而制定的一系列食品生产过程中应遵守的操作规范和技术要求的总称。GMP是国际上普遍采用的用于食品生产的先进的管理系统,它要求饮食企业,应具备良好的生产设备、合理的生产过程、完善的质量管理和严格的监测系统,以确保最终产品的质量符合标准。它将传统的以食品制成品的监测为主的食品卫生预防和控制模式,改变为对饮食企业的全过程管理监控的模式。

GMP最先由美国制定。1969年,美国将GMP的观点引用到食品的生产法规中,公布了《食品制造、加工、包装和存储的现行良好的生产规范》,简称GMP或食品的基本的法案。1969年世界卫生组织向各成员国首次推荐了委员会制定的《食品卫生通用GMP》。一些发达的国家,如英国、加拿大、澳大利亚、日本等也相继制定了本国GMP的管理规范。

我国于20世纪80年代在医药行业率先引入GMP制度。早在1998年,原卫生部就颁布了《保健食品良好生产规范》(GB14705－1998)和《膨化食品良好生产规范》(GB14704－

1998)，这是我国首批颁布的食品 GMP 强制性标准。同以往的"卫生规范"相比，最突出的特点是增加了品质管理的内容，对企业人员的素质及资格也提出了具体的要求。对工程硬件和生产过程管理及自身卫生管理的要求更加具体、全面、严格。原卫生部还组织制定乳制品、熟肉制品、饮料、蜜饯及益生菌类保健食品等企业的 GMP，并将陆续发布实施。因此，GMP 所规定的内容，是饮食企业必须达到的基本条件。

GMP 的主要内容

GMP 法规是一种对生产、加工、包装、储存、运输和销售等加工过程的规范性要求。内容包括：厂房与设施的结构、设备与工器具、人员卫生、原材料管理、加工用水、生产程序管理、包装与成品管理、标签管理以及实验室管理等方面。简单地说，食品 GMP 的重点可以用 4 个 M 来解释：人员（Man）、原材料（Material）、设备（Machine）和方法（Method）。对于饮食企业 GMP 的主要内容有以下几个方面。

(一)人员卫生

1.健康检查

从业人员每年至少进行一次健康检查，必要时进行临时检查。新参加或临时参加工作的人员经健康检查取得健康合格证方可上岗工作。

2.健康要求

凡患有或可能患有下列病症之一者不应从事接触肉品的工作：痢疾、伤寒、病毒性肝炎等消化道传染病（包括病原携带者）；活动性肺结核、化脓性或渗出性皮肤病；其他有碍食品卫生的疾病。

有以上所列病症的人员应立即停止工作，待确诊排除上述疾病或经过治疗痊愈后方可继续参加原有工作。凡受刀伤或有其他外伤的从业人员应立即采取妥善措施包扎防护，暂时调离直接接触食品的工作。

3.个人卫生

从业人员应保持良好的个人卫生，严格遵守各项卫生制度。

(二)建筑物与设施

1.环境与布局

①餐饮业必须建在无有害气体、烟尘、灰沙及其他危害食品安全卫生的地方。

②30 米内不得有粪坑、垃圾站（场）、污水池或厕所，1500 米内不得有粪场。

③各功能间应按工艺流程合理布局，防止原料与成品交叉污染。

④需设有规模相适应的原辅料处理、烹调、库房等场所，主食和热菜烹调间，主食库房、副食库房等。

⑤餐饮业加工经营场所应当保持内外环境整洁，采取有效措施，消除老鼠、蟑螂、苍蝇和其他有害昆虫及其滋生条件。

2.建筑要求

①餐饮业设计和建筑应结构合理、坚固、光滑，便于清洗和消毒；其建筑材料应最大限度满足卫生清洁的需要，无脱落、霉斑和赘物。

②厨房的最小使用面积不得少于 $8m^2$。

③凉菜间：配有专用冷藏设施、洗涤消毒和符合要求的更衣设施，室内温度不得高于 25℃。

④蛋糕间：用于制作裱花蛋糕的操作间，应当设置空气消毒装置和符合要求的更衣室及洗手、消毒水池。

⑤各功能间应具有足够空间和高度，能满足烹调作业、卫生清洗、采光与通风等需求。

⑥所有对外的门、窗及其他开口处应安装易于清洗和拆卸的防蝇、防虫装置。加工、烹调间及餐厅应能避免外来烟雾、灰尘的污染。

⑦地面应用防水、不吸潮、可洗刷的材料建造，具有一定坡度，易于清洗。

⑧地壁应有 1.5 米以上的瓷砖或其他防水、防潮、可清洗的材料制成的墙裙。顶角、墙角、地角成弧形以便于清洗。

⑨天花板表面涂层光滑，防治害虫隐匿、灰尘聚集和冷凝水浸透，天花板与横梁或墙壁结合处应有一定弧度，不宜脱落。

⑩门、窗应装配严密，使用不变形的防水材料制作，内窗台应下斜 45°或采用无窗台结构。操作间内水气管道须避开操作场地的上方。

3.设备与设施

①卫生设施

供水：有足够的供水设备，能提供卫生清洁和烹调加工所需的充足水量，水质符合 GB5749 的规定。

废弃物临时存放设施：操作间内应设有带盖、便于清洗、消毒的垃圾桶，垃圾桶应有明显标记。

厕所：应有冲水、洗手设施和防蝇、防虫设施。

更衣室及洗手设施：设有与生产人员相适应并与操作间相连的更衣室，更衣室内有衣柜、鞋架等设施。更衣室或操作间入口处配备流水、洗手消毒设施。

有毒有害物品保管：清洗剂、消毒剂、杀虫剂及有毒有害物品须设专用库房(柜)，专人负责保管。

②加工设备

操作台(案子)和直接接触食品的工具、容器等所用的材质应符合有关卫生标准，表面应光滑，无凹痕及裂痕。

各操作间分别使用专用的刀、墩、案、盆、洗涤池等用具。

③储存与运输设备

所有冷藏和冷冻设施应有温度记录仪或温度湿度计。冷藏、冷冻及保温设施应当定期清洗、除臭，温度指示装置应当定期校验，确保正常运转和使用。

库房有与储存量相适应的垫板和货架等将存放物品隔墙、离地的设施及防鼠、防尘、防虫等设施。仓库应通风良好，禁止存放有毒、有害物品及个人生活物品。

储存场所应具备标识设施，以标注不同物品、进货和使用时间及存量等内容。食品应当分类、分架、隔墙、离地存放，并定期检查、处理变质或超过保质期限的食品。

(三)原料与成品的储存、运输

1.原料、辅料的采购

①严格把好食品的采购关。采购员必须到持有卫生许可证的经营单位采购食物原料，并按照国家有关规定进行索证，如索取生产者的卫生许可证，每批原、辅料检验合格证书或化验单，进口食品及其原料应索取口岸卫生监督部门出具的检验合格证书。应有相对固定食品采购的场所，以保证其质量。

②肉禽类原料必须采用来自非疫区健康良好的畜肉，必须有兽医卫生检疫合格证书。

③采购的食品原料及成品必须色、香、味、形正常，不采购腐败变质、霉变及其他不符合卫生标准要求的食品；水产类原料必须采用新鲜的或冷冻的，组织有弹性、骨肉紧密相连的水产品，不得使用变质及被有害物质污染的水产类原料；蔬菜必须新鲜，无腐败变质；大豆制品外观气味正常，表面无黏液。

④采购定型包装食品的食品标识应标有品名、产地、厂名、生产日期、批号或者代号、规格、配方或主要成分、保质期限、食用或者使用方法；采购的进口食品必须有中文标识。

⑤禁止采购以下食品：

腐败变质、油脂酸败、霉变、生虫、污秽不洁、混有异物或者其他感官性状异常，含有毒有害物质或者被有毒有害物质污染，可能对人体健康有害的食品。

未经兽医卫生检验或者检验不合格的肉类及其食品。

超过保质期限或不符合食品标签的定型包装食品。

无卫生许可证的食品生产经营者供应的食品。

其他不符合食品卫生标准和要求的食品。

2.原料的储存

用于原料储存的冷冻、冷藏设施应经常保持清洁、卫生。储存食品原料应按入库的先后批次、生产日期分别存放，并做到包装物品与非包装物品分开，原料与杂物分开。清库时应做好清洁及消毒工作。

原料的入库和使用应本着先进先出的原则。

易腐食品储存时应有冷藏设施或采取其他保鲜措施，防止腐败变质。肉、禽、水产、蛋、豆制品必须冷藏。奶油类原料应当低温存放。含奶、蛋的面点制品应当在10℃以下或60℃以上的温度条件下储存。

禽蛋的储存应具备禽蛋专用箱，有禽蛋厂运货箱经挑选放入禽蛋专用箱内，入库储存。

(四)生产过程

包括生产操作规程的制定与执行，原、辅料的处理，生产作业的卫生要求等。特别要掌握烹调加工过程的要求，主要有以下几点：

1.从业人员必须采用新鲜洁净的原料制作食品，不得加工或使用腐败变质和感官性状异常的食品及其原料。择洗、切配、解冻、加工工艺流程必须合理，各工序必须严格按照操作规程和卫生要求进行操作，确保食品不受污染。不选用、不烹调、不出售腐败、变质、有毒有害的食品。

2.初加工的量要有计划，做到当天进原料当天加工，并及时冷藏。

3.保持环境清洁。台面、地面每餐打扫一次，废弃物桶及时清理。排烟罩应经常清洗，保持清洁。废弃物应放在有盖的容器内，一餐一清。做到地面、地沟无油泥、无积水、无异味。

4.动物性食品需彻底加热防止里生外熟，植物性食品如扁豆含有天然毒素，需要高温加热破坏毒素。加工食品必须做到熟透，需要熟制加工的大块食品，其中心温度不低于70℃。生、熟食品不能放在同一容器内，加工后的熟制品应当与食品原料或半成品分开存放，半成品应当与食品原料分开存放，防止交叉污染。食品不得接触有毒物、不洁物。

5.厨师品尝味道要有专用的工具，食物品尝后须废弃，不准用炒菜勺或用手取食物来品尝味道。

6.盛调料的容器要保持清洁卫生，调料内无异物，用后加盖防尘。每次用后要将容器清洗一次，再倒入新的调料。

7.食品添加剂的使用应保证分布均匀，并制定保证腌制、搅拌效果的控制措施。

(五)卫生管理

建立专门的卫生管理部门，由负责人领导，并配备专职或兼职卫生管理人员负责对卫生管理各项制度是否得以实施和实施效果进行检查和评价。

管理制度应包括以下方面的内容：

1.环境卫生。应设专人对环境卫生进行维护，保持周围环境的整洁和良好状态。

2.设备维修和养护。设备维修和养护人员应对相关设备经常进行维修，保持良好状态。

3.清洗、消毒。对加工场地的地面、墙壁、操作台、更衣室等场所制定清洗、消毒制度。

4.废弃物处理。废弃物按班次及时清除，清运到指定专用地点加以处理。废弃物容器、货运车辆和废弃物临时存放场所应及时进行内外表面的清洗。

5.除虫灭害。定期进行除虫灭害，防治害虫滋生。

6.危险品管理。设置专用的场所并设储藏柜存放杀虫剂和其他需要使用的有毒有害物品。这些物品必须贴有醒目的有毒标志，使用危险品前必须经管理人员核准、登记。

饮食企业可以向国家认可的认证咨询机构提出申请GMP认证。

第二节　饮食企业卫生标准操作程序(SSOP)

SSOP是卫生标准操作程序(Sanitation Standard Operation Procedures)的简称，是食品企业为了满足食品安全的要求，在卫生环境和加工过程等方面所需实施的具体程序。

20世纪90年代美国的食源性疾病频繁暴发，造成每年大约700万人次感染，7000人死亡。调查数据显示，其中有大半感染或死亡的原因和肉、禽产品有关。这一结果促使美国农业部(USDA)不得不重视肉、禽生产的状况，决心建立一套包括生产、加工、运输、销售所有环节在内的肉禽产品生产安全措施，从而保障公众的健康。1995年2月颁布的《美国肉、禽类产品HACCP法规》中第一次提出了要求建立一种书面的常规可行的程序——卫生标准操作程序(SSOP)，确保生产出安全、无掺杂的食品。但在这一法规中并未对SSOP的内容做出具体规定。同年12月，美国FDA颁布的《美国水产品HACCP法规》中进一步明确了SSOP必须包括的八个方面及验证等相关程序，从而建立了SSOP的完整体系。

一、饮食企业卫生标准操作程序(SSOP)意义

SSOP是由饮食企业帮助完成在食品生产中维护GMP的全面目标而使用的过程，尤其是SSOP描述了一套特殊的与食品卫生处理和加工环境的清洁程度及处理措施满足它们的活动相联系的目标。

在我国饮食企业都制定有各种卫生规章制度，对食品生产的环境、加工的卫生、人员的健康进行控制。为确保食品在卫生状态下加工，充分保证达到GMP的要求，饮食企业应针对产品或生产场所制订并且实施一个书面的SSOP或类似的文件。SSOP最重要的是具有八个卫生方面(不限于这八个方面)的内容，加工者根据这八个主要卫生控制方面加以实施，以消除与卫生有关的危害。实施过程中还必须有检查、监控，如果实施不力还要进行纠正并保持记录。

二、饮食企业卫生标准操作程序(SSOP)的含义

SSOP的含义是：描述在饮食企业中使用的卫生程序；提供这些卫生程序的时间计划；提供一个支持日常监测计划的基础；鼓励提前做好计划，以保证必要时采取纠正措施，辨别趋势，防止同样问题再次发生；确保每个人，从管理层到操作员工都要理解卫生(概念)；为员工提供一种连续培训的工具；显示对顾客和检查人员的承诺，以及引导饮食企业内的卫生操作和状况得以完善和提高。

三、饮食企业卫生标准操作程序(SSOP)包括的内容

1.与食品接触或与食品接触物表面接触的水(冰)的安全。

2.与食品接触的表面(包括设备、手套、工作服)的清洁度。

3.防止发生交叉污染。

4.手的清洗与消毒，厕所设施的维护与卫生保持。

5.防止食品被污染物污染。

6.有毒化学物质的标记、储存和使用。

7.雇员的健康与卫生控制。

8.病虫害的防治。

四、饮食企业卫生标准操作程序(SSOP)的具体要求

(一)水(冰)的安全

加工用水(冰)的卫生质量是影响食品卫生的关键因素，饮食企业应有充足供应的水源。饮食企业一个完整的SSOP，首先要考虑与食品接触或与食品接触物表面接触的水(冰)来源与处理应符合有关规定，并要考虑非加工用水及污水处理的交叉污染问题。

1.水源

要符合国家饮用水标准：

微生物指标：细菌总数＜100个/mL；大肠菌群＜3个/mL；致病菌不得检出。

2.监控

无论是城市公用水还是用于饮食企业的自备水源都必须充分有效地加以监控，经官方检验有合格的证明后方可使用。

3.设施

供水设施要完好，一旦损坏后就能立即维修好，管道的设计要防止冷凝水滴下污染裸露的加工食品，防止饮用水管、非饮用水管及污水管间交叉污染。

4.废水排放及污水处理

(1)要符合国家环保部门的规定；符合防疫的要求；处理池地点的选择应远离操作间。

(2)废水排放设置。

地面处理(坡度)，一般为1%～1.5%斜坡；案台等及下脚料盒直接入沟；清洗消毒槽废水排放直接入沟；废水流向由清洁区向非清洁区；地沟明沟加不锈钢蓖箅子，与外界接口有水封防虫装置。

5.生产用冰

直接与产品接触的冰必须采用符合饮用水标准的水制造，制冰设备和盛装冰块的器具，必须保持良好的清洁卫生状况，冰的存放、粉碎、运输、盛装储存等都必须在卫生条件下进行，防止与地面接触造成污染。

6.纠偏

监控时发现加工用水存在问题或管道有交叉连接时应终止使用这种水源和终止加工，直到问题得到解决。

7.记录

水的监控、维护及其他问题处理都要记录。

(二)与食品接触的表面(包括设备、手套、工作服)的清洁度

与食品接触的表面包括加工设备;案台和工器具;加工人员的工作服、手套等;包装物料等。

1.清洗消毒的具体要求

加工设备与工器具

①在烹调加工过程中，所有器具和接触食品的设备的表面都要用有效清洁剂和消毒剂，按下列频率进行清洗消毒:每班加工开始前或结束后进行清洗消毒;加工间隙中进行清洗消毒;所有工器具、墙壁、操作台、地面用清洁剂清洗去污垢后，用水冲洗干净，再进行消毒。

②加工结束后，由卫生消毒员对加工设备、操作台、工器具、操作间地面等进行全面彻底的清洗，首先用热水加清洁剂清洗，然后用水进行冲洗。

③卫生管理员在开始加工前20分钟对卫生消毒情况进行检查，并立即消除注意到的所存在的问题。操作间达到令人满意的卫生条件才能开始加工。

2.工作服、手套

操作人员的手套、围裙、工作服每天由专职卫生消毒员集中到洗衣房清洗消毒;在使用过程中发现破损、渗漏或不清洁的着装物品要及时更换、清洁;操作人员更换干净的工作服、帽、鞋，进行洗手消毒后方可进入操作间工作。不同清洁区域的工作服分别清洗消毒，清洁工作服与脏工作服分区域放置;存放工作服的房间设有臭氧、紫外线等设备，且干净、干燥和清洁。

3.清洗消毒频率

大型设备，每班加工结束后;工器具根据不同产品而定;被污染后立即进行消毒。

4.空气消毒的几种方法

(1)紫外线照射法。每10～15m^2安装一只30W紫外线灯，消毒时间不少于30分钟，低于20℃，高于40℃，湿度大于60%时，要延长消毒时间。适用于更衣室、厕所等。

(2)臭氧消毒法。一般消毒1小时。适用于加工车间、更衣室等。

(3)药物熏蒸法。用过氧乙酸、甲醛，每平方米10mL，适用于冷库、保温车等。

5.纠偏

在检查发现问题时应采取适当的方法及时纠正，如再清洁、消毒、检查消毒剂浓度、培训员工等。

6.记录

每日卫生监控记录;环境清洁消毒记录;设备清洁消毒记录;工器具清洗消毒纪录;检查、纠偏记录。

(三)防止发生交叉污染

1.造成交叉污染的来源

饮食企业选址、设计、操作间不合理;加工人员个人卫生不良;清洁消毒不当;卫生操作不当;生、熟产品未分开;原料和成品未隔离。

2.交叉污染的预防

(1)饮食企业选址、设计要注意:周围环境不造成污染;操作间内不造成污染;按有关规定(提前与有关部门联系)执行。

(2)操作间布局:工艺流程布局要合理。初加工、精加工、成品包装分开;生、熟加工分开;清洗消毒与加工间分开;所用材料易于清洗消毒。

(3)明确人流、物流、水流、气流方向。人流,从高清洁区到低清洁区。物流,不造成交叉污染,可用时间、空间分隔。水流,从高清洁区到低清洁区。气流,入气控制、正压排气。

3.防止交叉污染的操作程序

(1)用于原料、半成品、成品的刀、墩、板、桶、盆、筐、抹布以及其他工具、容器必须标志明显,做到分开使用、定位存放、用后洗净、保持清洁。

(2)接触生食品的工具、用具、容器、抹布、机械等与接触熟食品的工具要分开,两者不能交叉使用。

(3)择洗、切配、解冻、加工工艺流程必须合理,各工序必须严格按照操作规程和卫生要求进行操作,确保食品不受污染。不选用、不切配、不烹调、不出售腐败、变质、有毒有害的食品。

(4)各种食品原料必须在使用前洗净,蔬菜应当与肉类、水产品类分池清洗,禽蛋在用前应当对外壳进行清洗,必要时进行消毒处理。

(5)初加工肉、禽、鱼要洗净,掏净内脏,去净毛、血块、鳞;菜要择洗干净,无杂物、无泥沙。加工后食品原料要放入清洁容器内。

(6)保持环境清洁。台面、地面每次餐后打扫一次,废弃物桶及时清理。排烟罩应经常清洗,保持清洁。废弃物应放在有盖的容器内,一餐一清。做到地面无油泥、无积水、无异味。

(7)卫生管理人员将每日检查工作区内可能存在的交叉污染是否被消除?记录于每日清洁消毒检查表中并存档。

4.监控

在开工、交班、餐后续加工时进入操作间;加工时连续监控;产品储存区域(如冷库)每日检查。

5.纠偏

发生交叉污染,采取步骤防止再发生;增加培训程序。

6.记录

消毒控制记录;改正措施记录。

(四)手的清洗和消毒、卫生间设备的维护与卫生保持

1.洗手消毒的设施

每10～15人设一水龙头为宜，须设有充足的非手动水龙头、皂液器、干手纸(干手器)等。

2.洗手消毒方法

(1)在洗手消毒处应标有洗手消毒流程图示，如清水洗手→用皂液或无菌皂洗手→冲净皂液→清水冲洗→干手(用干手器纸巾)。

(2)操作人员进入操作间前必须在更衣室更衣，更衣后按科学程序洗手、消毒，再用非手动水龙头冲洗干净，干手后进入操作间。

3.频率

操作人员在以下情况下应当洗手消毒:每次进入操作间时，手接触了污染物后，户外活动后，如厕后回操作间时，从事与加工无关的其他活动之后。

4.监测

每天至少检查一次设施的清洁与完好:卫生监控人员巡回监督,定期做表面样品微生物检验,检测消毒液的浓度。

5.卫生间设施与要求

(1)设有充足的易于清洗消毒的大小便池。这些设施要下水畅通，有充足的防臭、排风装置,卫生和设施状况良好，每15～20人设一个为宜。

(2)卫生间地面采用易清洗、消毒的材料，墙面采用白色瓷砖，顶部采用塑料板，顶部设有排风装置。

(3)手纸和纸篓保持清洁卫生。设有洗手设施和消毒设施;有防蚊蝇设施;通风良好，地面干燥，保持清洁卫生;进入厕所前要脱下工作服和换鞋;方便之后要进行洗手和消毒。

(4)由专人负责卫生间的清洁和维护。卫生监控人员每日检查清洁消毒以及卫生用品补给情况，将结果记录在每日清洁消毒检查表中并存档。

6.纠偏

检查发现总是立即纠正。

7.记录

每日卫生监控记录;消毒液浓度记录。

(五)防止食品被污染物污染

1.污染物的来源

被污染的冷凝水,不清洁水的飞溅,空气中的灰尘、颗粒,外来物质,地面污物,无保护装置的照明设备,润滑剂、清洁剂、杀虫剂等,化学药品的残留,不卫生的包装材料等。

2.操作要求

(1)润滑剂、清洁剂、杀虫剂、消毒剂与食品、辅料、容器及包装材料要隔离存放。对润滑剂、清洁剂、杀虫剂、消毒剂必须进行标识和专人保管使用，对维修使用的工具，要单独存放并有效地隔离。

(2)操作间内的电子灭菌灯、日光灯，都要带有防护罩，防止爆裂后的玻璃碎片落入食品中。

(3)操作间的入口处设有门帘或电子灭蝇灯，防止蚊子、苍蝇进入操作间落入食品中。

(4)接触食品的用具用清洁剂、消毒剂进行清洁消毒后，要用自来水进行冲洗干净后再使用，防止清洁剂、消毒剂残留污染到食品中。

(5)工作间歇对操作台及用具进行清洗消毒时，必须将加工品临时撤离，防止消毒剂溅入产品中。

(6)卫生管理员将每日检查的工作区内工作时任何可能的污染物是否被消除的记录记入每日清洁消毒检查表中并存档。

3.监控

任何可能污染食品或食品接触面的掺杂物，如潜在的有毒化合物、不卫生的水(包括不流动的水)和不卫生的表面所形成的冷凝物，建议在加工开始时检查一次。

4.纠偏

用遮盖防止冷凝物落到食品上；清除地面积水、污物、清洗化合物残留；评估被污染的食品；培训员工正确使用化合物。

(六)有毒化合物质的标记、储存和使用

1.饮食企业有可能使用的化合物质

洗涤剂，消毒剂(次氯酸钠)，杀虫剂，润滑剂，食品添加剂(亚硝酸钠、磷酸盐等)。

2.有毒化合物质的储存和使用

(1)所使用的有毒化合物要有主管部门批准生产、销售、使用说明的证明，主要成分、毒性、使用剂量和注意事项，按要求正确使用。

(2)存放有毒化合物的仓库有专人负责保管。保管员必须经过正式培训，懂得化学试剂的使用原理。

(3)编写有毒有害化学物质一览表，对每种有毒化合物按分类编号登记造册，填入有毒化合物登记表。对每种有毒化合物贴上清晰、醒目的标识。

(4)有毒化合物由专人领用和配制，其他任何人不得领用和借用，保证安全使用。

(5)有毒化合物购入时严格执行验收手续，对无合格证的有毒化合物坚决不入库。在使用过程中要注意生产日期和有效期限，对过期有毒化合物要妥善处理，防止出现意外事故。

(6)亚硝酸盐及其他食品添加剂应设专柜保管，专人负责，按使用量核对后领取和使用。

3.监控

经常检查确保符合要求，建议一天至少检查一次，全天都应时时注意。

4.纠偏

转移存放错误的化合物，对标记不清的拒收或退回，对保管、使用人员进行培训。

5.记录

有毒化合物登记表；有毒化合物领用记录表。

(七)员工的健康与卫生控制

饮食企业的生产人员(包括检验人员)是直接接触食品的人，其身体健康及卫生状况直接影响食品卫生质量。根据食品卫生管理法规定，凡从事食品生产的人员必须经过体检合格，获有健康证方能上岗。

1.检查

员工的上岗前健康检查;定期健康检查，每年进行一次体检。饮食企业应制订体检计划，并设有体检档案，凡患有有碍食品卫生的疾病，例如病毒性肝炎、活动性肺结核、肠伤寒及其带菌者、细菌性痢疾及其带菌者、化脓性或渗出性脱屑皮肤病患者、手外伤未愈合者不得参加直接接触食品加工，痊愈后经体检合格后可重新上岗。

2.操作人员个人卫生守则

(1)定期对从业人员进行食品卫生法规、规范及本单位卫生管理制度的培训，经考核合格后方可上岗。

(2)对新参加工作的人员进行上岗前卫生培训，经考核合格后方可上岗。

(3)从业人员进入加工区域禁止涂口红、染指甲油，不留长发，不留长指甲，禁止戴手表、戒指、耳环和其他首饰，不得将与加工无关的物品带入操作间。

(4)从业人员进入操作间必须穿戴工作服、帽、靴，按规定洗手消毒。离开操作间必须换下工作服、帽、靴，不得穿出操作间。

(5)在操作间内不得吸烟、吃零食、随地吐痰。

(6)任何人员进入操作间时必须符合现场加工人员卫生要求。

(7)操作间由专人监督个人卫生情况，不合格的人员不能上岗，并作记录。

(8)饮食企业应制订卫生培训计划，定期对加工人员进行培训，并记录存档。

3.监督

监督的目的是控制可能导致食品微生物污染。

4.纠偏

调离生产岗位直至痊愈。

5.记录

每日健康检查记录;每日卫生检查记录;员工健康证登记表。

(八)虫害的防治

昆虫、鸟鼠等带一定种类病源菌，虫害的防治对饮食企业是至关重要的。

1.防治计划

灭鼠分布图;清扫消毒执行规定。

2.重点

厕所、下脚料出口、垃圾箱周围。

3.防治措施

(1)制订灭蝇、灭虫计划，绘制灭鼠图。

(2)应经常由专人用规定的杀虫剂进行灭蝇、灭虫，对高峰季节加强喷药，并填写防虫蝇执行记录。

(3)定期由专人在餐饮业外围、仓库和其他地方放置灭鼠设施，由专人收集灭鼠放置的灭鼠设施。并将灭鼠记录于灭鼠记录表中。

(4)操作间、仓库设有严密的防蝇、防虫、防鼠设施，操作间入口处设有塑料门帘、电子灭蝇灯和防鼠板，能开启的窗设有固定纱窗。下水口设有防鼠网及防虫的水封装置，仓库设有纱窗和防鼠板。

(5)操作间内使用杀虫剂杀虫应在停工期间，并采取妥善措施，不得使其污染食品。使用杀虫剂后将受污染的设备、工器具和容器彻底清洗除去残留药物。

(6)质检员每日检查有害动物的防治情况，并将结果记录在每日清洁消毒检查表中。

4.卫生监控和纠偏

监控频率:根据情况而定。发现问题，立即进行纠偏。

5.记录:防虫蝇执行记录;灭鼠记录表;每日清洁消毒检查表。

第三节 饮食企业危害分析与关键控制点

危害分析与关键控制点(Hazard Analysis and Critical Control Point ,HACCP)，是指对食品安全危害予以识别、评估和控制的一种系统化的方法。运用这一方法对食品生产加工过程中可能造成食品污染的各种危害因素进行系统和全面的分析，从而确定能有效预防、减轻或消除危害的每一个加工环节(称为“关键控制点”)，进而在关键控制点对危害因素进行控制，并对控制效果进行监控和纠偏。它是一种用于保护食品防止受到生物性、化学性、物理性危害的有效管理工具。传统的质量控制往往只注重对最终产品的检验，而这并不能达到消除食源疾患的目的。HACCP 管理方法是一个系统的方法，它覆盖了食品从原料到餐桌的加工全过程，对食品生产加工过程的各种因素进行连续系统的分析，是迄今为止人们在实践中总结的最有效的保障食品安全的管理方法。

20 世纪 60 年代初，美国太空部门为了生产安全的太空食品，与国内的食品生产企业研究并首次建立了 HACCP 系统。在随后的 20 年里，HACCP 的概念和方法得到了不断的研究和广泛的应用。1993 年，国家食品法典委员会推荐 HACCP 系统为目前保障食品安全最经济、有效的途径。由于 HACCP 系统在保证食品安全方面的成功经验，我国与美国、日本等国家和国际组织,在法规中均要求食品生产企业应建立起 HACCP 系统。

食品生产加工企业实施 HACCP 体系有以下优越性:1.强调识别并预防食品污染的风险，克服传统的食品安全控制方法(通过成品的检测，而不是在生产过程中预防)所带来的限制，使可能的、潜在的危害得到控制;2.与其他的质量管理体系更协调一致;3.由于完整地保存各项数据记录，使得调查工作可以有效地开展，并且为制定以后的质量管理和安全生产提供了依据；4.有助于提高企业的信誉和产品在市场的竞争力。

一、HACCP 的基本原理

(一)基本术语

危害：对健康有潜在不利影响的生物性、化学性或物理性的因素或条件。

危害分析：收集和评估有关的危害以及导致这些危害存在的信息资料，以确定哪些危害对食品安全有重要的影响，因而要在 HACCP 计划中予以解决的一个调查研究过程。

显著危害：有可能发生并且可能对消费者导致不可接受的健康危害的可能性和严重性。

控制点：生产中可能对食品产生生物性、化学性或物理性危害的环节或步骤。

控制：为实现 HACCP 计划中所建立的控制标准而采取的措施。

关键控制点：可将某一项食品安全生产危害防止、消除或降低至可接受水平。

关键限值：区分可接受和不可接受的标准值或临界值。

操作限制：比关键限制更严格、由操作者用于减少偏离风险的标准。

偏差：与关键限值的不一致。

纠偏措施：当关键控制点失去控制所采取的措施。

检测：为评估关键控制点是否得到控制，而对控制指标进行有计划的连续观察和检测。

确认：证实 HACCP 计划中各要素是有效的。

验证：由卫生检验机构及其他相关机构对企业建立和实施的 HACCP 管理体系进行的监督检查活动。

关键控制点决策树：通过一系列提问来判断一个控制点是不是关键控制点的组图。

流程图：对某个具体的食品生产加工过程中所有步骤进行的连续性的描述。

HACCP 计划：在 HACCP 原理的基础上制定的列出操作程序的书面文件。

HACCP 小组：负责制订 HACCP 计划工作小组。

(二)基本原理

1.危害分析

危害分析有两个最基本的要素：一是对食品中危害人体的有害物质进行定性或定量分析，对引起产品腐败的微生物，以及造成食物中毒的致病菌或病原菌进行微生物学的研究；二是详细分析引起这些危害的各个方面的原因和途径。可以把危害分为三种：

(1)生物性危害：引起食品腐败变质的微生物、导致疾病和食物中毒的微生物和寄生虫造成的危害。

(2)化学性危害：食物中天然毒素、有毒物质、杀虫剂、农残、食品添加剂造成的危害。

(3)物理性危害：混入食品中的金属、玻璃等异物造成的危害。

饮食业食品加工过程的危害来源于采购和验收原料、冷冻、冷藏、干燥储藏、解冻、水发、制备、烹调、不再加热的食品的处理、在室内或较高的室外温度下保存食品、热保存、冷却、重新加热、设备和用具清洗等步骤。

根据危害特征将食品进行分类，随后确定风险程度的类别，以及采取相应的措施才能减少来自各环节中的安全隐患。进行危害分析时首先应考虑显著危害，把那些从理论上讲极易发生的危害要最先找到并加以控制。通过编制“危害分析工作表”来记录在危害分析时考虑到的各种问题以及解决这些问题的相应措施。

2.确定关键控制点

关键控制点可能是生产过程中任何一个对食品的安全质量构成威胁的环节，包括从原料的采取、采购、运输、储存直到成品销售，甚至还可能包括到消费者手中的全过程，控制住了该环节就能消除危害或将危害降低至可接受的程度。根据危害分析结果所列出的危害，必须有一个或一个以上与之相对应的控制措施和关键控制点。关键控制点就是那些要在生产加工过程中实施 HACCP 控制活动的点，在这些点上采取预防控制措施就可以有效地控制住危害。

饮食企业的关键控制点主要有：

(1)原料的采购及验收。

(2)烹调过程中温度、时间控制。

(3)不再需要加热的食品(冷荤类)的处理。

(4)食品(自助类)的带热存放。

(5)接触直接入口食品设备和用具的消毒。

3.确定关键限值

关键限值是指与关键控制点有关的各种预防措施所必须满足的标准，它代表了确保能够生产出安全食品的操作权限。当加工过程偏离了关键限值的时候，就必须采取纠正措施来确保食品的安全。针对每一个关键控制点，在其预防措施中必须制订出相应关键限值和适宜的监测方法，这些关键限值包括：原料相关证件、温度、时间、pH 值、消毒剂浓度等。确定关键限值的依据是国家、行业的相关法规和标准。

4.建立对每个关键控制点的控制情况进行监控的系统

监控是指通过观察和测量来评价某关键控制点是否受到控制，并作准确的记录供将来的审核使用。这也是 HACCP 成败的关键。监控结果必须记录于监控有关的全过程。根据监控到的数据做出判断，为以后采取相应的措施提供佐证。同时，监控还可以对失控的加工过程提出预警。在采取监控行动前，应当确定：实施监控的人员，监控的范围，怎样实施监控以及监控的频率。

为了便于记录监控的数据，可以事先设计一些收集数据的表格，还要对收集数据的方法进行规范，这样才能获得准确的信息。最后对数据进行分析，并且和关键限值进行对比。

5.建立一套当关键控制点失去控制时应采取的纠偏措施

纠偏措施是指针对关键控制点上的关键限值所出现的偏差而采取的行动。当某个关键限值出现偏差时，必须采取预先确定的纠正措施并进行记录。采取纠偏措施一定要及时、有效，以减少损失并防止事态的进一步扩大。有效的纠偏措施应该做到对某个关键控制点是否发生偏差做出迅速的判断，对产生的偏差立即采取措施，对出现的问题的成品或半成品做出及时的处理意见，对全过程进行记录。

对于超出关键限量指标的关键控制点实施的纠偏措施:原料不予入库、重新加热或销毁、调整温度、重洗或消毒等。

6.建立确认 HACCP 系统有效运行的验证程序

有效的验证程序应当包括考察所有的行动是否严格按照事先制订的 HACCP 计划运行、所确定的关键控制点和相应的关键限值是否恰当、纠偏措施是否有效、各项记录是否被完整保留以及对关键控制点的监测是否进行审核。

7.建立有关上述原则及其应用的必要程序和记录

企业在实行 HACCP 体系的全过程中涉及大量的技术文件和日常的工作监测记录。主要包括:有关危害分析的报告、HACCP 计划、制订计划的相关依据、HACCP 过程中涉及的各方面的数据记录。

二、HACCP 体系认证

企业的 HACCP 体系认证是指企业委托有资格的认证机构对本企业所建立和实施的 HACCP 管理体系进行认证的活动。国家认证认可监督管理委员会(认监委)于 2002 年 5 月 1 日颁布实施了《食品生产企业危害分析与关键控制点(HACCP)管理体系认证管理规定》。HACCP 的认证工作由国家认证认可监督管理委员会(认监委)负责监督和管理。

三、HACCP 与 GMP、SSOP 的关系

HACCP 体系不是一个独立的管理体系，必须建立在良好生产规范(GMP)和卫生标准操作程序(SSOP)的基础上，才能使体系得到有效运行。

GMP 构成了 SSOP 的立法基础，GMP 规定了食品生产的卫生要求，食品生产企业必须根据 GMP 要求制订并执行相关控制计划，这些计划构成了 HACCP 体系建立和执行的前提。计划包括:SSOP、人员培训计划、维修保养计划、产品回收计划等。SSOP 具体列出了卫生控制的各项指标，包括食品加工过程及环境卫生和为达到 GMP 要求所采取的措施。

HACCP 体系建筑在以 GMP 为基础的 SSOP 上，SSOP 可以减少 HACCP 计划中的关键控制点(CCP)数量。事实上潜在危害是可以通过 SSOP 和 HACCP 共同予以控制的。

思考题

1.了解 GMP 的含义、掌握其基本内容。

2.HACCP 中的危害分析包括哪些内容?

3.简述 HACCP 的基本操作原理。

4.SSOP 的基本内容有哪些?

5.SSOP 的具体要求应包括哪些内容?